U0237101

数字音频信号处理

（原书第3版）

〔德〕乌多·佐尔泽（Udo Zölzer）◎著

张雪英 黄丽霞 孙颖◎译

清华大学出版社

北京

北京市版权局著作权合同登记号　图字：01-2023-5389

内 容 简 介

本书由德国汉堡赫尔穆特-施密特大学（Helmut Schmidt University Hamburg）信号处理和通信领域教授 Udo Zölzer 所著，主要阐述了数字音频信号处理系统的基本原理，以及实际应用中的数字音频处理和编码技术。2022 年修订后推出了第 3 版。修订后的第 3 版增加了 3 章（第 1 章、第 10 章、第 11 章）新的内容，并对 4 章（第 5 章、第 7～9 章）的内容做了进一步扩展，力图把数字音频信号处理的新算法和新技术展示给读者。

本书概念清楚，层次合理，实用性强，可以作为普通高等学校数字音频信号处理和多媒体信号处理课程的高年级本科生和研究生的教材，也可以作为音频工程师、硬件和软件开发人员，以及学术界和工业界有关研究人员的参考资料。

Digital Audio Signal Processing，Third Edition

Udo Zölzer，Martin Holters，Etienne Gerat，Patrick Nowak，Purbaditya Bhattacharya，Lasse Köper，Daniel Ahlers

ISBN：978-1-119-83267-6

图书在版编目（CIP）数据

数字音频信号处理：原书第 3 版/（德）乌多·佐尔泽著；张雪英，黄丽霞，孙颖译.—北京：清华大学出版社，2023.11
（清华开发者书库）
ISBN 978-7-302-64450-7

Ⅰ. ①数…　Ⅱ. ①乌…　②张…　③黄…　④孙…　Ⅲ. ①数字音频信号－数字信号处理－高等学校－教材
Ⅳ. ①TN912

中国国家版本馆 CIP 数据核字（2023）第 153883 号

责任编辑：崔　彤
封面设计：李召霞
责任校对：申晓焕
责任印制：曹婉颖

出版发行：清华大学出版社
　　　网　　　址：https://www.tup.com.cn，https://www.wqxuetang.com
　　　地　　　址：北京清华大学学研大厦 A 座　　邮　　编：100084
　　　社 总 机：010-83470000　　　　　　　　邮　　购：010-62786544
　　　投稿与读者服务：010-62776969，c-service@tup.tsinghua.edu.cn
　　　质量反馈：010-62772015，zhiliang@tup.tsinghua.edu.cn
　　　课件下载：https://www.tup.com.cn，010-83470236
印 装 者：三河市东方印刷有限公司
经　　销：全国新华书店
开　　本：203mm×260mm　　印　　张：19.5　　　　　　字　　数：535 千字
版　　次：2023 年 12 月第 1 版　　　　　　　　　　　印　　次：2023 年 12 月第 1 次印刷
印　　数：1～2000
定　　价：79.00 元

产品编号：098143-01

译者序

数字音频信号处理是一种利用数字化手段对声音进行录制、存储、编辑、压缩或播放的技术,它是随着数字信号处理技术、计算机技术、多媒体技术的发展而形成的一种全新的声音处理手段。它具有存储方便、存储成本低廉且编辑和处理简单等特点,主要应用领域是音乐后期制作和录音。音频信号从麦克风一直到扬声器都是数字形式,可以使用快速数字信号处理器进行实时处理,具有广泛的应用前景。

德国汉堡赫尔穆特-施密特大学(Helmut Schmidt University Hamburg)信号处理和通信领域教授 Udo Zölzer 所著的这本《数字音频信号处理》,主要阐述了数字音频信号处理系统的基本原理,以及实际应用系统中的数字音频处理和编码技术。这本书从 1997 年第 1 版发行、2007 年第 2 版发行,一直到 2022 年第 3 版发行,历经二十多年。这期间,硬件电路的高速发展和数字信号处理技术的不断发展,以及人们对音乐艺术的更高追求,推动着数字音频信号处理技术也在不断发展。本书第 3 版除了对保留章节的内容进行扩展外,又增加了近些年机器学习等新算法用于音频信号处理的新内容。

目前国内关于数字音频信号处理的书籍为数不多,且基本上都是从某一应用角度来讲述原理,或者是作为多媒体信号处理的一个章节内容进行简要介绍,而系统讲述数字音频信号处理的基本原理和典型应用并配有学习网站的书籍很少。德国汉堡的 Udo Zölzer 教授所著的这本书就可以满足我们系统学习数字音频信号处理知识的愿望,这也是我们翻译这本书的初衷。

本书是关于数字音频信号处理的高级教程,可以作为高等学校数字音频信号处理和多媒体信号处理课程的高年级本科生和研究生的教材,也适用于在演播室工程、电子产品和多媒体领域寻找音频信号处理问题解决方案的专业人士。阅读者需具备信号与系统理论、数字信号处理及多速率信号处理的知识。

本书共分为 11 章。第 1 章是引言,介绍信号和系统的基础知识,为数字音频信号处理奠定了基础。第 2 章是量化,主要讨论对连续时间信号的量化方法及对量化误差的去除方法,并比较定点数和浮点数表示法及其对算法的影响。第 3 章是采样率转换,讨论在数字音频应用中几种不同采样率的同步和异步转换方法。第 4 章是模/数、数模转换,介绍奈奎斯特采样、过采样和 Δ-Σ 调制的基本概念,以及 AD 和 DA 转换器电路的原理。第 5 章是音频处理系统,在介绍数字信号处理器和数字音频接口技术的基础上,描述双通道和多通道系统对音频信号的处理过程。第 6 章是均衡器,介绍数字音频均衡器中基本的滤波器类型,阐述递归音频滤波器的设计和实现,以及线性相位非递归滤波器结构及其实现。第 7 章是房间模拟,阐述模拟人工房间脉冲响应的方法和测量脉冲响应的近似方法。第 8 章是动态范围控制,介绍动态范围控制的基本理论,阐述了动态范围控制系统的执行过程与实现,并列举了几种动态范围控制的应用。第 9 章是音频编码,介绍音频编码的基本原理和音频编码标准。第 10 章是非线性处理,描述音频信号的过驱、失真、限幅等非线性失真,阐述非线性滤波器处理的设计方法和模拟建模等方法。第 11 章是音频中的机器学习,介绍机器学习的基本原理及机器学习在音频中的应用。

本书由太原理工大学的张雪英教授、黄丽霞副教授和孙颖副教授共同翻译,张雪英教授负责全书统稿。其中第 1～4 章由张雪英翻译,第 5～7 章由黄丽霞翻译,第 8～11 章由孙颖翻译。由于译者专业知识和翻译水平有限,书中难免存在翻译不准确或错误的地方,恳请读者批评指正。

译　者

2023 年 10 月

第3版前言

　　本书第 3 版在第 2 版的基础上进行了修订和扩展，增加了 3 章（第 1 章、第 10 章、第 11 章）新内容并对 4 章（第 5 章、第 7～9 章）的内容做了进一步的扩展。本书的内容是汉堡理工大学的数字音频信号处理课程和汉堡赫尔穆特-施密特大学多媒体信号处理课程的基础。为了进一步学习，您可以在网站上找到课程的幻灯片、练习题、MATLAB 示例和交互式音频演示。

　　感谢 Martin Holters 博士的交互式音频演示和对网站的维护，感谢他和 Lasse Köper 对新的第 10 章"非线性处理"的贡献；感谢 Daniel Ahlers 对第 5 章"音频处理系统"的贡献和更新；Purbaditya Bhattacharya 和 Patrick Nowak 对第 7 章的"房间模拟"做出了贡献，并主要负责新的第 11 章"音频中的机器学习"的编写；感谢 Purbaditya Bhattacharya 为第 9 章"音频编码"的内容提供了帮助；感谢 Etienne Gerat 对第 8 章"动态范围控制"的改进和扩展；最后，感谢这些年来这门课程的所有参与者，他们一直是我进步的动力。

Udo Zölzer

汉堡

2022 年 1 月

第2版前言

第 2 版是第 1 版的修订和扩展版本，并提供了对改进内容的描述，以及新的热点和更多的参考文献。本书的内容是汉堡理工大学数字音频信号处理课程和汉堡赫尔穆特-施密特大学多媒体信号处理课程的基础。

除了在第 2 版中介绍的数字音频信号处理的基础知识，也可以在《数字音频效果》（作者 Udo Zölzer）一书中找到更先进的数字音频效果算法。

感谢 Dieter Leckschat、Gerald Schuller、Udo Ahlvers、Mijail Guillemard、Christian Helmrich、Martin Holters、Florian Keiler、Stephan Möller、Francois-Xavier Nsabimana、Christian Ruwwe、Harald Schorr、Oomke Weikert、Catja Wilkens 和 Christian Zimmermann 为此书所做的贡献。

Udo Zölzer

汉堡

2007 年 12 月

第1版前言

数字音频信号处理用于记录和存储语音信号,可用于混音和数字产品的制作,用于信号到广播接收机的数字传输,以及用于消费产品,如光盘、数字录音带和计算机。在后面一种情况下,音频信号从麦克风一直到扬声器都是数字形式,可以使用快速数字信号处理器进行实时处理。

本书是数字音频信号处理高级课程的基础。我自1992年以来一直在汉堡理工大学讲授这门课程,它针对学习工程学、计算机科学和物理学的学生,也适用于消费电子和多媒体领域寻找音频信号处理问题解决方案的专业人士。本书将介绍数字音频信号处理系统的数学和理论基础,并重点讨论实现方面的典型应用。阅读者需具备系统理论、数字信号处理及多速率信号处理的知识。

本书分为两部分:第一部分(第1~4章)介绍用于数字音频信号处理的硬件系统的基础;第二部分(第5~9章)讨论处理数字音频信号的算法。第1章描述了音频信号从在录音棚录制到在家中再现的过程。第2章包含信号量化的表示、高频抖动技术,以及用于减少量化非线性效应的量化误差的频谱整形,最后比较了定点数和浮点数表示法,以及它们对格式转换和算法的相关影响。第3章描述信号的AD/DA转换方法,从奈奎斯特采样、过采样技术方法和Δ-Σ调制开始,最后介绍AD/DA转换器的一些电路设计。第4章在介绍数字信号处理器和数字音频接口技术基础上,描述基于单处理器和多处理器解决方案的简单硬件系统。第5~9章中介绍的算法在很大程度上是在第4章中介绍的硬件平台上实现的。第5章描述数字音频均衡器,除递归音频滤波器的实现外,还介绍基于快速卷积和滤波器组的非递归线性相位滤波器,详细讨论递归滤波器的滤波器设计、参数化滤波器结构及减少量化误差的注意事项。第6章讨论房间模拟,阐述模拟人工房间脉冲响应的方法和测量脉冲响应的近似方法。第7章介绍音频信号的动态范围控制,这些方法应用于音频链中从麦克风到扬声器的几个位置,以适应记录、传输和收听环境的动态变化。第8章介绍同步和异步采样率转换的方法,介绍既适用于实时处理又适用于脱机处理的高效算法。第9章讨论无损和有损音频编码。无损音频编码应用于较高字长的存储,而有损音频编码在通信系统中起着重要的作用。

感谢 Fliege 教授(曼海姆大学)、Kammeyer 教授(不来梅大学)和 Heute 教授(基尔大学)的意见和支持。感谢我在汉堡理工大学的同事们,尤其是 Alfred Mertins 博士、Thomas Boltze 博士、Bernd Redmer 博士、Martin Schönle 博士、Manfred Schusdziarra 博士、Tanja Karp 博士、Georg Dickmann、Werner Eckel、Thomas Scholz、Rüdiger Wolf、Jens Wohlers、Horst Zölzer、Bärbel Erdmann、Ursula Seifert 和 Dieter Gödecke。此外,我想对所有帮助我成功开展这项工作的学生说句谢谢。

特别感谢 Saeed Khawaja 在翻译期间的帮助,以及 Anthony Macgrath 博士对文本的校对。此外,还要感谢 Jenny Smith、Colin McKerracher、Ian Stoneham 和 Christian Rauscher(Wiley)。

我还要特别感谢我的妻子 Elke 和女儿 Franziska。

Udo Zölzer

汉堡

1997 年 7 月

目 录

第 1 章

引　言

本章介绍信号和系统的基础知识,并描述信号通过这些系统的传输过程。这些基本概念和描述算法为数字音频信号处理奠定了基础。我们将从模拟信号和模拟系统开始,首先对模拟信号进行采样,接着进行数字信号处理,最后从数字输出信号重构模拟输出信号。图 1.1 给出了一个典型的音频应用案例,展示了具有输入和输出信号的信号和系统模型的操作过程,以及用冲激响应表示的系统操作过程。麦克风捕获演唱者的声音,并通过放大器把它传输到扬声器,让在另一个房间的听众听到。麦克风传递一个电子输入信号 $x(t)$,听众的耳朵接收的信号是输出信号 $y(t)$,输入和输出这两个信号都是连续时间信号。从麦克风、放大器、扬声器到声音通过房间传输到听众的整个操作过程可以用一个具有连续时间冲激响应 $h(t)$ 的系统建模,这个冲激响应可以通过冲激响应测量方法获得。整个连续时间方法描述也可以用离散时间方法来表示,即通过采样的麦克风信号 $x(n)$,利用离散时间脉冲响应 $h(n)$ 传输得到输出信号 $y(n)$。下面将介绍连续时间和离散时间信号处理技术。

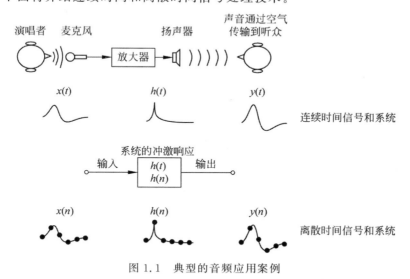

图 1.1　典型的音频应用案例

1.1　连续时间信号和卷积

连续时间信号 $x(t)$ 如图 1.2 所示,可以作为测试信号来分析一个物理系统对激励信号的响应行为。为了获得一个输入信号变换到输出信号(拍手声→声音通过房间传输→人耳接收)的输入/输出描述,我们借助一些简单的测试信号研究重要关系的推导。

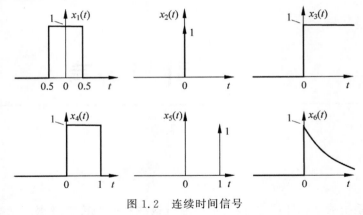

图 1.2　连续时间信号

$x_1(t) = \text{rect}(t), x_2(t) = \delta(t), x_3(t) = \varepsilon(t), x_4(t) = x_1(t-0.5),$

$x_5(t) = x_2(t-1), x_6(t) = \exp(-at) \cdot \varepsilon(t)$

矩形函数（rect）定义为

$$\text{rect}\left(\frac{t}{T}\right) = \begin{cases} T, & |t| < \dfrac{T}{2} \\ 0, & |t| > \dfrac{T}{2} \end{cases} \tag{1.1}$$

狄拉克（Dirac）冲激 $\delta(t)$ 定义为

$$\delta(t) = \lim_{T \to 0} \frac{1}{T}\text{rect}\left(\frac{t}{T}\right) \Rightarrow \int_{-\infty}^{\infty} \delta(t)\mathrm{d}t = 1 \tag{1.2}$$

阶跃函数定义为

$$\varepsilon(t) = \begin{cases} 0, & t < 0 \\ 1, & t > 0 \end{cases} \tag{1.3}$$

一般的信号 $x(t)$ 可以利用狄拉克冲激的采样性质写为

$$x(t) = \int_{-\infty}^{\infty} x(\tau)\delta(t-\tau)\mathrm{d}\tau \tag{1.4}$$

连续时间系统把输入 $x(t)$ 变换到输出 $y(t) = T\{x(t)\}$，其时域描述可以用信号流图表示为 $x(t) \rightarrow$ $\boxed{h(t)} \rightarrow y(t)$，方框里的参数称为系统的冲激响应 $h(t) = T\{\delta(t)\}$，它描述当输入是狄拉克函数即 $x(t) = \delta(t)$ 时系统的输出是 $y(t)$ 的情况。利用式(1.4)，可以很容易地推导出冲激响应为 $h(t)$ 的系统的输入/输出关系，这一关系由连续时间卷积积分（将反褶的冲激响应 $h(t-\tau)$ 沿输入滑动并进行加权和积分）给出：

$$y(t) = T\{x(t)\} = \int_{-\infty}^{\infty} x(\tau) \cdot h(t-\tau)\mathrm{d}\tau = \int_{-\infty}^{\infty} x(t-\tau) \cdot h(\tau)\mathrm{d}\tau \tag{1.5}$$

连续时间卷积积分描述了滤波器的运算，写作 $y(t) = x(t) * h(t)$。一个系统的因果性是指当 $t < 0$ 时，$h(t) = 0$；一个系统的稳定性是指冲激响应的积分满足 $\int_{-\infty}^{\infty} |h(t)|\,\mathrm{d}t < M < \infty$。图 1.3 给出了连续时间卷积的简单示例，其中 $y(t) = \int x(\tau)h(t-\tau)\,\mathrm{d}\tau$ 展示了 $t = 0,1,2$ 时冲激响应的反褶 $h(-\tau)$ 和移位 $h(t-\tau)$ 波形。

用复指数 $x(t) = e^{j\omega t}$ 作为输入，$\omega = 2\pi f$，输出由卷积积分给出：

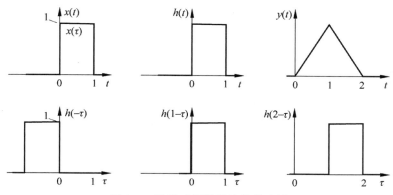

图 1.3 连续时间卷积的简单示例

$$y(t) = \int_{-\infty}^{\infty} e^{j\omega(t-\tau)} \cdot h(\tau)d\tau = e^{j\omega t} \cdot \underbrace{\int_{-\infty}^{\infty} h(\tau) \cdot e^{-j\omega\tau} d\tau}_{H(j\omega)\to 傅里叶积分} \tag{1.6}$$

$$= e^{j\omega t} \cdot H(j\omega) = e^{j\omega t} \cdot | H(j\omega) | e^{j\varphi(\omega)} \tag{1.7}$$

这表明,对于指数输入 $x(t)$,输出 $y(t)$ 也是一个指数信号,其中输入信号被复数 $H(j\omega) = | H(j\omega) | e^{j\varphi(\omega)}$ 加权。$H(j\omega)$ 是冲激响应 $h(t)$ 的傅里叶变换,也被称为连续时间系统的频率响应:

$$H(j\omega) = \int_{-\infty}^{\infty} h(t) \cdot e^{-j\omega t} dt \tag{1.8}$$

从 $H(j\omega)$ 可以计算出一个连续时间系统的幅度响应和相位响应:

$$| H(j\omega) | = \sqrt{\mathrm{Re}^2\{H(j\omega)\} + \mathrm{Im}^2\{H(j\omega)\}} \tag{1.9}$$

$$\varphi(\omega) = \arctan\left(\frac{\mathrm{Im}\{H(j\omega)\}}{\mathrm{Re}\{H(j\omega)\}}\right), \quad \mathrm{Re}\{H(j\omega)\} > 0 \tag{1.10}$$

对于给定的信号 $x(t)$,其连续时间傅里叶变换为

$$X(j\omega) = \int_{-\infty}^{\infty} x(t) \cdot e^{-j\omega t} dt \wedge X(f) = \int_{-\infty}^{\infty} x(t) \cdot e^{-j2\pi ft} dt \tag{1.11}$$

傅里叶积分描述了从时域 $x(t)$ 到频域 $X(j\omega)$ 的谱变换,称为 $x(t)$ 的傅里叶谱或傅里叶变换。连续时间傅里叶逆变换可表示为

$$x(t) = \frac{1}{2\pi}\int_{-\infty}^{\infty} X(j\omega) \cdot e^{j\omega t} d\omega \wedge x(t) = \int_{-\infty}^{\infty} X(f) \cdot e^{j2\pi ft} df \tag{1.12}$$

式(1.12)对 $X(j\omega)$ 取傅里叶逆变换,重构输入 $x(t)$。式(1.13)～式(1.23)给出了常用的傅里叶变换对。在时域有 $x(t) \rightarrow \boxed{h(t)} \rightarrow y(t)$,表示 $x(t)$ 和 $h(t)$ 卷积可得 $y(t)$;在频域有 $X(j\omega) \rightarrow \boxed{H(j\omega)} \rightarrow Y(j\omega)$,表示 $X(j\omega)$ 和 $H(j\omega)$ 相乘可得 $Y(j\omega)$。时域和频域之间的重要关系表明,时域的卷积可以用频域的乘法来描述。

常用的傅里叶变换对如下 $\left(其中 \mathrm{sinc}(f) = \dfrac{\sin(\pi f)}{\pi f}\right)$:

$$x(t) \circ\!\!-\!\!\bullet X(f) \tag{1.13}$$

$$x(t - t_0) \circ\!\!-\!\!\bullet X(f) \cdot e^{-j2\pi ft_0} \tag{1.14}$$

$$x(t) \cdot e^{j2\pi f_c t} \circ\!\!-\!\!\bullet X(f - f_c) \tag{1.15}$$

$$x(t) \cdot \cos(2\pi f_c t) \circ\!\!-\!\!\bullet \frac{1}{2}[X(f - f_c) + X(f + f_c)] \tag{1.16}$$

$$c_1 \cdot x_1(t) + c_2 \cdot x_2(t) \multimapdotinv c_1 \cdot X_1(f) + c_2 \cdot X_2(f) \tag{1.17}$$

$$x_1(t) * x_2(t) \multimapdotinv X_1(f) \cdot X_2(f) \tag{1.18}$$

$$x(t) \rightarrow \boxed{h(t)} \rightarrow y(t) \multimapdotinv X(\mathrm{j}\omega) \rightarrow \boxed{H(\mathrm{j}\omega)} \rightarrow Y(\mathrm{j}\omega) \tag{1.19}$$

$$\delta(t) \multimapdotinv 1 \tag{1.20}$$

$$\delta(t - t_0) \multimapdotinv \mathrm{e}^{-\mathrm{j}2\pi f t_0} \tag{1.21}$$

$$\mathrm{rect}\left(\frac{t}{T}\right) \multimapdotinv T \cdot \mathrm{sinc}(Tf) \tag{1.22}$$

$$f_\mathrm{S} \cdot \mathrm{sinc}(f_\mathrm{S}t) \multimapdotinv \mathrm{rect}\left(\frac{f}{f_\mathrm{S}}\right) \tag{1.23}$$

图 1.4 显示了偶信号和因果矩形信号的傅里叶变换，右下图幅度较小的虚部是由于右上图矩形信号的不对称性引起的。图 1.5 显示了两个 sinc 偶信号和它们的傅里叶变换，通带的波纹是由于截断 sinc 信号引起的。

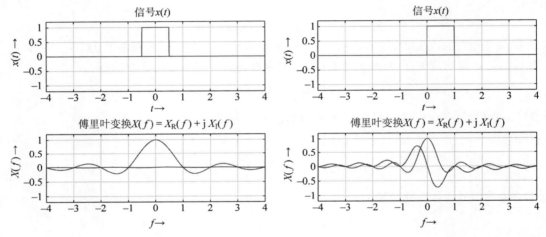

图 1.4　偶信号和因果矩形信号的傅里叶变换

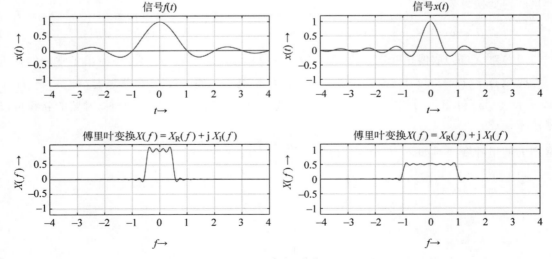

图 1.5　两个 sinc 偶信号的傅里叶变换

1.2 连续时间傅里叶变换和拉普拉斯变换

连续时间傅里叶变换扩展到拉普拉斯变换时,考虑了在傅里叶变换时不收敛但在拉普拉斯变换给定的收敛区域内收敛的信号和冲激响应的变换。连续时间傅里叶变换如式(1.24)所示。

$$X(\mathrm{j}\omega) = \int_{-\infty}^{\infty} x(t) \cdot \mathrm{e}^{-\mathrm{j}\omega t}\,\mathrm{d}t \tag{1.24}$$

在式(1.24)的虚部加入一个实部,引入一个新的复变量 $s = \sigma + \mathrm{j}\omega$,可得到傅里叶变换的扩展,如式(1.25)和式(1.26)所示。

$$X(\sigma + \mathrm{j}\omega) = \int_{-\infty}^{\infty} x(t) \cdot \mathrm{e}^{-(\sigma+\mathrm{j}\omega)t}\,\mathrm{d}t \tag{1.25}$$

$$= \int_{-\infty}^{\infty} x(t) \cdot \mathrm{e}^{-\sigma t} \cdot \mathrm{e}^{-\mathrm{j}\omega t}\,\mathrm{d}t \tag{1.26}$$

从而得到拉普拉斯变换如式(1.27)所示。

$$X(s) = \int_{-\infty}^{\infty} x(t) \cdot \mathrm{e}^{-st}\,\mathrm{d}t \tag{1.27}$$

信号经过拉普拉斯变换通常会得到有理函数 $X(s) = \dfrac{N(s)}{D(s)}$,其中分子多项式 $N(s)$ 和分母多项式 $D(s)$ 中的变量都是 s。$N(s)$ 的零点称为 $X(s)$ 的零点,$D(s)$ 的零点称为 $X(s)$ 的极点。有理函数 $X(s)$ 可以用多项式、极点/零点和部分展开的形式给出。

1.3 采样和重构

为进行数字信号处理,以采样率 $f_S = \dfrac{1}{T_S}$ 和采样间隔 T_S 对 $x(t)$ 进行采样,得到一个时间索引为 n 的数字序列 $x(n)$。根据采样定理,输入信号 $x(t)$ 的频带必须限制到 $f_S/2$。对 $x(t)$ 采样和由数字序列 $x(n)$ 重构 $x(t)$ 都是由这样的运算步骤来实现的:$x(t) \rightarrow \boxed{\text{ADC}} \rightarrow x(n) \rightarrow \boxed{\text{DAC}} \rightarrow x(t)$。采样和重构两种运算由模数转换器(ADC)和数模转换器(DAC)来执行,这些转换器可以被看作连续时间和离散时间的混合系统。

采样和量化(模数转换)可以用式(1.28)~式(1.30)来表示。

$$x_d(t) = x(t) \cdot d(t) = x(t) \cdot \sum_{n=-\infty}^{\infty} \delta(t - nT_S) \tag{1.28}$$

$$= \sum_{n=-\infty}^{\infty} x_d(nT_S) \cdot \delta(t - nT_S) \tag{1.29}$$

$$x(n) = \left[x_d(nT_S) \right]_Q \tag{1.30}$$

其中,对输入 $x(t)$ 的采样是将其与一系列狄拉克冲激 $d(t) = \sum\limits_{n=-\infty}^{\infty} \delta(t - nT_S)$ 相乘给出理想采样 $x_d(t)$,然后将样本 $x_d(nT_S)$ 量化为一个用有限数表示的数字序列 $x(n)$。图1.6左列为所述的时域信号。

从采样序列 $x(n)$ 到连续时间 $x(t)$ 的重构(数模转换)可以写成由式(1.31)给出的卷积运算,图1.6左下方的图显示了这个过程。

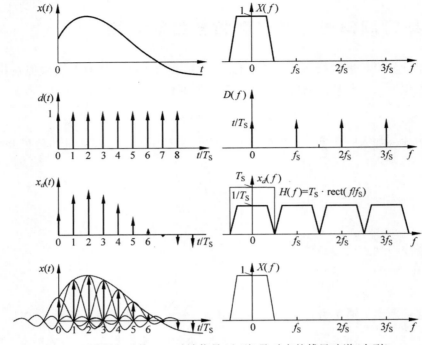

图 1.6 采样与重构——时域信号（左列）及对应的傅里叶谱（右列）

$$x(t) = \sum_{n=-\infty}^{\infty} x(n) \cdot \mathrm{sinc}[f_S(t - nT_S)] \tag{1.31}$$

用于采样的信号各自的傅里叶变换如式（1.32）～式（1.35）所示，它们的波形显示在图 1.6 中的右列。采样导致基带频谱在采样率 f_S 的倍数位置进行周期性扩展，频谱幅度为 $1/T_S$。

$$x(t) \multimap X(f) \tag{1.32}$$

$$d(t) = \sum_{n=-\infty}^{\infty} \delta(t - nT_S) \multimap D(f) = \frac{1}{T_S} \sum_{n=-\infty}^{\infty} \delta(f - nf_S) \tag{1.33}$$

$$x_d(t) = x(t) \cdot d(t) \multimap X_d(f) = X(f) * D(f) \tag{1.34}$$

$$= \frac{1}{T_S} \sum_{n=-\infty}^{\infty} X(f - nf_S) \tag{1.35}$$

$x(t)$ 的重构是通过 $x_d(t)$ 与系统冲激响应 $h(t)$ 的卷积来实现的，如式（1.36）和式（1.37）所示。$h(t)$ 对应一个理想低通滤波器 $H(f)$，其截止频率为 $f_S/2$。为补偿采样操作对幅度的影响，滤波器通带增益为 T_S，$H(f)$ 波形如图 1.6 右列的第三个图中所示。

$$x(t) = x_d(t) * h(t) \multimap X(f) = X_d(f) \cdot H(f) \tag{1.36}$$

$$= X_d(f) \cdot T_S \cdot \mathrm{rect}\left(\frac{f}{f_S}\right) \tag{1.37}$$

1.4 离散时间信号和卷积

对于离散时间输入信号 $x(n)$，可以用信号流图的形式描述离散时间域的输入/输出关系，即 $x(n) \rightarrow \boxed{h(n)} \rightarrow y(n) = T\{x(n)\}$，在这里输入信号 $x(n)$ 被转换为输出信号 $y(n)$。我们使用图 1.7 所示的离散时间信号来进行说明,其中单位脉冲和阶跃序列如式(1.38)和式(1.39)所示。

$$\delta(n) = \begin{cases} 1, & n=0 \\ 0, & n \neq 0 \end{cases} \tag{1.38}$$

$$\varepsilon(n) = \begin{cases} 1, & n \geqslant 0 \\ 0, & n < 0 \end{cases} \tag{1.39}$$

图 1.7 展示了 6 个离散时间信号:$x_1(n)=\delta(n)$,$x_2(n)=\delta(n-1)$,$x_3(t)=\varepsilon(n)$,$x_4(n)=\delta(n+1)+\delta(n)+\delta(n-1)$,$x_5(n)=x_4(n-1)$,$x_6(n)=\exp(-an)\cdot\varepsilon(n)$。第二行的信号 $x_4(t) \sim x_6(t)$ 是根据式(1.40)用延迟单位脉冲 $\delta(n-k)$ 表示的离散时间信号,如 $x_6(n)=\exp(-an)\cdot\varepsilon(n)$ 就是这样的例子。

$$x(n) = \sum_k x(k) \cdot \delta(n-k) \tag{1.40}$$

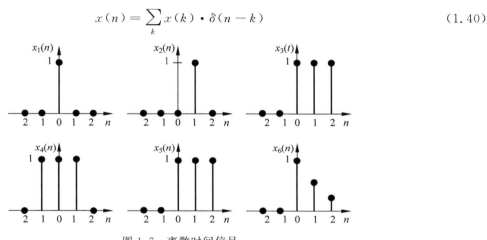

图 1.7 离散时间信号

用 $y(n)=\mathcal{T}\{x(n)\}$ 描述的离散时间系统,定义了当单位脉冲 $\delta(n)$ 作为输入信号 $x(n)$ 时,离散时间系统的脉冲响应 $h(n)=\mathcal{T}\{\delta(n)\}$。由式(1.40)可得离散时间卷积为式(1.41)。

$$y(n) = \mathcal{T}\{x(n)\} = \sum_{k=-\infty}^{\infty} x(k) \cdot h(n-k) = \sum_{k=-\infty}^{\infty} x(n-k) \cdot h(n) \tag{1.41}$$

卷积和描述了一个数字滤波器操作,可写为 $y(n)=x(n)*h(n)$。离散时间卷积如图 1.8 所示,其中 $y(n)=\sum_k x(k)h(n-k)$。图 1.8 中显示了当 $n=0,1,2$ 时,脉冲响应的反褶 $h(-k)$ 和移位 $h(n-k)$ 的情况。离散时间系统的因果性是指当 $n<0$ 时,$h(n)=0$;如果 $h(n)$ 满足 $\sum_n |h(n)| < M < \infty$,则离散时间系统具有稳定性。

用复指数 $x(n)=e^{j\Omega n}$ 作为输入,$\Omega = \dfrac{2\pi f}{f_S}$,输出由卷积和给出:

$$y(n) = \sum_{k=-\infty}^{\infty} e^{j\Omega(n-k)} \cdot h(k) = e^{j\Omega n} \cdot \underbrace{\sum_k h(k) \cdot e^{-j\Omega k}}_{H(e^{j\Omega})}$$

$$= e^{j\Omega n} \cdot H(e^{j\Omega}) = e^{j\Omega n} \cdot |H(e^{j\Omega n})| e^{j\varphi(\Omega)}$$

这表明,对于指数输入 $x(n)$,输出 $y(n)$ 也是一个指数信号,这里输入信号由复数 $H(e^{j\Omega}) = |H(e^{j\Omega})| e^{j\varphi(\Omega)}$ 加权,它是脉冲响应 $h(n)$ 的离散时间傅里叶变换,也被称为离散时间系统的频率响应,

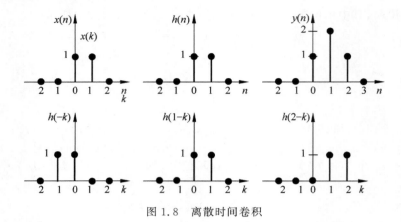

图 1.8　离散时间卷积

如式(1.42)所示。

$$H(e^{j\Omega}) = \sum_{n=-\infty}^{\infty} h(n) \cdot e^{-j\Omega n} \tag{1.42}$$

由 $H(e^{j\Omega})$ 可以计算离散时间系统的幅度响应和相位响应，如式(1.43)和式(1.44)所示。

$$|H(e^{j\Omega})| = \sqrt{Re^2\{H(e^{j\Omega})\} + Im^2\{H(e^{j\Omega})\}} \tag{1.43}$$

$$\varphi(\Omega) = \arctan\left(\frac{Im\{H(e^{j\Omega})\}}{Re\{H(e^{j\Omega})\}}\right), \quad Re\{H(e^{j\Omega})\} > 0 \tag{1.44}$$

对于给定的信号 $x(n)$，可以计算它的离散时间傅里叶变换，如式(1.45)所示。

$$X(e^{j\Omega}) = \sum_{n=-\infty}^{\infty} x(n) \cdot e^{-j\Omega n} \tag{1.45}$$

离散时间傅里叶变换描述了一个从离散时间域 $x(n)$ 到频域 $X(e^{j\Omega})$ 的谱变换，它被称为 $x(n)$ 的傅里叶谱或傅里叶变换。离散时间傅里叶逆变换由式(1.46)给出，即用离散时间傅里叶谱 $X(e^{j\Omega})$ 来重构输入 $x(n)$。

$$x(n) = \frac{1}{2\pi}\int_{-\pi}^{\pi} X(e^{j\Omega}) \cdot e^{j\Omega n} \, d\Omega \tag{1.46}$$

式(1.47)～式(1.56)给出了有用的离散时间傅里叶变换对。在时域有 $x(n) \rightarrow \boxed{h(n)} \rightarrow y(n)$，即 $x(n)$ 和 $h(n)$ 卷积可得 $y(n)$；在频域有 $X(j\omega) \rightarrow \boxed{H(j\omega)} \rightarrow Y(e^{j\Omega})$，即 $X(e^{j\Omega})$ 和 $H(e^{j\Omega})$ 相乘可得 $Y(e^{j\Omega})$。这表明，时域和频域的一个重要关系是时域的卷积可以用频域的乘法来描述。

离散时间傅里叶变换对如下：

$$x(n) \circ\!\!-\!\!\bullet X(e^{j\Omega}) \tag{1.47}$$

$$x(n-m) \circ\!\!-\!\!\bullet X(e^{j\Omega})e^{-jm\Omega} \tag{1.48}$$

$$x(n)e^{j\Omega_0 n} \circ\!\!-\!\!\bullet X(e^{j(\Omega-\Omega_0)}) \tag{1.49}$$

$$x_1(n) * x_2(n) \circ\!\!-\!\!\bullet X_1(e^{j\Omega}) \cdot X_2(e^{j\Omega}) \tag{1.50}$$

$$x(n) \rightarrow \boxed{h(n)} \rightarrow y(n) \circ\!\!-\!\!\bullet X(e^{j\Omega}) \rightarrow \boxed{H(e^{j\Omega})} \rightarrow Y(e^{j\Omega}) \tag{1.51}$$

$$\delta(n) \circ\!\!-\!\!\bullet 1 \tag{1.52}$$

$$\delta(n-m) \circ\!\!-\!\!\bullet e^{-jm\Omega} \tag{1.53}$$

$$\delta(n) + \delta(n-1) \circ\!\!-\!\!\bullet\ 1 + e^{-j\Omega} = 1 + \cos\Omega - j\sin\Omega \tag{1.54}$$

$$\sum_{k=0}^{N-1}\delta(n-k) \circ\!\!-\!\!\bullet \sum_{k=0}^{N-1}e^{-jk\Omega} \tag{1.55}$$

$$\sum_{k=0}^{N-1}h(k)\delta(n-k) \circ\!\!-\!\!\bullet \sum_{k=0}^{N-1}h(k)e^{-jk\Omega} \tag{1.56}$$

1.5 离散时间傅里叶变换和 Z 变换

离散时间傅里叶变换到 Z 变换的扩展允许信号和脉冲响应的离散时间傅里叶变换不收敛,但其 Z 变换要在给定的收敛域内收敛。离散时间傅里叶变换如式(1.57)所示。

$$X(e^{j\Omega}) = \sum_{n=-\infty}^{\infty} x(n) \cdot e^{-j\Omega n} \tag{1.57}$$

通过给复指数 $e^{j\Omega}$ 乘以一个半径 r,构成新的复变量 $z = re^{j\Omega}$,式(1.57)就变成式(1.58)和式(1.59),因此,得到 Z 变换式(1.60)。

$$X(re^{j\Omega}) = \sum_{n=-\infty}^{\infty} x(n) \cdot (re^{j\Omega})^{-n} \tag{1.58}$$

$$= \sum_{n=-\infty}^{\infty} x(n) \cdot r^{-n} \cdot e^{-j\Omega n} \tag{1.59}$$

$$X(z) = \sum_{n=-\infty}^{\infty} x(n) \cdot z^{-n} \tag{1.60}$$

许多信号经过 Z 变换会得到一个有理函数 $X(z) = \dfrac{N(z)}{D(z)}$,其中分子多项式 $N(z)$ 和分母多项式 $D(z)$ 都是变量 z 的函数。$N(z)$ 的零点称为 $X(z)$ 的零点,分母 $D(z)$ 的零点称为 $X(z)$ 的极点。有理函数 $X(z)$ 可以用多项式、极点/零点和部分展开式的形式表示。

1.6 离散傅里叶变换

为了将输入信号 $x(n)$ 的长度降低到 N 个采样,并仅在有限的 N 个频率采样上计算傅里叶谱,我们可以将单位圆在 N 个频率采样点上离散化为 $\Omega_k = \dfrac{2\pi}{N}k$,由此得到 $x(n)$ 的傅里叶谱,式(1.61)所示。同时也可得到 $x(n)$ 的离散傅里叶变换(DFT)和离散傅里叶逆变换(IDFT),如式(1.62)式(1.63)所示。

$$X(e^{j\Omega_k}) = \sum_{n=0}^{N-1} x(n)e^{-j\Omega_k n}, \quad \Omega_k = \frac{2\pi}{N}k, \quad k = 0, 1, \cdots, N-1 \tag{1.61}$$

$$X(k) = \sum_{n=0}^{N-1} x(n)e^{-j\frac{2\pi}{N}kn} \quad k = 0, 1, \cdots, N-1 \tag{1.62}$$

$$x(n) = \frac{1}{N}\sum_{k=0}^{N-1} X(k)e^{j\frac{2\pi}{N}kn} \quad n = 0, 1, \cdots, N-1 \tag{1.63}$$

图 1.9 给出了一个音频信号 $x(n)$ 和它的傅里叶谱。其中，图 1.9(a) 是信号 $x(n)$，图 1.9(b) 是横轴取对数频率时 $x(n)$ 的幅度谱 $|X(f)|$（以 dB 为单位），图 1.9(c) 是当横轴取线性频率时 $x(n)$ 的幅度谱 $|X(f)|$（以 dB 为单位）。

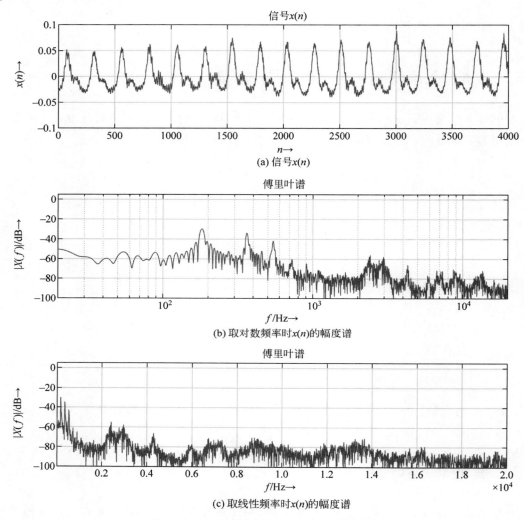

图 1.9　一个音频信号 $x(n)$ 和它的傅里叶谱

1.7　FIR 和 IIR 滤波器

因果信号 $x(n)$ 和因果脉冲响应 $h(n)$ 的卷积为 $y(n) = \sum_{k=0}^{\infty} h(k) \cdot x(n-k) = \sum_{k=0}^{\infty} x(k) \cdot h(n-k)$。

如果脉冲响应衰减很快，并且能在 N 个采样点之后被截断，那么这个卷积能进一步简化，可得到具有 N 个抽头的有限脉冲响应滤波器（FIR）和离散时间卷积，如式(1.64)所示。

$$y(n) = \sum_{k=0}^{N-1} h(k) \cdot x(n-k) = \sum_{k=0}^{N-1} b(k) \cdot x(n-k) \tag{1.64}$$

式(1.64)也被称为差分方程,可以用FIR信号流图(框图)表示,如图1.10所示,其中系数$b(k)$对应脉冲响应$h(k)$。式(1.64)的Z变换如式(1.65)所示。

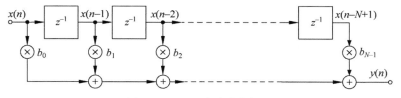

图1.10 FIR滤波器的框图

$$Y(z) = \sum_{k=0}^{N-1} b(k) \cdot z^{-k} \cdot X(z) \tag{1.65}$$

由此可以推导出系统传递函数 $H(z) = \dfrac{Y(z)}{X(z)}$,如式(1.66)所示。

$$H(z) = \sum_{k=0}^{N-1} b(k) \cdot z^{-k} = \frac{\displaystyle\sum_{k=0}^{N-1} b(k) \cdot z^{N-1-k}}{z^{N-1}} \tag{1.66}$$

FIR滤波器的频率响应可以通过求脉冲响应的离散傅里叶变换得到,或者将$z = \mathrm{e}^{\mathrm{j}\Omega}$代入式(1.66)中,得到单位圆上的系统传递函数,用式(1.67)来表示。

$$H_{\mathrm{FIR}}(\mathrm{e}^{\mathrm{j}\Omega}) = \sum_{k=0}^{N-1} b(k) \cdot \mathrm{e}^{-\mathrm{j}\Omega k}, \quad \Omega = 2\pi \frac{f}{f_{\mathrm{S}}} \tag{1.67}$$

图1.11展示了一个具有5个抽头的对称FIR滤波器的脉冲响应、幅度响应、相位响应和极/零点图。

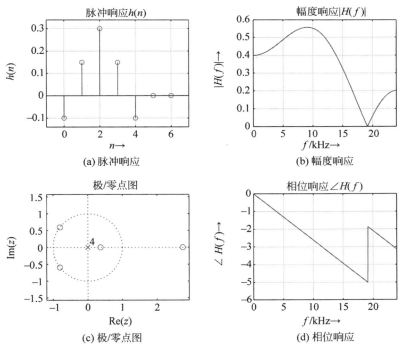

图1.11 一个具有5个抽头的对称FIR滤波器特性图

当脉冲响应的衰减无限长时，定义 N 阶无限脉冲响应（IIR）滤波器，它当前时刻的输出 $y(n)$ 不仅和当前输入 $x(n)$ 及之前的输入 $x(n-k)$ 有关，也和之前的输出 $y(n-k)$ 有关，这里 $0 \leqslant k \leqslant N$，如式（1.68）所示。其中 $b(k)$ 是 $x(n)$ 及 $x(n-k)$ 的加权系数，$a(k)$ 是 $y(n-k)$ 的加权系数。式（1.68）也被称为差分方程，可以用 IIR 信号流图（框图）表示，如图 1.12 所示。

$$y(n) = \sum_{k=0}^{N} b(k) \cdot x(n-k) - \sum_{k=1}^{N} a(k) \cdot y(n-k) \tag{1.68}$$

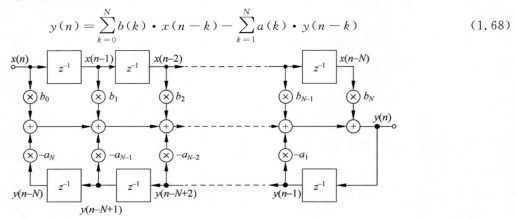

图 1.12　IIR 滤波器框图

对式（1.68）的递归差分方程进行 Z-变换，可得到式（1.69）。

$$Y(z) = \sum_{k=0}^{N} b(k) \cdot z^{-k} \cdot X(z) - \sum_{k=1}^{N} a(k) \cdot z^{-k} \cdot Y(z) \tag{1.69}$$

由此可以推导出系统传递函数 $H(z) = \dfrac{Y(z)}{X(z)}$，如式（1.70）所示。

$$H(z) = \frac{\displaystyle\sum_{k=0}^{N} b(k) \cdot z^{-k}}{1 + \displaystyle\sum_{k=1}^{N} a(k) \cdot z^{-k}} \tag{1.70}$$

典型情况下，$N=1$ 或 $N=2$。对于 $N>2$ 和更高阶的情况，可以使用一阶和二阶滤波器的级联。图 1.13 展示了一个 IIR 滤波器级联的信号流图。IIR 滤波器的频率响应可以通过将 $z = e^{j\Omega}$ 代入式（1.70），得到单位圆上的系统传递函数，式（1.71）给出了 N 阶 IIR 滤波器的频率响应。

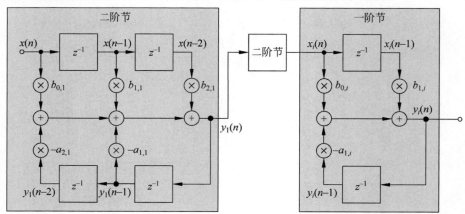

图 1.13　IIR 滤波器级联

$$H_{IIR}(e^{j\Omega}) = \frac{\sum\limits_{k=0}^{N} b(k) \cdot e^{-j\Omega k}}{1 + \sum\limits_{k=1}^{N} a(k) \cdot e^{-j\Omega k}}, \quad \Omega = 2\pi \frac{f}{f_S} \tag{1.71}$$

图 1.14 展示了一个具有无限衰减的 IIR 滤波器的脉冲响应、幅度响应、相位响应和极/零点图。

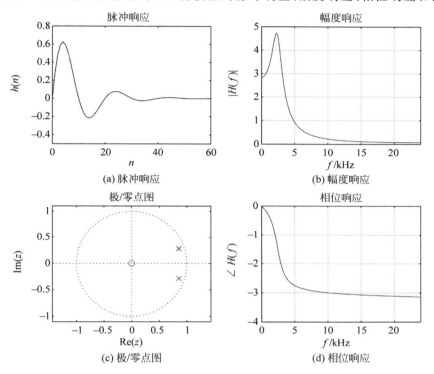

图 1.14 一个具有无限衰减的 IIR 滤波器的特性图

一些特殊的 FIR 滤波器包括 N-抽头滑动平均滤波器[见式(1.72)]、三角滤波器[见式(1.73)]、等波纹 Parks-McClellan 滤波器[见式(1.74)]和互补滤波器[见式(1.75)]。

$$h_{MA}(n) = \frac{1}{N} \sum_{k=0}^{N-1} \delta(n-k) \tag{1.72}$$

$$h_{TRI}(n) = h_{MA}(n) * h_{MA}(n) \tag{1.73}$$

$$h_{PM}(n) = \sum_{k=0}^{N-1} h(k)\delta(n-k) \tag{1.74}$$

$$h_C(n) = \delta\left(n - \frac{N-1}{2}\right) - \sum_{k=0}^{N-1} h(k)\delta(n-k) \tag{1.75}$$

其中,式(1.74)中的脉冲响应是基于 Parks-McClellan(PM)设计方法计算出来的;式(1.75)考虑了使用长度 N 为奇数的低通 FIR 滤波器来进行低通到高通和带通到带阻的变换。图 1.15 展示了 FIR 滑动平均(MA)滤波器和 FIR PM 滤波器的频率响应和脉冲响应,其中最上面两个图的频率响应中也画出了互补频率响应。

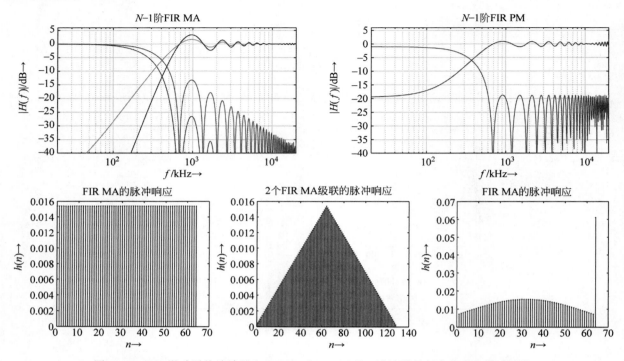

图 1.15　FIR 滑动平均滤波器和 FIR Parks-McClellan 滤波器的频率响应和脉冲响应

　　一些简单但有效的一阶和二阶 IIR 滤波器可用作低通（LP）、高通（HP）和带通滤波器（BP），如式（1.76）～式（1.82）所示。

$$H_{\mathrm{LP}}(z) = \frac{1-a}{2}\,\frac{1+z^{-1}}{1-az^{-1}} \tag{1.76}$$

$$a = \frac{1-\sin\left(\dfrac{2\pi f_{\mathrm{c}}}{f_{\mathrm{S}}}\right)}{\cos\left(\dfrac{2\pi f_{\mathrm{c}}}{f_{\mathrm{S}}}\right)} \tag{1.77}$$

$$H_{\mathrm{HP}}(z) = \frac{1+a}{2}\,\frac{1-z^{-1}}{1-az^{-1}} \tag{1.78}$$

$$a = \frac{1-\sin\left(\dfrac{2\pi f_{\mathrm{c}}}{f_{\mathrm{S}}}\right)}{\cos\left(\dfrac{2\pi f_{\mathrm{c}}}{f_{\mathrm{S}}}\right)} \tag{1.79}$$

$$H_{\mathrm{BP}}(z) = \frac{1-a}{2}\,\frac{1-z^{-2}}{1-b(1+a)z^{-1}+az^{-2}} \tag{1.80}$$

$$a = \frac{1-\sin\left(\dfrac{2\pi f_{b}}{f_{\mathrm{S}}}\right)}{\cos\left(\dfrac{2\pi f_{b}}{f_{\mathrm{S}}}\right)} \tag{1.81}$$

$$b = \cos\left(\frac{2\pi f_c}{f_S}\right) \qquad (1.82)$$

其中,低通滤波器和高通滤波器都有一个系数 a 控制其截止频率 f_c。f_c 是低通或高通滤波器频率响应幅度下降 -3dB 时对应的频率;带通滤波器有两个参数 a 和 b 控制其带宽 f_b,f_b 是带通滤波器频率响应幅度下降 -3dB 时对应的高低频率之差,它们的频率响应如图 1.16 所示。这些简单的一阶和二阶 IIR 滤波器(LP、HP 和 BP),可以进一步使用一阶和二阶全通滤波器 $H_{\text{AP}_1}(z)$ 和 $H_{\text{AP}_2}(z)$ 来实现,它们的传递函数由式(1.83)~式(1.87)给出。

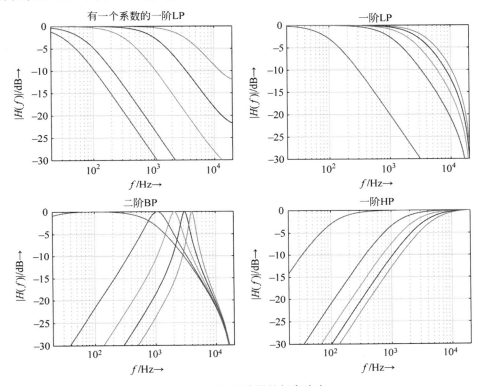

图 1.16 IIR 滤波器的频率响应

$$H_{\text{AP}_1}(z) = \frac{-a + z^{-1}}{1 - az^{-1}} \qquad (1.83)$$

$$H_{\text{AP}_2}(z) = \frac{a - b(1+a)z^{-1} + z^{-2}}{1 - b(1+a)z^{-1} + az^{-2}} \qquad (1.84)$$

$$H_{\text{LP}}(z) = \frac{1}{2}(1 + H_{\text{AP}_1}(z)) \qquad (1.85)$$

$$H_{\text{HP}}(z) = \frac{1}{2}(1 - H_{\text{AP}_1}(z)) \qquad (1.86)$$

$$H_{\text{BP}}(z) = \frac{1}{2}(1 - H_{\text{AP}_2}(z)) \qquad (1.87)$$

其中,系数 a 和 b 分别由式(1.81)和式(1.82)给出。式(1.85)中的低通传递函数为直接路径和式(1.83)的一阶全通的加性并联。式(1.86)中的高通传递函数为直接路径和式(1.83)的一阶全通的减法并联。式(1.87)中的带通传递函数为直接路径和式(1.84)的一阶全通的减法并联。

1.8 自适应滤波器

自适应滤波器根据预定义的误差准则来改变滤波器特性。这类滤波器的一般结构如图 1.17 所示，期望信号 $d(n)$ 被 $y(n)$ 逼近，而 $y(n)$ 是参考信号 $x(n)$ 通过自适应滤波器的输出信号，它应该尽可能接近 $d(n)$，以便期望信号 $d(n)$ 和输出信号 $y(n)$ 之间的误差信号 $e(n)$ 随时间变小。通过使误差能量最小化可推导出自适应滤波器的系数。基于图 1.17 所示的一般结构，可以实现系统识别、逆滤波、回声抵消、线性预测等特定用途的自适应滤波方法。我们将说明如何将线性预测作为一种自适应 FIR 滤波技术，并通过自相关方法和最小均方(LMS)方法推导出自适应滤波器的系数。

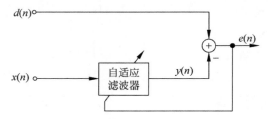

图 1.17　自适应滤波器的一般结构

1.8.1　基于自相关方法的自适应线性预测

对于自适应线性预测任务，由于期望信号 $d(n)$ 等于输入信号 $x(n)$，一般结构被简化，得到如图 1.18 所示的线性预测信号流图。在这种情况下，自适应滤波器是一个具有 p 个系数的 FIR 滤波器。

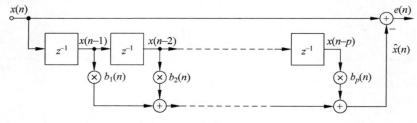

图 1.18　线性预测信号流图

线性预测通过对过去时刻输入样点的加权线性组合来对当前时刻的实际值 $x(n)$ 进行估计，计算公式如式(1.88)所示，其中 p 是预测阶数，b_k 是预测系数。

$$\hat{x}(n) = \sum_{k=1}^{p} b(k)x(n-k) = \sum_{k=1}^{p} b_k x(n-k) \tag{1.88}$$

$x(n)$ 与其预测值 $\hat{x}(n)$ 之间的差称为预测误差，由式(1.89)给出。

$$e(n) = x(n) - \hat{x}(n) = x(n) - \sum_{k=1}^{p} b_k x(n-k) \tag{1.89}$$

其中，滤波器系数 b_k 是通过式(1.90)所示的最小化代价函数来计算的，也就是使二次误差最小。

$$J = E\{e^2(n)\} \tag{1.90}$$

由代价函数对滤波器系数 b_k（其中 $k=1,2,\cdots,p$）求偏导数，可得式(1.91)～式(1.93)。

$$\frac{\partial J}{\partial b_k} = 2E\left\{e(n) \cdot \frac{\partial e(n)}{\partial b_k}\right\} = -2E\{e(n)x(n-k)\} \tag{1.91}$$

$$= -2E\left\{\left[x(n) - \sum_{i=1}^{p} b_i x(n-i)\right]x(n-k)\right\} \tag{1.92}$$

$$= -2E\{x(n)x(n-k)\} + 2\sum_{i=1}^{p} b_i E\{x(n-i)x(n-k)\} \tag{1.93}$$

通过置偏导数为零来计算滤波器系数 b_k,这里 $k=1,2,\cdots,p$,如式(1.94)和式(1.95)所示。

$$\frac{\partial J}{\partial b_k} = 0 \tag{1.94}$$

$$\Leftrightarrow \sum_{i=1}^{p} b_i E\{x(n-i)x(n-k)\} = E\{x(n)x(n-k)\} \tag{1.95}$$

通过使用自相关序列表达式式(1.96)和式(1.97),以及自相关序列偶函数的性质[式(1.98)],可得到式(1.95)的矩阵形式,如式(1.99)所示。

$$r_{xx}(k) = E\{x(n)x(n-k)\} = \sum_{n=-\infty}^{\infty} x(n)x(n-k) \tag{1.96}$$

$$r_{xx}(k-i) = E\{x(n)x(n-(k-i))\}$$

$$= E\{x(n-i)x(n-k)\} \tag{1.97}$$

$$r_{xx}(k) = r_{xx}(-k) \tag{1.98}$$

$$\begin{bmatrix} r_{xx}(0) & r_{xx}(1) & r_{xx}(2) & \cdots & r_{xx}(p-1) \\ r_{xx}(1) & r_{xx}(0) & r_{xx}(1) & \cdots & r_{xx}(p-2) \\ r_{xx}(2) & r_{xx}(1) & r_{xx}(0) & \cdots & r_{xx}(p-3) \\ \vdots & \vdots & \vdots & \ddots & \vdots \\ r_{xx}(p-1) & r_{xx}(p-2) & \cdots & r_{xx}(1) & r_{xx}(0) \end{bmatrix} \begin{bmatrix} b_1 \\ b_2 \\ \vdots \\ b_p \end{bmatrix} = \begin{bmatrix} r_{xx}(1) \\ r_{xx}(2) \\ \vdots \\ r_{xx}(p) \end{bmatrix} \tag{1.99}$$

这些方程被称为维纳-霍普夫方程或标准方程,对应的自相关矩阵 $\boldsymbol{R}$ 是对称的,它在每个对角线上的值都相同,这样的矩阵称为 Toeplitz 矩阵,其方程组可以用 Levinson-Durbin 递推法高效求解。这里所描述的整个过程被称为更新预测系数的自相关方法。

1.8.2 基于 LMS 方法的自适应线性预测

为使简化的代价函数 $\hat{J}$ 最小,这种方法采用递归算法使 LMS 误差最小化。所有滤波器系数根据之前的若干值每个采样更新一次。滤波器系数的递归方法使用了梯度下降公式,如式(1.100)所示,其中 $\mu(n)$ 是梯度权值。

$$b_k(n+1) = b_k(n) - \frac{1}{2}\mu(n)\frac{\partial J}{\partial b_k(n)} \tag{1.100}$$

使用简化的代价函数(二次误差的瞬时值),如式(1.101),可得式(1.102)。

$$\hat{J} = e^2(n), \quad e(n) = x(n) - \sum_{k=1}^{p} b_k(n)x(n-k) \tag{1.101}$$

$$\frac{\partial \hat{J}}{\partial b_k(n)} = \frac{\partial e^2(n)}{\partial b_k(n)} = 2e(n) \cdot \frac{\partial e(n)}{\partial b_k} = -2e(n)x(n-k) \tag{1.102}$$

因此，对 $k = 1, 2, \cdots, p$，递归 LMS 算法如式（1.103）所示。

$$b_k(n+1) = b_k(n) + \mu(n)e(n)x(n-k) \tag{1.103}$$

梯度权值 $\mu(n)$ 可以使用表 1.1 中的不同 LMS 方法来调整。

表 1.1   计算梯度权值 $\mu(n)$

标准 LMS	$\mu(n) = $ 常量
归一化 LMS（NLMS）	$\mu(n) = \dfrac{\alpha}{\beta + \sum\limits_{k=0}^{N-1} x^2(n-k)}$ β 用于调整大的 $\mu(n)$
能量归一化（PNLMS）	$\mu(n) = \dfrac{\alpha}{N \cdot \sigma_x^2(n)}$
限制	$\mu(n) = \min\{\mu(n), \mu_{\max}\}$
递归计算	$\sigma_x^2(n) = \lambda \sigma_x^2(n-1) + (1-\lambda)x^2(n), 0 < \lambda < 1$

1.8.3   用于编码和源滤波器处理的线性预测

在编码和源滤波处理中可以发现，线性预测具有相同的信号运算流图，如图 1.19 所示。第一部分是编码运算，由一个前向预测和使用自相关或 LMS 方法的系数计算组成。编码器的传递函数由式（1.104）给出。

$$H_C(z) = 1 - P(z) \tag{1.104}$$

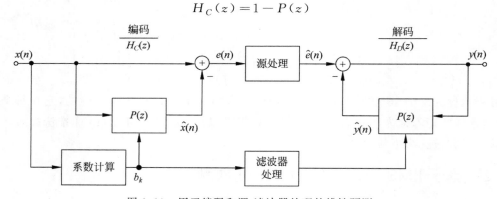

图 1.19   用于编码和源-滤波器处理的线性预测

误差信号 $e(n)$ 被量化以应用在编码中，经过进一步处理后可用于源滤波器修正中。接收器通过逆滤波执行解码运算，这个过程使用了来自编码器的预测滤波器和对应系数（或者是处理和修改后的系数）。解码器的传递函数如式（1.105）所示。

$$H_D(z) = \frac{1}{1 - P(z)} \tag{1.105}$$

源滤波器通过线性预测方法在时域提取源信号 $e(n)$ 和预测滤波器 $P(z)$ 的系数 b_k。源信号是输入白化后的信号，滤波器的传递函数 $H_D(z)$ 表示输入 $x(n)$ 的谱包络。源信号 $e(n)$ 和预测系数 b_k 可以根据特定任务进行修改，如声音变形就是保持源信号而修改谱包络。

1.9 习题

信号和系统

1. 画出所列的脉冲响应,当 $x(n)=\delta(n)+\delta(n-1)$ 时,计算出各式对应的卷积输出 $y(n)$,并编写计算 $y(n)$ 的 MATLAB 代码。

(a) $h(n)=a \cdot \delta(n)$ (放大器);

(b) $h(n)=\delta(n-M)$ (延迟 M 个样本);

(c) $h(n)=0.5[\delta(n)+\delta(n-1)]$ (2抽头滑动平均,简单低通滤波器);

(d) $h(n)=\dfrac{1}{M}\sum_{k=0}^{M}\delta(n-k)$ (M 抽头滑动平均,简单低通滤波器);

(e) $h(n)=a^n \cdot \varepsilon(n),|a|<1$ (低通滤波器);

(f) $h(n)=a^n \cdot \sin\left(2\pi \dfrac{1}{20}n\right) \cdot \varepsilon(n),|a|<1$ (低通滤波器)。

2. 当 $x(n)=\delta(n)$ 时,计算下列各输出信号,使用 MATLAB 画出 $x(n)=\sum_{k=0}^{7}\delta(n-k)$ 的输出信号。

(a) $y(n)=A\cos(\Omega n) * h(n)$ (特征信号通过系统);

(b) $y(n)=x(n)+ay(n-1),|a|<1$ (一阶低通滤波器);

(c) $y(n)=x(n)+y(n-1)$ (积分器);

(d) $y(n)=x(n)-x(n-1)$ (微分器)。

离散时间傅里叶变换

1. 计算下列各式的离散时间傅里叶变换,并用 MATLAB 画出结果图。

(a) $x(n)=a \cdot \delta(n)$;

(b) $x(n)=\delta(n-M)$;

(c) $x(n)=0.5[\delta(n)+\delta(n-1)]$;

(d) $x(n)=a^n \cdot \varepsilon(n),|a|<1$。

2. 使用差分方程 $y(n)=a\sin(\Omega_0 n) \cdot x(n-1)+2a\cos(\Omega_0 n) \cdot y(n-1)-a^2 \cdot y(n-2)$

(a) 画出信号流程图;

(b) 计算频率响应 $H(e^{j\Omega})=\dfrac{Y(e^{j\Omega})}{X(e^{j\Omega})}$;

(c) 使用 MATLAB 画出幅度响应和相位响应图;

(d) 对差分方程编程并画出脉冲响应图。

FIR 和 IIR 滤波器

1. 下面列出的都是线性相位 FIR 滤波器的脉冲响应表示式,请画出脉冲响应、幅度响应和相位响应(freqz.m)、极/零点图(zplane.m)和群延迟(grpdelay.m),并对结果进行讨论。

(a) $h(n)=0.5 \cdot \delta(n)+0.5 \cdot \delta(n-1)$;

(b) $h(n)=0.25 \cdot \delta(n)+0.5 \cdot \delta(n-1)+0.25 \cdot \delta(n-2)$;

(c) $h(n)=0.5 \cdot \delta(n)-0.5 \cdot \delta(n-1)$;

(d) $h(n)=0.5 \cdot \delta(n)-0.5 \cdot \delta(n-2)$。

2. 将脉冲响应长度截断，用 N 抽头 FIR 滤波器来逼近给定的脉冲响应。

3. 用 Parks-McClellan 设计滤波器方法（firpm.m）进行实验，设计几个线性相位低通滤波器，然后使用 MATLAB 文件 freqz.z 和 zplane.m 对它们进行评估。

4. 画出一阶 LP 和 HP 滤波器以及二阶 BP 滤波器的 IIR 信号流图，并验证其频率响应。

自适应滤波器

1. 编写一个使用 LMS 算法进行线性预测的小程序。利用音频信号对预测阶数进行实验，并监测其误差。

2. 通过替换 $d(n)=x(n) * h(n)$ 对线性预测方法进行修改，其中 $h(n)$ 为未知系统的脉冲响应。修改代码以使用 LMS 算法执行系统辨识任务。

第 2 章

量　　化

对连续时间信号 $x(t)$ 进行模数（AD）转换的基本操作是采样和 $x(n)$ 的量化，产生量化序列 $x_Q(n)$，如图 2.1 所示。在第 3 章讨论 AD/DA（数模）转换技术和采样频率 $f_S = \dfrac{1}{T_S}$ 的选择之前，我们将介绍用有限位数对 $x(n)$ 的量化方法。具有连续幅度的采样信号的数字化称为量化。2.1 节从经典量化模型开始，对量化作用进行讨论；2.2 节对低电平信号，阐述使量化过程线性化的抖动技术；2.3 节描述量化误差的频谱整形技术；2.4 节讨论数字音频信号的数值表示及其对算法的影响。

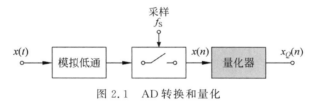

图 2.1　AD 转换和量化

2.1　信号量化

2.1.1　经典量化模型

Widrow 量化定理描述了量化过程。将均匀分布的随机信号 $e(n)$ 与原始信号 $x(n)$ 相加（见图 2.2），就建立了量化器模型（见图 2.2）。该加性模型由式（2.1）给出，其中 $e(n)$ 是量化输出和输入之间的误差信号，如式（2.2）所示。

$$x_Q(n) = x(n) + e(n) \tag{2.1}$$

$$e(n) = x_Q(n) - x(n) \tag{2.2}$$

只有当输入幅度具有宽的动态范围并且量化误差 $e(n)$ 与信号 $x(n)$ 不相关时，输出 $x_Q(n)$ 的线性模型才有效。

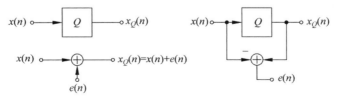

图 2.2　量化

由于连续量化误差的统计独立性，故误差信号的自相关为 $r_{EE}(m)=\sigma_E^2\delta(m)$，产生的功率密度谱为 $S_{EE}(e^{j\Omega})=\sigma_E^2$。

量化的非线性过程由非线性特性曲线描述，如图 2.3(a) 所示，其中 Q 表示量化步长。量化器的输出和输入之间的差即为量化误差 $e(n)=x_Q(n)-x(n)$，如图 2.3(b) 所示。量化误差的均匀概率密度函数（PDF）由式（2.3）给出，如图 2.3(b) 所示。

$$p_E(e)=\frac{1}{Q}\text{rect}\left(\frac{e}{Q}\right) \tag{2.3}$$

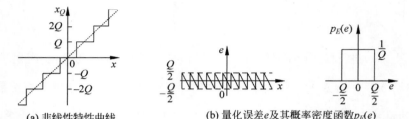

(a) 非线性特性曲线   (b) 量化误差 e 及其概率密度函数 $p_E(e)$

图 2.3　非线性特性曲线和量化误差 e 及其概率密度函数 $p_E(e)$

具有概率密度函数 $p_E(e)$ 的随机变量 E 的第 m 阶矩定义为 E^m 的期望值，如式（2.4）所示。

$$E\{E^m\}=\int_{-\infty}^{\infty}e^m p_E(e)\text{d}e \tag{2.4}$$

对于如式（2.3）所示的均匀分布随机过程，前两个矩由式（2.5）和式（2.6）给出。

$$m_E=E\{E\}=0 \quad \text{均值} \tag{2.5}$$

$$\sigma_E^2=E\{E^2\}=\frac{Q^2}{12} \quad \text{方差} \tag{2.6}$$

信噪比（SNR）定义为信号功率 σ_X^2 与误差功率 σ_E^2 的比，如式（2.7）所示。

$$\text{SNR}=10\lg\left(\frac{\sigma_X^2}{\sigma_E^2}\right) \quad \text{dB} \tag{2.7}$$

对于输入范围为 $\pm x_{\max}$ 和字长 w 的量化器，量化步长可以表示为式（2.8）。

$$Q=2x_{\max}/2^w \tag{2.8}$$

定义峰值因子如式（2.9）所示，则输入和量化误差的方差可以写成式（2.10）和式（2.11）。SNR 由式（2.12）给出。

$$P_F=\frac{x_{\max}}{\sigma_X}=\frac{2^{w-1}Q}{\sigma_X} \tag{2.9}$$

$$\sigma_X^2=\frac{x_{\max}^2}{P_F^2} \tag{2.10}$$

$$\sigma_E^2=\frac{Q^2}{12}=\frac{1}{12}\frac{x_{\max}^2}{2^{2w}}2^2=\frac{1}{3}x_{\max}^2 2^{-2w} \tag{2.11}$$

$$\text{SNR}=10\lg\left(\frac{x_{\max}^2/P_F^2}{\frac{1}{3}x_{\max}^2 2^{-2w}}\right)=10\lg\left(2^{2w}\frac{3}{P_F^2}\right)$$

$$=6.02w-10\lg\left(\frac{P_F^2}{3}\right) \quad \text{dB} \tag{2.12}$$

正弦信号(PDF 如图 2.4 所示)的 $P_F = \sqrt{2}$,其 SNR 如式(2.13)所示。

$$\text{SNR} = 6.02w + 1.76 \quad \text{dB} \tag{2.13}$$

对于具有均匀 PDF 的信号(见图 2.4),有 $P_F = \sqrt{3}$,其 SNR 如式(2.14)所示。

$$\text{SNR} = 6.02w \quad \text{dB} \tag{2.14}$$

对于高斯分布信号(过载概率 $< 10^{-5}$,可得 $P_F = 4.61$,见图 2.5),其 SNR 如式(2.15)所示。

$$\text{SNR} = 6.02w - 8.5 \quad \text{dB} \tag{2.15}$$

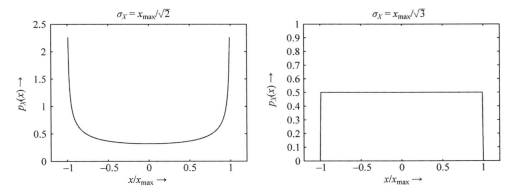

图 2.4 正弦信号和具有均匀 PDF 信号的概率密度函数

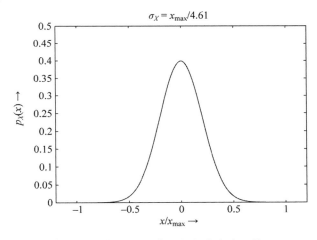

图 2.5 高斯 PDF 信号的概率密度函数

很明显,SNR 取决于输入的 PDF。对于呈现近似高斯分布的数字音频信号,给定字长 w 时,其最大 SNR 比经验公式式(2.14)低 8.5dB。

2.1.2 量化定理

对信号幅度进行采样(幅度数字化)的量化定理由 Widrow 提出,对时间轴数字化的采样定理由 Shannon 提出。图 2.6 给出了幅度量化和时间量化示意图。量化器输出信号的 PDF 取决于输入信号的 PDF,这两个信号的 PDF 如图 2.7 所示。输入和输出信号各自的特征函数(PDF 的傅里叶变换)构成了 Widrow 量化定理的基础。

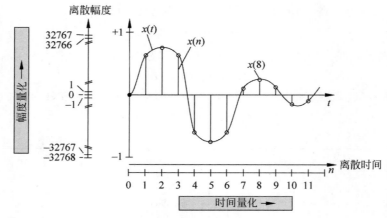

图 2.6　幅度量化和时间量化

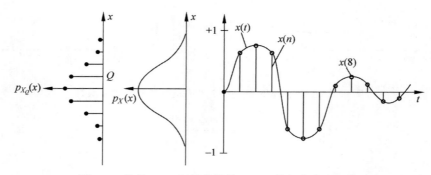

图 2.7　信号 $x(n)$ 和量化信号 $x_Q(n)$ 的概率密度函数

1. 量化器输出的一阶统计量

连续幅度信号 x，其 PDF 为 $p_X(x)$，对其进行量化，可得到离散幅度信号 y（见图 2.8），其 PDF 为 $p_Y(y)$。对输入信号的连续 PDF 在所有量化间隔上积分（区域采样），以实现对连续输入的采样，得到离散 PDF 的输出。

在量化间隔中，输出的离散 PDF 由式（2.16）的概率确定。

$$W[kQ] = W\left[-\frac{Q}{2} + kQ \leqslant x < \frac{Q}{2} + kQ\right] = \int_{-\frac{Q}{2}+kQ}^{\frac{Q}{2}+kQ} p_X(x)\,\mathrm{d}x \tag{2.16}$$

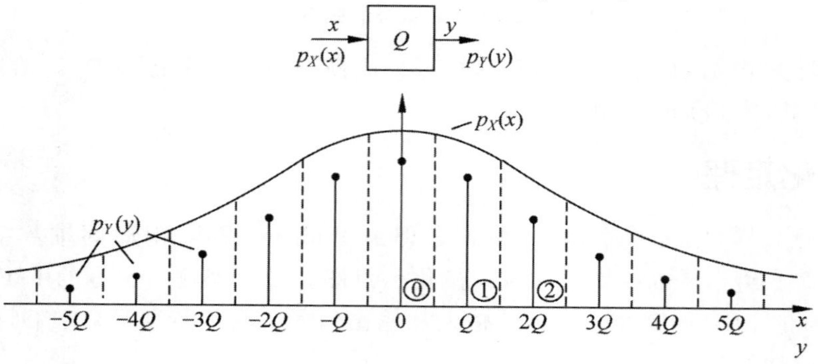

图 2.8　PDF 的区域采样

对于间隔 $k=0,1,2$, 其输出 PDF 如下:

$$p_Y(y) = \delta(0) \int_{-\frac{Q}{2}}^{\frac{Q}{2}} p_X(x)\,\mathrm{d}x \qquad\qquad -\frac{Q}{2} \leqslant y < \frac{Q}{2}$$

$$= \delta(y-Q) \int_{-\frac{Q}{2}+Q}^{\frac{Q}{2}+Q} p_X(x)\,\mathrm{d}x \qquad -\frac{Q}{2}+Q \leqslant y < \frac{Q}{2}+Q$$

$$= \delta(y-2Q) \int_{-\frac{Q}{2}+2Q}^{\frac{Q}{2}+2Q} p_X(x)\,\mathrm{d}x \quad -\frac{Q}{2}+2Q \leqslant y < \frac{Q}{2}+2Q$$

对所有间隔的输出求和,即得到总的输出 PDF,如式(2.17)和式(2.18)所示。

$$p_Y(y) = \sum_{k=-\infty}^{\infty} \delta(y-kQ)W(kQ) \tag{2.17}$$

$$= \sum_{k=-\infty}^{\infty} \delta(y-kQ)W(y) \tag{2.18}$$

其中,$W(kQ)$ 和 $W(y)$ 的具体表示如式(2.19)~式(2.21)所示。

$$W(kQ) = \int_{-\frac{Q}{2}+kQ}^{\frac{Q}{2}+kQ} p_X(x)\,\mathrm{d}x \tag{2.19}$$

$$W(y) = \int_{-\infty}^{\infty} \mathrm{rect}\left(\frac{y-x}{Q}\right) p_X(x)\,\mathrm{d}x \tag{2.20}$$

$$= \mathrm{rect}\left(\frac{y}{Q}\right) * p_X(y) \tag{2.21}$$

将式(2.22)代入式(2.18)中,可得到输出的 PDF 如式(2.23)所示。

$$\delta_Q(y) = \sum_{k=-\infty}^{\infty} \delta(y-kQ) \tag{2.22}$$

$$p_Y(y) = \delta_Q(y)\left[\mathrm{rect}\left(\frac{y}{Q}\right) * p_X(y)\right] \tag{2.23}$$

因此,输出的 PDF 可以通过 rect 函数与输入的 PDF 的卷积来确定。随后可进行分辨率为 Q 的幅度采样,如式(2.23)所示(见图 2.9)。

根据 $\mathrm{FT}\{f_1(t) \cdot f_2(t)\} = \dfrac{1}{2\pi} F_1(\mathrm{j}\omega) * F_2(\mathrm{j}\omega)$,特征函数($p_Y(y)$ 的傅里叶变换)可以写成

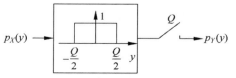

图 2.9　确定输出的 PDF

$$P_Y(\mathrm{j}u) = \frac{1}{2\pi} u_o \sum_{k=-\infty}^{\infty} \delta(u-ku_o) * \left[Q\,\frac{\sin\left(u\frac{Q}{2}\right)}{u\frac{Q}{2}} \cdot P_X(\mathrm{j}u)\right] \tag{2.24}$$

在式(2.24)中,$u_o = \dfrac{2\pi}{Q}$,则有式(2.25)和式(2.26)成立。

$$P_Y(\mathrm{j}u) = \sum_{k=-\infty}^{\infty} \delta(u-ku_o) * \left[\frac{\sin\left(u\frac{Q}{2}\right)}{u\frac{Q}{2}} \cdot P_X(\mathrm{j}u)\right] \tag{2.25}$$

$$P_Y(ju) = \sum_{k=-\infty}^{\infty} P_X(ju - jku_o) \frac{\sin\left[(u - ku_o)\dfrac{Q}{2}\right]}{(u - ku_o)\dfrac{Q}{2}} \tag{2.26}$$

式（2.26）描述了输入的连续 PDF 的采样。如果量化频率 $u_o = 2\pi/Q$ 是特征函数 $P_X(ju)$ 的最高频率的两倍，则周期性重复频谱并不重叠。因此，从输出的量化 PDF 重构输入的 PDF 是可能的，这称为 Widrow 量化定理，图 2.10 显示了输入 $p_X(x)$ 和输出 $p_Y(y)$ 的谱表示。与第一采样定理（Shannon 采样定理，时域中的理想幅度采样）$F^A(j\omega) = \dfrac{1}{T}\sum_{K=-\infty}^{\infty} F(j\omega - jk\omega_o)$ 相比，可以观察到周期性特征函数多

了一个乘法项 $\dfrac{\sin\left[(u - ku_o)\dfrac{\Omega}{2}\right]}{(u - ku_o)\dfrac{\Omega}{2}}$，如式（2.26）所示。

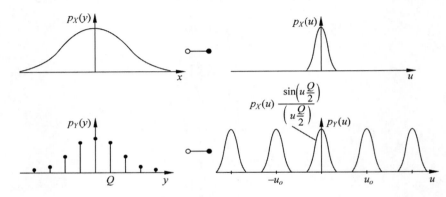

图 2.10　输入 $p_X(x)$ 和输出 $p_Y(y)$ 的谱表示

观察特征函数的基带（$k=0$）信号，如式（2.27）所示，它是两个特征函数的乘积。

$$P_Y(ju) = P_X(ju) \underbrace{\frac{\sin\left(u\dfrac{Q}{2}\right)}{u\dfrac{Q}{2}}}_{P_E(ju)} \tag{2.27}$$

两个特征函数的乘法对应 PDF 的卷积，由此可知两个统计独立信号可以相加。因此，量化误差的特征函数如式（2.28）所示，PDF 如式（2.29）所示。图 2.11 显示了量化误差的 PDF 和特征函数。

$$P_E(ju) = \frac{\sin\left(u\dfrac{Q}{2}\right)}{u\dfrac{Q}{2}} \tag{2.28}$$

$$p_E(e) = \frac{1}{Q}\text{rect}\left(\frac{e}{Q}\right) \tag{2.29}$$

当一个统计独立的噪声信号添加到输入信号时，使用量化器模型可以得到输出的连续 PDF。图 2.12 中给出了量化器模型，展示了信号和噪声的 PDF 卷积以及采样间隔 Q，还有输出的离散 PDF。输出的

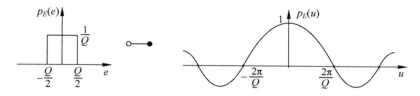

图 2.11 量化误差的 PDF 和特征函数

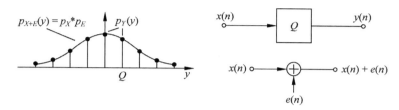

图 2.12 添加噪声信号的量化模型和对应的 PDF

离散 PDF 包括距离 Q 处的狄拉克脉冲,其值等于连续 PDF,如式(2.23)所示。只有当量化定理有效时,才能从离散 PDF 重构连续 PDF。

在许多情况下,不需要重构输入的 PDF,仅从输出计算输入的矩就足够了。第 m 阶矩可以用 PDF 或特征函数来表示,如式(2.30)和式(2.31)所示。

$$E\{Y^m\} = \int_{-\infty}^{\infty} y^m p_Y(y)\,\mathrm{d}y \tag{2.30}$$

$$= (-\mathrm{j})^m \left.\frac{\mathrm{d}^m P_Y(\mathrm{j}u)}{\mathrm{d}u^m}\right|_{u=0} \tag{2.31}$$

如果满足量化定理,则式(2.26)中的周期项不重叠,并且 $P_Y(\mathrm{j}u)$ 的第 m 阶导数仅由基带确定,因此式(2.26)可以写成式(2.32)。

$$E\{Y^m\} = (-\mathrm{j})^m \left.\frac{\mathrm{d}^m}{\mathrm{d}u^m} P_X(\mathrm{j}u)\frac{\sin\left(u\dfrac{Q}{2}\right)}{u\dfrac{Q}{2}}\right|_{u=0} \tag{2.32}$$

利用式(2.32),可计算前两个矩,如式(2.33)和式(2.34)所示。

$$m_Y = E\{Y\} = E\{X\} \tag{2.33}$$

$$\sigma_Y^2 = E\{Y^2\} = \underbrace{E\{X^2\}}_{\sigma_X^2} + \underbrace{\frac{Q^2}{12}}_{\sigma_E^2} \tag{2.34}$$

2. 量化器输出的二阶统计量

为了描述频域输出特性,考虑 n_1 时刻的 Y_1 和 n_2 时刻的 Y_2 这两个输出值。它们的联合密度函数如式(2.35)所示,其中的脉冲函数和矩形函数如式(2.36)和式(2.37)所示,它们的二维傅里叶变换,如式(2.38)和式(2.39)所示。

$$p_{Y_1Y_2}(y_1,y_2) = \delta_{QQ}(y_1,y_2)\left[\operatorname{rect}\left(\frac{y_1}{Q},\frac{y_2}{Q}\right) * p_{X_1X_2}(y_1,y_2)\right] \tag{2.35}$$

$$\delta_{QQ}(y_1,y_2) = \delta_Q(y_1)\cdot\delta_Q(y_2) \tag{2.36}$$

$$\text{rect}\left(\frac{y_1}{Q},\frac{y_2}{Q}\right)=\text{rect}\left(\frac{y_1}{Q}\right)\cdot\text{rect}\left(\frac{y_2}{Q}\right) \tag{2.37}$$

$$P_{Y_1Y_2}(ju_1,ju_2)=\sum_{k=-\infty}^{\infty}\sum_{l=-\infty}^{\infty}\delta(u_1-ku_o)\delta(u_2-lu_o)$$

$$*\left[\frac{\sin\left(u_1\frac{Q}{2}\right)}{u_1\frac{Q}{2}}\cdot\frac{\sin\left(u_2\frac{Q}{2}\right)}{u_2\frac{Q}{2}}\cdot P_{X_1X_2}(ju_1,ju_2)\right] \tag{2.38}$$

$$=\sum_{k=-\infty}^{\infty}\sum_{l=-\infty}^{\infty}P_{X_1X_2}(ju_1-jku_o,ju_2-jlu_o)\frac{\sin\left[(u_1-ku_o)\frac{Q}{2}\right]}{(u_1-ku_o)\frac{Q}{2}}\cdot\frac{\sin\left[(u_2-lu_o)\frac{Q}{2}\right]}{(u_2-lu_o)\frac{Q}{2}} \tag{2.39}$$

与一维量化定理类似，可以得出二维定理：如果 $P_{X_1X_2}(ju_1,ju_2)=0,u_1\geqslant u_o/2$ 且 $u_2\geqslant u_o/2$，则输入的联合密度函数可以从输出的联合密度函数重构。联合密度函数的矩可以根据式（2.40）计算。

$$E\{Y_1^mY_2^n\}=(-j)^{m+n}\frac{\partial^{m+n}}{\partial u_1^m\partial u_2^n}P_{X_1X_2}(ju_1,ju_2)\frac{\sin\left(u_1\frac{Q}{2}\right)}{u_1\frac{Q}{2}}\frac{\sin\left(u_2\frac{Q}{2}\right)}{u_2\frac{Q}{2}}\Bigg|_{u_1=0,u_2=0} \tag{2.40}$$

由此，设 $m=n_2-n_1$，则自相关函数可以根据式（2.41）计算。式中，当 $m=0$ 时，就成为式（2.34）。

$$r_{YY}(m)=E\{Y_1Y_2\}(m)=\begin{cases}E\{X^2\}+\dfrac{Q^2}{12}, & m=0\\[2mm]E\{X_1X_2\}(m), & \text{其他}\end{cases} \tag{2.41}$$

2.1.3 量化误差的统计量

1. 量化误差的一阶统计量

量化误差的 PDF 取决于输入的 PDF，处理过程如下。量化误差 $e=x_Q-x$ 位于区间 $\left[-\dfrac{Q}{2},\dfrac{Q}{2}\right]$ 内，它与输入呈线性关系（见图 2.13）。如果输入值位于间隔 $\left[-\dfrac{Q}{2},\dfrac{Q}{2}\right]$ 内，则误差为 $e=0-x$，对应的 PDF 为 $p_E(e)=p_X(e)$。如果输入值位于间隔 $\left[-\dfrac{Q}{2}+Q,\dfrac{Q}{2}+Q\right]$ 内，则量化误差为 $e=Q[Q^{-1}x+0.5]-x$，并且被限制在 $\left[-\dfrac{Q}{2},\dfrac{Q}{2}\right]$ 内，量化误差的 PDF 为 $p_E(e)=p_X(e+Q)$，并被加到第一项中。因此，对于所有间隔的总和，可以写出其表达式如式（2.42）所示。

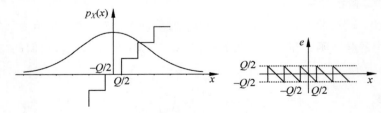

图 2.13 概率密度函数和量化误差

$$p_E(e) = \begin{cases} \displaystyle\sum_{k=-\infty}^{\infty} p_X(e-kQ), & -\dfrac{Q}{2} \leqslant e < \dfrac{Q}{2} \\ 0, & \text{其他} \end{cases} \qquad (2.42)$$

由于 PDF 变量的区间限制性,又可以得出式(2.43)和式(2.44)所示的表达式。

$$p_E(e) = \text{rect}\left(\frac{e}{Q}\right) \sum_{k=-\infty}^{\infty} p_X(e-kQ) \qquad (2.43)$$

$$= \text{rect}\left(\frac{e}{Q}\right) \left[p_X(e) * \delta_Q(e) \right] \qquad (2.44)$$

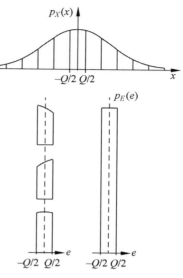

量化误差的 PDF 由输入的 PDF 确定,可以通过对区间进行移位和加窗来计算,然后将所有独立区间的 PDF 相加以得到量化误差的 PDF,这种叠接相加的简单图形解释如图 2.14 所示。如果输入 PDF $p_X(x)$ 扩展到足够数量的量化区间,则这种叠接使量化误差成为均匀分布。

图 2.14 量化误差的 PDF 及叠接相加的图形解释

式(2.44)中 PDF 的傅里叶变换,如式(2.45)~式(2.48)所示。

$$P_E(\text{j}u) = \frac{1}{2\pi} Q \frac{\sin\left(u\dfrac{Q}{2}\right)}{u\dfrac{Q}{2}} * \left[P_X(\text{j}u) \frac{2\pi}{Q} \sum_{k=-\infty}^{\infty} \delta(u-ku_o) \right] \qquad (2.45)$$

$$= \frac{\sin\left(u\dfrac{Q}{2}\right)}{u\dfrac{Q}{2}} * \left[\sum_{k=-\infty}^{\infty} P_X(\text{j}ku_o)\delta(u-ku_o) \right] \qquad (2.46)$$

$$= \sum_{k=-\infty}^{\infty} P_X(\text{j}ku_o) \left[\frac{\sin\left(u\dfrac{Q}{2}\right)}{u\dfrac{Q}{2}} * \delta(u-ku_o) \right] \qquad (2.47)$$

$$P_E(\text{j}u) = \sum_{k=-\infty}^{\infty} P_X(\text{j}ku_o) \frac{\sin\left[(u-ku_o)\dfrac{Q}{2}\right]}{(u-ku_o)\dfrac{Q}{2}} \qquad (2.48)$$

如果满足量化定理,即如果 $P_X(\text{j}u)=0$,$u > u_o/2$,则只有一个非零项[式(2.48)中的 $k=0$],量化误差的特征函数在 $P_X(0)=1$ 的情况下简化为式(2.49)。

$$P_E(\text{j}u) = \frac{\sin\left(u\dfrac{Q}{2}\right)}{u\dfrac{Q}{2}} \qquad (2.49)$$

因此,量化误差的 PDF 如式(2.50)所示。

$$p_E(e) = \frac{1}{Q}\text{rect}\left(\frac{e}{Q}\right) \qquad (2.50)$$

对均匀 PDF 的量化误差,Sripad 和 Snyder 修改了 Widrow 对输入带限特征函数的充分条件,用式(2.51)的弱化条件代替。

$$P_X(\mathrm{j}ku_o) = P_X\left(\mathrm{j}\frac{2\pi k}{Q}\right) = 0, \quad k \neq 0 \tag{2.51}$$

输入 PDF 的均匀分布如式(2.52)所示，其特征函数如式(2.53)所示，它不满足带限特征函数的 Widrow 条件，但是满足式(2.54)所示的弱化条件。

$$p_X(x) = \frac{1}{Q}\mathrm{rect}\left(\frac{x}{Q}\right) \tag{2.52}$$

$$P_X(\mathrm{j}u) = \frac{\sin\left(u\dfrac{Q}{2}\right)}{u\dfrac{Q}{2}} \tag{2.53}$$

$$P_X\left(\mathrm{j}\frac{2\pi k}{Q}\right) = \frac{\sin(\pi k)}{\pi k} = 0, \quad k \neq 0 \tag{2.54}$$

由此可得量化误差式(2.49)中的均匀 PDF。Sripad 和 Snyder 提出的弱化条件扩展了可以假设量化误差具有均匀 PDF 的输入信号类别。

为说明量化误差的均匀 PDF 用作输入 PDF 函数时的偏差，式(2.48)可以写成式(2.55)，对其求傅里叶逆变换得式(2.56)和式(2.57)，式(2.56)显示了输入 PDF 对均匀 PDF 的偏差的影响。

$$
\begin{aligned}
P_E(\mathrm{j}u) &= P_X(0)\frac{\sin\left[u\dfrac{Q}{2}\right]}{u\dfrac{Q}{2}} + \sum_{k=-\infty,k\neq 0}^{\infty} P_X\left(\mathrm{j}\frac{2\pi k}{Q}\right)\frac{\sin\left[(u-ku_o)\dfrac{Q}{2}\right]}{(u-ku_o)\dfrac{Q}{2}} \\
&= \frac{\sin\left[u\dfrac{Q}{2}\right]}{u\dfrac{Q}{2}} + \sum_{k=-\infty,k\neq 0}^{\infty} P_X\left(\mathrm{j}\frac{2\pi k}{Q}\right)\frac{\sin\left[u\dfrac{Q}{2}\right]}{u\dfrac{Q}{2}} * \delta(u-ku_0)
\end{aligned}
\tag{2.55}
$$

$$p_E(e) = \frac{1}{Q}\mathrm{rect}\left(\frac{e}{Q}\right)\left[1 + \sum_{k=-\infty,k\neq 0}^{\infty} P_X\left(\mathrm{j}\frac{2\pi k}{Q}\right)\exp\left(\mathrm{j}\frac{2\pi k e}{Q}\right)\right] \tag{2.56}$$

$$= \begin{cases} \dfrac{1}{Q}\left[1 + \sum_{k\neq 0}^{\infty} P_X\left(\mathrm{j}\dfrac{2\pi k}{Q}\right)\exp\left(\mathrm{j}\dfrac{2\pi k e}{Q}\right)\right], & -\dfrac{Q}{2} \leqslant e < \dfrac{Q}{2} \\ 0, & \text{其他} \end{cases} \tag{2.57}$$

2. 量化误差的二阶统计量

为了描述误差信号的频谱特性，考虑 n_1 时刻的 E_1 和 n_2 时刻的 E_2 这两个值。它们的联合密度函数如式(2.58)所示。

$$p_{E_1 E_2}(e_1,e_2) = \mathrm{rect}\left(\frac{e_1}{Q},\frac{e_2}{Q}\right)\left[p_{X_1 X_2}(e_1,e_2) * \delta_{QQ}(e_1,e_2)\right] \tag{2.58}$$

其中

$$\delta_{QQ}(e_1,e_2) = \delta_Q(e_1) \cdot \delta_Q(e_2)$$

$$\mathrm{rect}\left(\frac{e_1}{Q},\frac{e_2}{Q}\right) = \mathrm{rect}\left(\frac{e_1}{Q}\right) \cdot \mathrm{rect}\left(\frac{e_2}{Q}\right)$$

对于联合 PDF 的傅里叶变换，可用类似于式(2.45)～式(2.48)所示的过程求出，如式(2.59)所示。

$$P_{E_1 E_2}(ju_1, ju_2) = \sum_{k_1=-\infty}^{\infty} \sum_{k_2=-\infty}^{\infty} P_{X_1 X_2}(jk_1 u_o, jk_2 u_o)$$

$$\frac{\sin\left[(u_1 - k_1 u_o)\dfrac{Q}{2}\right]}{(u_1 - k_1 u_o)\dfrac{Q}{2}} \frac{\sin\left[(u_2 - k_2 u_o)\dfrac{Q}{2}\right]}{(u_2 - k_2 u_o)\dfrac{Q}{2}} \tag{2.59}$$

如果满足式(2.60)的量化定理和/或 Sripad-Snyder 条件,则可得式(2.61)。

$$P_{X_1 X_2}(jk_1 u_o, jk_2 u_o) = 0, \quad k_1, k_2 \neq 0 \tag{2.60}$$

$$P_{E_1 E_2}(ju_1, ju_2) = \frac{\sin\left[u_1 \dfrac{Q}{2}\right]}{u_1 \dfrac{Q}{2}} \frac{\sin\left[u_2 \dfrac{Q}{2}\right]}{u_2 \dfrac{Q}{2}} \tag{2.61}$$

对于量化误差的联合 PDF,保持式(2.62)和式(2.63)成立。

$$p_{E_1 E_2}(e_1, e_2) = \frac{1}{Q}\text{rect}\left(\frac{e_1}{Q}\right) \cdot \frac{1}{Q}\text{rect}\left(\frac{e_2}{Q}\right), \quad -\frac{Q}{2} \leqslant e_1, e_2 < \frac{Q}{2} \tag{2.62}$$

$$= p_{E_1}(e_1) \cdot p_{E_2}(e_2) \tag{2.63}$$

由于量化误差的统计独立性[式(2.63)],所以有式(2.64)成立。

$$E\{E_1^m E_2^n\} = E\{E_1^m\} \cdot E\{E_2^n\} \tag{2.64}$$

对于联合 PDF 的矩,有式(2.65)成立。

$$E\{E_1^m E_2^n\} = (-j)^{m+n} \left. \frac{\partial^{m+n}}{\partial u_1^m \partial u_2^n} P_{E_1 E_2}(u_1, u_2) \right|_{u_1=0, u_2=0} \tag{2.65}$$

因此,当 $m = n_2 - n_1$ 时,自相关函数如式(2.66)~式(2.68)所示。

$$r_{EE}(m) = E\{E_1 E_2\} = \begin{cases} E\{E^2\}, & m=0 \\ E\{E_1 E_2\}, & \text{其他} \end{cases} \tag{2.66}$$

$$= \begin{cases} \dfrac{Q^2}{12}, & m=0, \\ 0, & \text{其他} \end{cases} \tag{2.67}$$

$$= \underbrace{\frac{Q^2}{12}}_{\sigma_E^2}\delta(m) \tag{2.68}$$

量化误差的功率密度谱由式(2.69)给出,它等于量化误差的方差 $\sigma_E^2 = \dfrac{Q^2}{12}$(见图 2.15)。

$$S_{EE}(e^{j\Omega}) = \sum_{m=-\infty}^{+\infty} r_{EE}(m) e^{-j\Omega m} = \frac{Q^2}{12} \tag{2.69}$$

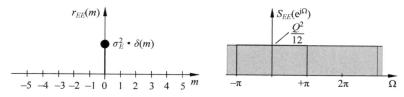

图 2.15 量化误差 $e(n)$ 的自相关 $r_{EE}(m)$ 和功率密度谱 $S_{EE}(e^{j\Omega})$

3. 信号和量化误差的相关性

为了描述信号和量化误差的相关性，式(2.26)的输出二阶矩推导如下：

$$E\{Y^2\} = (-j)^2 \frac{d^2 P_Y(ju)}{du^2}\bigg|_{u=0} \tag{2.70}$$

$$= (-j)^2 \sum_{k=-\infty}^{\infty} \left[\ddot{P}_X\left(-\frac{2\pi k}{Q}\right) \frac{\sin(\pi k)}{\pi k} + \right.$$

$$Q\dot{P}_X\left(-\frac{2\pi k}{Q}\right) \frac{\sin(\pi k) - \pi k\cos(\pi k)}{\pi^2 k^2} +$$

$$\left. \frac{Q^2}{4} P_X\left(-\frac{2\pi k}{Q}\right) \frac{(2-\pi^2 k^2)\sin(\pi k) - 2\pi k\cos(\pi k)}{\pi^3 k^3} \right] \tag{2.71}$$

$$= E\{X^2\} + \frac{Q}{\pi} \sum_{k=-\infty, k\neq 0}^{\infty} \frac{(-1)^k}{k} \dot{P}_X\left(-\frac{2\pi k}{Q}\right) + E\{E^2\} \tag{2.72}$$

量化误差 $e(n) = y(n) - x(n)$，

$$E\{Y^2\} = E\{X^2\} + 2E\{X \cdot E\} + E\{E^2\} \tag{2.73}$$

其中 $E\{X \cdot E\}$ 项根据式(2.72)可表示为

$$E\{X \cdot E\} = \frac{Q}{2\pi} \sum_{k=-\infty, k\neq 0}^{\infty} \frac{(-1)^k}{k} \dot{P}_X\left(-\frac{2\pi k}{Q}\right) \tag{2.74}$$

假设输入为高斯PDF，得

$$p_X(x) = \frac{1}{\sqrt{2\pi}\sigma} \exp\left(\frac{-x^2}{2\sigma^2}\right) \tag{2.75}$$

其特征函数为

$$P_X(ju) = \exp\left(\frac{-u^2\sigma^2}{2}\right) \tag{2.76}$$

根据式(2.57)，量化误差的PDF由式(2.77)给出。图2.16(a)显示了式(2.77)中输入不同方差的量化误差的PDF。

$$p_E(e) = \begin{cases} \frac{1}{Q}\left[1 + 2\sum_{k=1}^{\infty} \cos\left(\frac{2\pi ke}{Q}\right) \exp\left(-\frac{2\pi^2 k^2\sigma^2}{Q^2}\right)\right], & -\frac{Q}{2} \leqslant e < \frac{Q}{2} \\ 0, & \text{其他} \end{cases} \tag{2.77}$$

从式(2.77)可以得出，量化误差的均值 $E\{E\} = 0$，方差如式(2.78)所示。

$$E\{E^2\} = \int_{-\infty}^{\infty} e^2 p_E(e)de = \frac{Q^2}{12}\left[1 + \frac{12}{\pi^2}\sum_{k=1}^{\infty} \frac{(-1)^k}{k^2} \exp\left(-\frac{2\pi^2 k^2\sigma^2}{Q^2}\right)\right] \tag{2.78}$$

图2.16(b)显示了式(2.78)中对不同方差输入的量化误差方差。

对于式(2.75)和式(2.76)给出的高斯PDF输入，输入和量化误差之间的相关性[见式(2.74)]可表示为

$$E\{X \cdot E\} = 2\sigma^2 \sum_{k=1}^{\infty} (-1)^k \exp\left(-\frac{2\pi^2 k^2\sigma^2}{Q^2}\right) \tag{2.79}$$

在式(2.79)中，对于较大的 $\frac{\sigma}{Q}$ 值，相关性可以忽略不计。

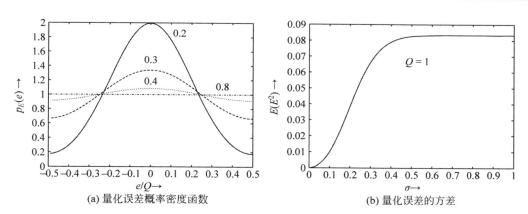

(a) 量化误差概率密度函数   (b) 量化误差的方差

图 2.16　高斯 PDF 输入的不同标准差的量化误差概率密度函数与量化误差的方差

2.2　抖动

2.2.1　基础知识

在存储、格式转换和信号处理算法中,有限字长的再量化(已量化信号的重新量化)会重复出现。这时,小信号电平引起的误差取决于输入信号。由于量化,低电平信号会发生非线性失真,经典量化模型的条件不再满足。为了降低小幅度信号的这些影响,需要对量化器的非线性特性曲线进行线性化。这是通过在实际量化处理之前将随机序列 $d(n)$ 添加到量化信号 $x(n)$(见图 2.17)来实现的。字长说明如图 2.18 所示,添加的这个随机信号称为抖动。误差信号与输入的统计独立性没有实现,但误差信号的条件矩会受到影响。

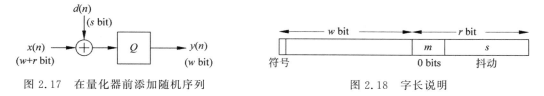

图 2.17　在量化器前添加随机序列   图 2.18　字长说明

幅度范围为 $\left(-\dfrac{Q}{2}\leqslant d(n)\leqslant\dfrac{Q}{2}\right)$ 的序列 $d(n)$,可用随机数生成器生成并添加到输入。当 $Q=2^{-(w-1)}$ 时,抖动值 d_k 如式(2.80)所示。

$$d_k = k2^{-r}Q \quad -2^{s-1}\leqslant k\leqslant 2^{s-1}-1 \tag{2.80}$$

式(2.81)表示 d_k 的概率,其索引 k 可取 $N=2^s$ 个整数值。

$$P(d_k)=\begin{cases}2^{-s}, & -2^{s-1}\leqslant k\leqslant 2^{s-1}-1 \\ 0, & \text{其他}\end{cases} \tag{2.81}$$

因为平均值 $\bar{d}=\sum\limits_k d_k P(d_k)$,方差 $\sigma_d^2=\sum\limits_k[d_k-\bar{d}]^2 P(d_k)$,平方平均值 $\overline{d^2}=\sum\limits_k d_k^2 P(d_k)$,所以可以将方差重写为 $\sigma_d^2=\overline{d^2}-\bar{d}^2$。

对于静态输入幅度 V 和抖动值 d_k,舍入运算可表示为式(2.82)。

$$g(V + d_k) = Q \left\lfloor \frac{V + d_k}{Q} + 0.5 \right\rfloor \tag{2.82}$$

作为输入 V 的函数，均值 $\overline{g}(V)$ 如式（2.83）所示。

$$\overline{g}(V) = \sum_k g(V + d_k) P(d_k) \tag{2.83}$$

作为输入 V 的函数，平方平均值 $\overline{g^2}(V)$ 如式（2.84）所示。

$$\overline{g^2}(V) = \sum_k g^2(V + d_k) P(d_k) \tag{2.84}$$

输入 V 的方差 $d_R^2(V)$ 如式（2.85）所示。

$$d_R^2(V) = \sum_k \{g(V + d_k) - \overline{g}(V)\}^2 P(d_k) = \overline{g^2}(V) - \{\overline{g}(V)\}^2 \tag{2.85}$$

上述公式中均以输入 V 为参数，图 2.19 和图 2.20 展示了量化步长内由式（2.83）～式（2.85）表示的均值输出 $\overline{g}(V)$ 和标准差 $d_R(V)$。用舍入和截断为例说明了量化器特性曲线的线性化，用更精细的步长代替了粗糙步长。均值输出的二次偏差 $d_R^2(V)$ 称为噪声调制。对于均匀 PDF 抖动，噪声调制取决于幅度（见图 2.19 和图 2.20），在量化步长的中间处是最大的，在接近结束处趋于零。线性化和噪声调制的抑制可以通过具有双极特性和舍入操作的三角 PDF 抖动实现（见图 2.20）。三角 PDF 抖动是通过将两个具有均匀 PDF 的统计独立的抖动信号相加而获得的。对音频信号，具有高阶 PDF 的抖动信号不是必需的。

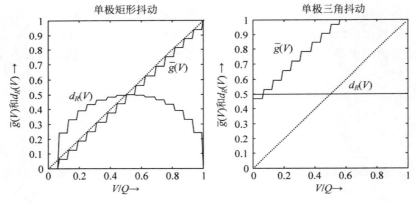

图 2.19　截断-线性化和噪声调制的抑制（$s = 4, m = 0$）

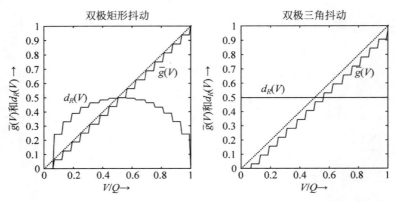

图 2.20　舍入-线性化和噪声调制的抑制（$s = 4, m = 1$）

这种量化技术的总噪声功率由抖动功率和量化误差的功率组成,下列的噪声功率通过对 V 的积分来获得,如式(2.86)～式(2.88)所示。

1. 平均抖动功率 d^2

$$d^2 = \frac{1}{Q}\int_0^Q d_R^2(V)\,\mathrm{d}V \tag{2.86}$$

$$= \frac{1}{Q}\int_0^Q \sum_k \{g(V+d_k)-\overline{g}(V)\}^2 P(d_k)\,\mathrm{d}V \tag{2.87}$$

根据式(2.83),这等于与均值输出的偏差。

2. 总噪声功率的平均值 d_{tot}^2

$$d_{\mathrm{tot}}^2 = \frac{1}{Q}\int_0^Q \sum_k \{g(V+d_k)-V\}^2 P(d_k)\,\mathrm{d}V \tag{2.88}$$

这等于与理想直线的偏差。

为了推导 d_{tot}^2 和 d^2 之间的关系,量化误差可写作式(2.89),并代入式(2.88)中,可得式(2.90)和式(2.91)。

$$Q(V+d_k) = g(V+d_k)-(V+d_k) \tag{2.89}$$

$$d_{\mathrm{tot}}^2 = \sum_k P(d_k)\frac{1}{Q}\int_0^Q (Q^2(V+d_k)+2d_k Q(V+d_k)+d_k^2)\,\mathrm{d}V \tag{2.90}$$

$$= \sum_k P(d_k)\frac{1}{Q}\int_0^Q Q^2(V+d_k)\,\mathrm{d}V +$$

$$2\sum_k d_k P(d_k)\frac{1}{Q}\int_0^Q Q(V+d_k)\,\mathrm{d}V +$$

$$\sum_k d_k^2 P(d_k)\frac{1}{Q}\int_0^Q \,\mathrm{d}V \tag{2.91}$$

式(2.91)中的积分与 d_k 无关,另外,$\sum_k P(d_k)=1$。量化误差的均值为

$$\overline{e} = \frac{1}{Q}\int_0^Q Q(V)\,\mathrm{d}V \tag{2.92}$$

二次平均误差为

$$\overline{e^2} = \frac{1}{Q}\int_0^Q Q^2(V)\,\mathrm{d}V \tag{2.93}$$

因此,可以将式(2.91)改写为

$$d_{\mathrm{tot}}^2 = \overline{e^2} + 2\overline{d}\,\overline{e} + \overline{d^2} \tag{2.94}$$

由于 $\sigma_E^2 = \overline{e^2}-\overline{e}^2$ 和 $\sigma_D^2 = \overline{d^2}-\overline{d}^2$,式(2.94)可以写成

$$d_{\mathrm{tot}}^2 = \sigma_E^2 + (\overline{d}+\overline{e})^2 + \sigma_D^2 \tag{2.95}$$

式(2.94)和式(2.95)描述的总噪声功率,是量化($\overline{e}$,$\overline{e^2}$,σ_E^2)和抖动($\overline{d}$,$\overline{d^2}$,σ_D^2)的函数。可以看出,对于零均值量化,式(2.95)中的中间项 $\overline{d}+\overline{e}=0$。总误差功率的声学可感知部分由 σ_E^2 和 σ_D^2 表示。

2.2.2 实现

随机序列 $d(n)$ 是由具有均匀 PDF 的随机数生成器生成的。为了生成一个三角形的 PDF 随机序列，可以把两个独立的均匀 PDF 随机序列 $d_1(n)$ 和 $d_2(n)$ 相加。为了生成一个三角形高通抖动，可以把抖动值 $d_1(n)$ 和 $-d_1(n-1)$ 相加，因此就可以只需要一个随机数发生器。总之，就是可以实现下列抖动序列：

$$d_{\mathrm{RECT}}(n) = d_1(n) \tag{2.96}$$

$$d_{\mathrm{TRI}}(n) = d_1(n) + d_2(n) \tag{2.97}$$

$$d_{\mathrm{HP}}(n) = d_1(n) - d_1(n-1) \tag{2.98}$$

三角 PDF 抖动和三角 PDF 高通抖动的功率密度谱如图 2.21 所示。图 2.22 显示了均匀 PDF 抖动和三角形 PDF 高通抖动的直方图及其对应的功率密度谱。均匀 PDF 抖动的幅度范围在 $\left[-\dfrac{Q}{2}, \dfrac{Q}{2}\right]$，而三角 PDF 抖动的幅度范围在 $[-Q, +Q]$，三角 PDF 抖动的总噪声功率提高了一倍。

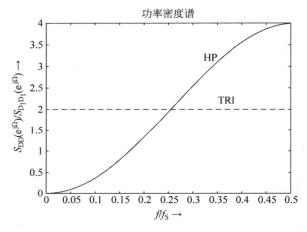

图 2.21　三角 PDF 抖动（TRI）$d_1(n) + d_2(n)$ 和三角 PDF 高通

抖动（HP）$d_1(n) - d_1(n-1)$ 的归一化功率密度谱

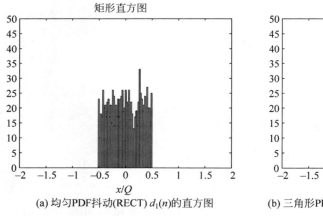

(a) 均匀PDF抖动(RECT) $d_1(n)$ 的直方图

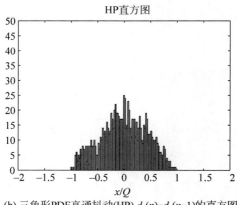

(b) 三角形PDF高通抖动(HP) $d_1(n) - d_1(n-1)$ 的直方图

图 2.22　均匀 PDF 抖动和三角形 PDF 高通抖动的直方图及其对应的功率密度谱

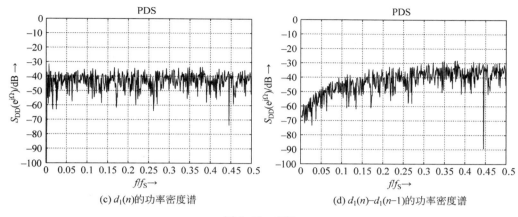

(c) $d_1(n)$的功率密度谱 (d) $d_1(n)-d_1(n-1)$的功率密度谱

图 2.22 （续）

2.2.3 示例

对于一个 16 位量化器($Q=2^{-15}$)，其量化信号的时域和频域波形如图 2.23 所示。对截断和舍入操作，图 2.23(a)和图 2.23(b)分别显示了幅度为 2^{-15}(1bit 幅度)，频率为 $f/f_S=64/1024$ 的量化正弦信号，图 2.23(c)和图 2.23(d)显示了它们对应的频谱。图 2.23(c)给出了截断时信号的谱线和具有输入信号谐波的量化误差频谱分布；图 2.23(d)显示了舍入时在特定信号频率 $f/f_S=64/1024$ 处，量化误差集中在非偶数谐波中。

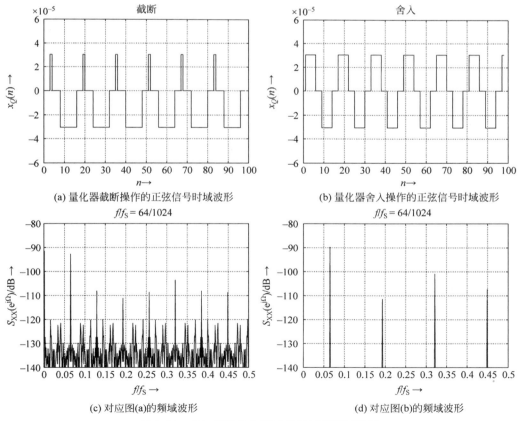

(a) 量化器截断操作的正弦信号时域波形 (b) 量化器舍入操作的正弦信号时域波形

(c) 对应图(a)的频域波形 (d) 对应图(b)的频域波形

图 2.23 1bit 幅度量化信号的时域和频域波形

以下仅讨论舍入操作对抖动的影响。在量化之前将具有均匀 PDF 的矩形抖动信号添加到实际信号中,得到图 2.24(a)所示的量化信号,对应的功率密度谱如图 2.24(c)所示。在时域中,观察到 1bit 幅度接近零,从而影响到量化信号波形发生改变。图 2.24(c)中的功率密度谱表明,此时不再有谐波出现,噪声功率在频率上均匀分布。对于三角 PDF 抖动,量化信号如图 2.24(b)所示。由于三角 PDF 除了 $\pm Q$ 和零的信号值之外,还出现了 $\pm 2Q$ 的幅度,所以图 2.24(d)显示了总噪声功率的增加。

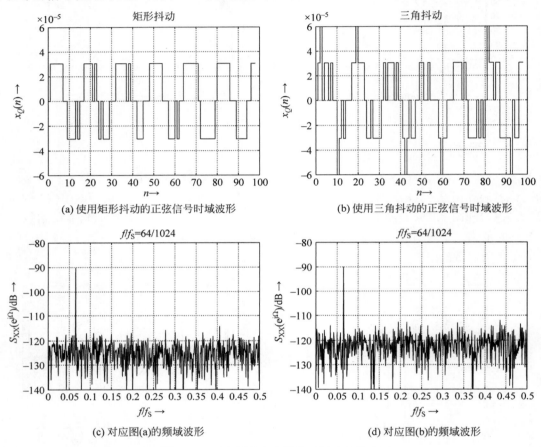

(a) 使用矩形抖动的正弦信号时域波形　　　　(b) 使用三角抖动的正弦信号时域波形

(c) 对应图(a)的频域波形　　　　(d) 对应图(b)的频域波形

图 2.24　1bit 幅度舍入操作时抖动的影响

为了说明均匀 PDF 抖动的噪声调制,将输入幅度减小为 $A = 2^{-18}$,频率选择为 $f/f_S = 14/1024$。这意味着量化器的输入幅度是 0.25bit。对于没有附加抖动的量化器,量化输出信号为零。对于矩形抖动,量化信号如图 2.25(a)所示,图中也显示了幅度为 $0.25Q$ 的输入信号。量化信号的功率密度谱如图 2.25(c)所示,可以看到信号的谱线和量化误差的均匀分布。然而,在时域中,可以观察到输入的正负幅度与输出的量化正值和负值之间的相关性。在听力测试中,如果输入幅度持续降低并低于量化步长的幅度,则噪声调制就会出现。该过程发生在语音和音乐信号的所有淡出过程中。对于正的低幅度信号,出现 0 和 Q 两个输出状态;对于负的低幅度信号,则出现 0 和 $-Q$ 两个输出状态。实际中可以听到在信号中叠加的令人烦恼的咔嗒咔嗒的声音。如果输入电平进一步降低,量化输出接近零。

为了在低电平时减小噪声调制,可以使用三角 PDF 抖动。图 2.25(b)显示了三角 PDF 抖动的量化信号,图 2.25(d)显示了对应的功率密度谱,可以观察到量化信号具有不规则波形。因此,正半波与正输出值的直接关联以及负半波与负输出值的直接关联是不可能的。功率密度谱显示了信号的谱线以及由于三角 PDF 抖动而导致的噪声功率的增加。在声学听力测试中,即使输入电平降至零,三角 PDF 抖动的使用也会产生恒定的噪声电平。

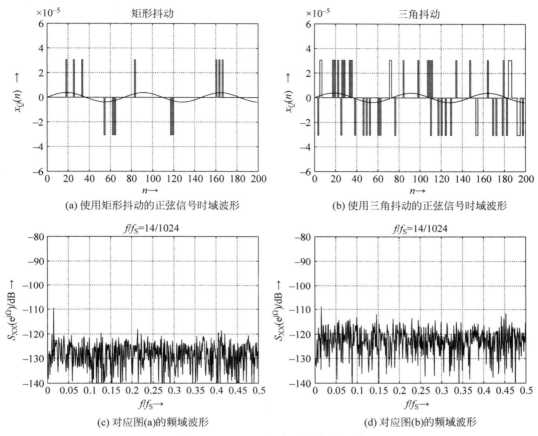

(a) 使用矩形抖动的正弦信号时域波形　　　　(b) 使用三角抖动的正弦信号时域波形

(c) 对应图(a)的频域波形　　　　(d) 对应图(b)的频域波形

图 2.25　0.25bit 幅度下的噪声调制

2.3　量化频谱整形——噪声整形

使用图 2.26 中量化器的线性模型和下面的关系式

$$e(n) = y(n) - x(n) \tag{2.99}$$

$$y(n) = [x(n)]_Q \tag{2.100}$$

$$= x(n) + e(n) \tag{2.101}$$

量化误差 $e(n)$ 可以被计算并通过传递函数 $H(z)$ 反馈到输入端,如图 2.27 所示。由此得到量化误差的频谱整形,如式(2.102)~式(2.105)所示,对应的 Z 变换如式(2.106)和式(2.107)所示。

$$y(n) = [x(n) - e(n) * h(n)]_Q \tag{2.102}$$

$$= x(n) + e(n) - e(n) * h(n) \tag{2.103}$$

$$e_1(n) = y(n) - x(n) \tag{2.104}$$

$$= e(n) * (\delta(n) - h(n)) \tag{2.105}$$

$$Y(z) = X(z) + E(z)(1 - H(z)) \tag{2.106}$$

$$E_1(z) = E(z)(1 - H(z)) \tag{2.107}$$

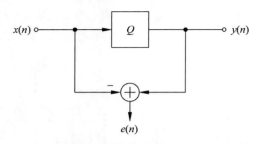

图 2.26　量化器的线性模型

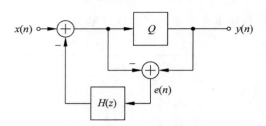

图 2.27　量化误差的频谱整形

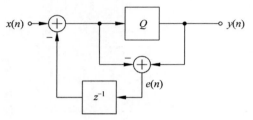

图 2.28　量化误差的高通频谱整形

量化误差 $e(n)$ 的简单频谱整形是通过反馈 $H(z)=z^{-1}$ 实现的，如图 2.28 所示，可得到时域表示，如式（2.108）～式（2.111）所示。

$$y(n)=[x(n)-e(n-1)]_Q \tag{2.108}$$
$$=x(n)-e(n-1)+e(n) \tag{2.109}$$
$$e_1(n)=y(n)-x(n) \tag{2.110}$$
$$=e(n)-e(n-1) \tag{2.111}$$

对应的 Z 变换如式（2.112）和式（2.113）所示

$$Y(z)=X(z)+E(z)(1-z^{-1}) \tag{2.112}$$
$$E_1(z)=E(z)(1-z^{-1}) \tag{2.113}$$

式（2.113）表示原始误差信号 $e(n)$ 的高通加权。设 $H(z)=z^{-1}(-2+z^{-1})$，则二阶高通加权由式（2.114）给出。

$$E_2(z)=E(z)(1-2z^{-1}+z^{-2}) \tag{2.114}$$

两种情况下误差信号的功率密度谱由式（2.115）和式（2.116）给出。

$$S_{E_1 E_1}(e^{j\Omega})=|1-e^{-j\Omega}|^2 S_{EE}(e^{j\Omega}) \tag{2.115}$$
$$S_{E_2 E_2}(e^{j\Omega})=|1-2e^{-j\Omega}+e^{-j2\Omega}|^2 S_{EE}(e^{j\Omega}) \tag{2.116}$$

图 2.29 显示了这种噪声整形技术对功率密度谱的加权。

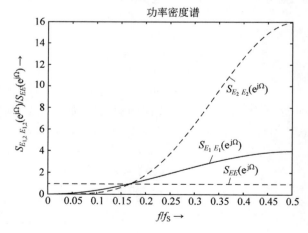

图 2.29　频谱整形

添加抖动信号 $d(n)$，如图 2.30 所示，则输出和误差可表示为

$$y(n) = [x(n) + d(n) - e(n-1)]_Q \tag{2.117}$$

$$= x(n) + d(n) - e(n-1) + e(n) \tag{2.118}$$

和

$$e_1(n) = y(n) - x(n) \tag{2.119}$$

$$= d(n) + e(n) - e(n-1) \tag{2.120}$$

对应的 Z 变换表示为

$$Y(z) = X(z) + E(z)(1 - z^{-1}) + D(z) \tag{2.121}$$

$$E_1(z) = E(z)(1 - z^{-1}) + D(z) \tag{2.122}$$

修正的误差信号 $e_1(n)$ 由抖动和高通整形量化误差组成。

通过将抖动相加直接移动到量化器之前，如图 2.31 所示，可以获得误差信号和抖动信号的高通频谱整形。由此，可得式（2.123）～式（2.128），对应的 Z 变换如式（2.129）和式（2.130）所示。

$$y(n) = [x(n) + d(n) - e_0(n-1)]_Q \tag{2.123}$$

$$= x(n) + d(n) - e_0(n-1) + e(n) \tag{2.124}$$

$$e_0(n) = y(n) - (x(n) - e_0(n-1)) \tag{2.125}$$

$$= d(n) + e(n) \tag{2.126}$$

$$y(n) = x(n) + d(n) - d(n-1) + e(n) - e(n-1) \tag{2.127}$$

$$e_1(n) = d(n) - d(n-1) + e(n) - e(n-1) \tag{2.128}$$

$$Y(z) = X(z) + E(z)(1 - z^{-1}) + D(z)(1 - z^{-1}) \tag{2.129}$$

$$E_1(z) = E(z)(1 - z^{-1}) + D(z)(1 - z^{-1}) \tag{2.130}$$

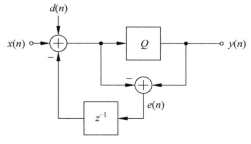

图 2.30　抖动和频谱整形

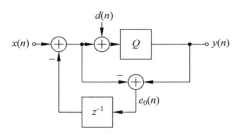

图 2.31　修改的抖动和频谱整形

除了上面所讨论的易于在数字信号处理器上实现并形成高通噪声整形的反馈结构外，另有文献还提出了基于心理声学的噪声整形方法。这些方法为 $1 - H(z)$ 的反馈结构，使用了听力阈值（安静时的阈值、绝对阈值）的特殊近似值。图 2.32(a)显示了作为频率函数的几种听力阈值模型，可以看出，人类听觉的灵敏度在 2kHz～6kHz 之间是高的，在其他高频和低频处急剧降低。图 2.32(b)还显示了逆 ISO 389-7 阈值曲线，它表示感知的滤波器操作近似值。噪声整形器中的反馈滤波器会影响 ISO 389 逆加权曲线的量化误差。因此，应降低具有高灵敏度的频率范围内的噪声功率，并将其移向较低和较高的频率。图 2.33(a)显示了三个特殊滤波器 $H(z)$ 的量化误差的未加权功率谱密度，图 2.33(b)描绘了同样的滤波器由图 2.32(b)的逆 ISO 389-7 阈值加权的三个功率谱密度。这些加权功率谱密度（PSD）表

明，相对于频率轴，所有三个噪声整形器都降低了感知噪声功率。图 2.34 显示了幅度为 $Q=2^{-15}$ 的正弦曲线，被量化为 $w=16\text{bit}$，具有心理声学噪声整形。量化信号 $x_Q(n)$ 由反映低电平信号的不同幅度组成。量化信号的功率谱密度反映了具有固定滤波器的噪声整形器的心理声学加权。有文献描述了时变心理声学噪声整形，其中瞬时掩蔽阈值用于时变滤波器的自适应。

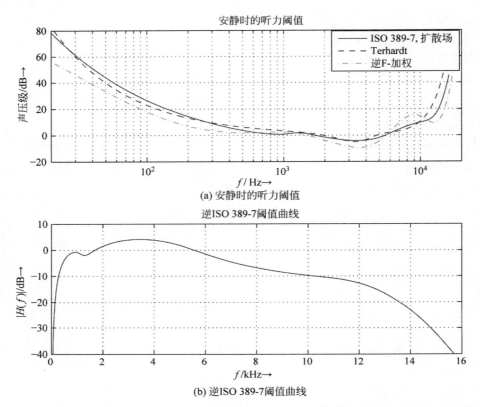

(a) 安静时的听力阈值

(b) 逆ISO 389-7阈值曲线

图 2.32　安静时的听力阈值和逆 ISO 389-7 阈值曲线

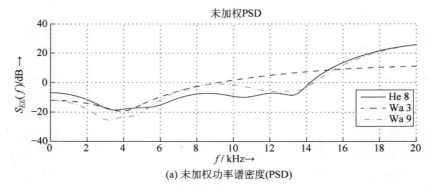

(a) 未加权功率谱密度(PSD)

图 2.33　三种滤波器的功率谱密度（Wa 3：三阶滤波器；Wa 9：九阶滤波器；He 8：八阶滤波器）

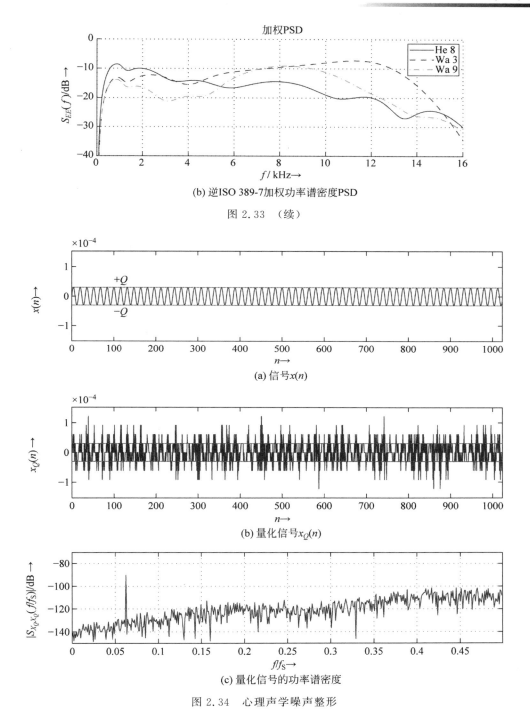

(b) 逆ISO 389-7加权功率谱密度PSD

图 2.33 （续）

(a) 信号$x(n)$

(b) 量化信号$x_Q(n)$

(c) 量化信号的功率谱密度

图 2.34 心理声学噪声整形

2.4 数的表示

数字信号处理和音频信号传输中的不同应用带来数字音频信号中数的表示类型问题。本节介绍数字音频信号处理中定点和浮点数表示的基本特性。

2.4.1 定点数表示

通常，一个任意实数 x 可以用一个有限和来近似

$$x_Q = \sum_{i=0}^{w-1} b_i 2^i \tag{2.131}$$

其中，b_i 的可能值为 0 和 1。

有限个二进制位数 w 的定点数表示对数字范围可以有四种不同的解释，如表 2.1 和图 2.35 所示。

有符号分数表示（2 的补码）是用于数字音频信号和定点算法的常用格式。对于寻址和模运算，则使用无符号整数。字长 w 有限，会出现溢出，如图 2.36 所示。在执行运算时，特别是对 2 的补码运算中的加法，必须考虑溢出问题。

表 2.1 位的位置和值的范围

类　型	位　的　位　置	值　的　范　围
有符号 2 的补码	$x_Q = -b_0 + \sum_{i=1}^{w-1} b_{-i} 2^{-i}$	$-1 \leqslant x_Q \leqslant 1 - 2^{-(w-1)}$
无符号 2 的补码	$x_Q = \sum_{i=1}^{w} b_{-i} 2^{-i}$	$0 \leqslant x_Q \leqslant 1 - 2^{-w}$
有符号整数	$x_Q = -b_{w-1} 2^{w-1} + \sum_{i=0}^{w-2} b_i 2^i$	$-2^{w-1} \leqslant x_Q \leqslant 2^{w-1} - 1$
无符号整数	$x_Q = \sum_{i=0}^{w-1} b_i 2^i$	$0 \leqslant x_Q \leqslant 2^w - 1$

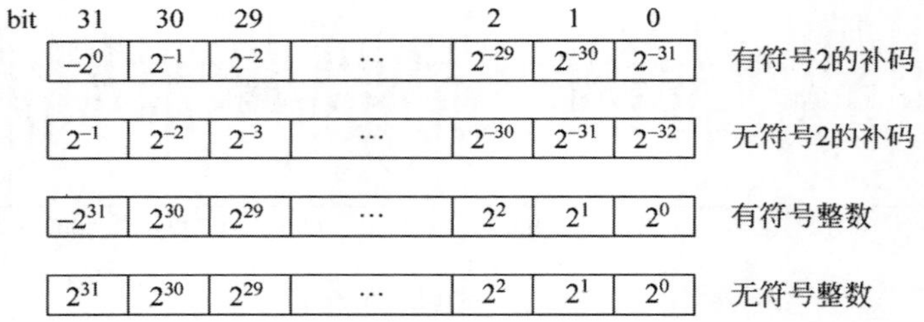

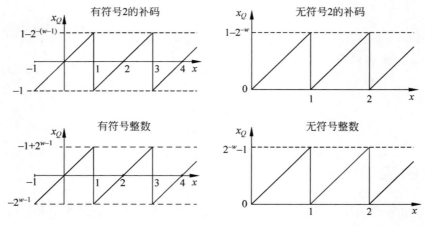

图 2.35 定点格式

图 2.36 数的范围

量化采用表 2.2 所示的舍入和截断技术进行,量化步长为 $Q = 2^{-(w-1)}$,符号 $\lfloor x \rfloor$ 表示小于或等于 x 的最大整数。图 2.37 显示了 2 的补码数表示的舍入和截断曲线,其绝对误差为 $e = x_Q - x$。

表 2.2　2 的补码的舍入和截断

类　型	量　化	误差范围
2 的补码(舍入)	$x_Q = Q \lfloor Q^{-1}x + 0.5 \rfloor$	$-Q/2 \leqslant x_Q - x \leqslant Q/2$
2 的补码(截断)	$x_Q = Q \lfloor Q^{-1}x \rfloor$	$-Q \leqslant x_Q - x \leqslant 0$

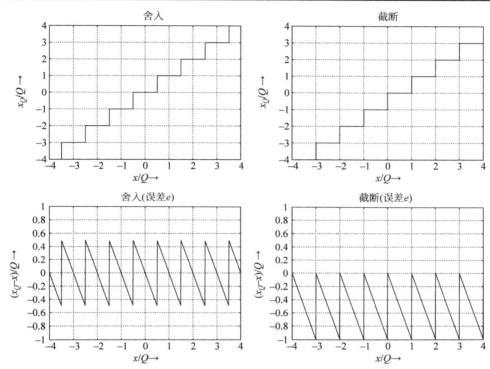

图 2.37　舍入和截断曲线

数字音频信号以 2 的补码表示进行编码。对于 2 的补码表示,$-X_{\max}$ 到 $+X_{\max}$ 值的范围为被归一化到 -1 到 $+1$ 的范围,并用加权的有限和 $x_Q = -b_0 + b_1 \cdot 0.5 + b_2 \cdot 0.25 + b_3 \cdot 0.125 + \cdots + b_{w-1} \cdot 2^{-(w-1)}$ 来表示。变量 b_0 到 b_{w-1} 被称为位,可以取值 1 或 0。位 b_0 被称为 MSB(最高有效位),b_{w-1} 被称为 LSB(最低有效位)。对于正数,b_0 等于 0;对于负数,b_0 等于 1。对于 3 位量化(见图 2.38),量化值可以用 $x_Q = -b_0 + b_1 \cdot 0.5 + b_2 \cdot 0.25$ 表示,最小量化步长为 0.25。对于正数 0.75,可以得出 $0.75 = -0 + 1 \cdot 0.5 + 1 \cdot 0.25$,所以 0.75 的二进制编码是 011。

一个数表示的动态范围定义为最大与最小数的比值。定点数的最大值和最小值如式(2.132)和式(2.133)所示,其动态范围如式(2.134)所示。

$$x_{Q_{\max}} = (1 - 2^{-(w-1)}) \tag{2.132}$$

$$x_{Q_{\min}} = 2^{-(w-1)} \tag{2.133}$$

$$\mathrm{DR}_F = 20\lg\left(\frac{x_{Q_{\max}}}{x_{Q_{\min}}}\right) = 20\lg\left(\frac{1-Q}{Q}\right)$$

$$= 20\lg(2^{w-1} - 1) \quad \mathrm{dB} \tag{2.134}$$

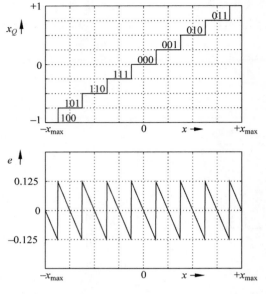

图 2.38 $w=3$ 位时的舍入曲线和误差信号

在 $-1\sim+1$ 范围内的两个定点数的乘法，结果总是小于 1。对于两个定点数的相加，必须考虑结果仍在 $-1\sim+1$ 范围内。$0.6+0.7=1.3$ 的加法必须以 $0.5(0.6+0.7)=0.65$ 的形式进行，这种与因子 0.5 或一般为 2^{-s} 的乘法称为缩放，缩放系数 s 选择 $1\sim8$ 的整数。

定点数的量化过程可以近似地表示为误差信号 $e(n)$ 与信号 $x(n)$ 的相加，如图 2.39 所示。误差信号是具有白色功率密度谱的随机信号。

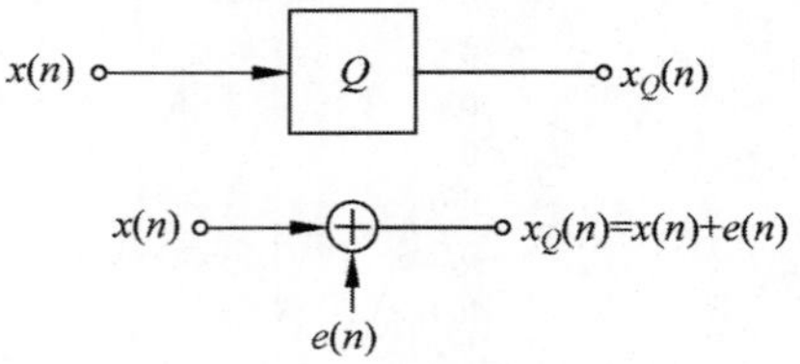

图 2.39 定点量化器模型

定点量化器的信噪比定义为

$$\mathrm{SNR}=10\lg\left(\frac{\sigma_X^2}{\sigma_E^2}\right) \tag{2.135}$$

其中，σ_X^2 是信号功率，σ_E^2 是噪声功率。

2.4.2 浮点数表示

浮点数的表示如下

$$x_Q=M_G2^{E_G} \tag{2.136}$$

其中

$$0.5\leqslant M_G<1 \tag{2.137}$$

这里的 M_G 表示归一化尾数，E_G 表示指数。归一化标准格式（IEEE）如图 2.40 所示，特殊情况如表 2.3 所示。尾数 M 的字长为 w_M 位，用定点数表示。指数 E 的字长为 w_E 位，是一个 $(-2^{w_E-1}+2)\sim(2^{w_E-1}-1)$ 的整数。对于一个字长 $w_E=8$ 位的指数，其值范围在 $-126\sim+127$；尾数值的范围在 $0.5\sim1$，这是归一化尾数的表示，代表数的唯一性。对于位于 $0.5\sim1$ 的定点数，浮点数表示的指数 $E=0$。为用浮点数表示位于 $0.25\sim0.5$ 的定点数，归一化尾数 M 的值范围在 $0.5\sim1$，指数 $E=-1$。例如，对于定点数 0.75，浮点数结果 $0.75\cdot2^0$。对于定点数 0.375，并不用浮点数表示为 $0.375\cdot2^0$，而是使用归一化尾数,浮点数表示为 $0.75 \cdot 2^{-1}$。由于进行了归一化,从而避免了浮点数表示的模糊性。也可以用浮点数表示大于 1 的数,例如,1.5 用浮点数表示为 $0.75 \cdot 2^1$。

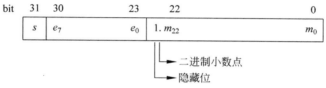

图 2.40　浮点数表示

表 2.3　浮点数表示的特殊情况

类　　型	指　　数	尾　　数	值
非数	255	$\neq 0$	无定义
∞	255	0	$(-1)^s \infty$
标准化	$1 \leqslant e \leqslant 254$	任意	$(-1)^s (0.m)2^{e-127}$
零	0	0	$(-1)^s \cdot 0$

图 2.41 显示了浮点表示的舍入和截断曲线以及绝对误差 $e = x_Q - x$。浮点量化的曲线表明,对于小幅度,出现小量化步长。与定点表示相反,绝对误差依赖于输入信号。

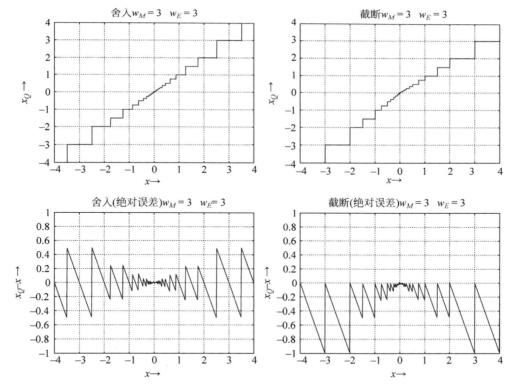

图 2.41　浮点表示的舍入和截断曲线

在输入信号 x 的间隔内

$$2^{E_G} \leqslant x < 2^{E_G+1} \tag{2.138}$$

量化阶距为

$$Q_G = 2^{-(w_M-1)} 2^{E_G} \tag{2.139}$$

用浮点数表示的相对误差为

$$e_r = \frac{x_Q - x}{x} \tag{2.140}$$

则常数上限可以表示为

$$|e_r| \leqslant 2^{-(w_M-1)} \tag{2.141}$$

量化值的最大值和最小值表示为

$$x_{Q\max} = (1 - 2^{-(w_M-1)}) 2^{E_{G\max}} \tag{2.142}$$

$$x_{Q\min} = 0.5 \cdot 2^{E_{G\min}} \tag{2.143}$$

其中

$$E_{G\max} = 2^{w_E-1} - 1 \tag{2.144}$$

$$E_{G\min} = -2^{w_E-1} + 2 \tag{2.145}$$

则用浮点数表示的动态范围为

$$\begin{aligned}
DR_G &= 20\lg\left(\frac{(1 - 2^{-(w_M-1)}) 2^{E_{G\max}}}{0.5 \cdot 2^{E_{G\min}}}\right) \\
&= 20\lg(1 - 2^{-(w_M-1)}) 2^{E_{G\max}-E_{G\min}+1} \\
&= 20\lg(1 - 2^{-(w_M-1)}) 2^{2^{w_E-2}} \quad \text{dB}
\end{aligned} \tag{2.146}$$

对于浮点数乘法，$x_{Q1} = M_1 2^{E_1}$ 和 $x_{Q2} = M_2 2^{E_2}$ 的指数相加，尾数相乘。对得到的指数 $E_G = E_1 + E_2$ 进行调整，使 $M_G = M_1 M_2$ 位于区间 $0.5 \leqslant M_G < 1$。对于加法，较小的数被去规格化以得到相同的指数，然后两个尾数相加，结果归一化。

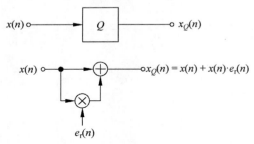

图 2.42　浮点量化器模型

定义相对误差 $e_r(n) = \frac{x_Q(n) - x(n)}{x(n)}$，量化信号可以写成

$$\begin{aligned}
x_Q(n) &= x(n) \cdot (1 + e_r(n)) \\
&= x(n) + x(n) \cdot e_r(n)
\end{aligned} \tag{2.147}$$

因此，浮点量化值等于误差信号 $e(n) = x(n) \cdot e_r(n)$ 与信号 $x(n)$ 的相加，如图 2.42 所示的浮点量化器模型。

在相对误差与输入 x 无关的假设下，浮点量化器的噪声功率可以写成

$$\sigma_E^2 = \sigma_X^2 \cdot \sigma_{E_r}^2 \tag{2.148}$$

可得到信噪比为

$$\begin{aligned}
SNR &= 10\lg\left(\frac{\sigma_X^2}{\sigma_E^2}\right) \\
&= 10\lg\left(\frac{\sigma_X^2}{\sigma_X^2 \cdot \sigma_{E_r}^2}\right) \\
&= 10\lg\left(\frac{1}{\sigma_{E_r}^2}\right)
\end{aligned} \tag{2.149}$$

式(2.149)表明,信噪比与输入电平无关。它只依赖于噪声功率 $\sigma_{E_r}^2$,而噪声功率依赖于浮点数表示尾数的字长 w_M 。

2.4.3 格式转换和算法的影响

首先,比较定点数和浮点数表示的信噪比。图 2.43 显示了两种数字表示的信噪比作为输入电平的函数关系,定点字长为 $w=16$ 位。浮点表示中尾数的字长也是 $w_M=16$ 位,而指数是 $w_E=4$ 位。浮点数表示的 SNR 表明,它与输入电平无关,并按 6dB 网格步长以锯齿曲线的形式变化。如果输入电平太低,以致于不可能对有限数表示的尾数进行归一化,则浮点 SNR 与定点表示法相当。在使用全范围时,定点和浮点都会导致相同的 SNR。可以注意到,定点表示的 SNR 依赖于输入电平。数字域中的这个 SNR 是模拟域中模拟信号的电平相关 SNR 的精确映像,浮点表示不能改善这个 SNR,相反,浮点曲线垂直向下移动到模拟信号的 SNR 值。

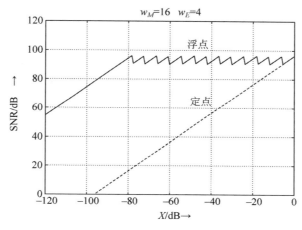

图 2.43　输入电平的信噪比

在处理、存储和传输音频信号之前,需要将模拟音频信号转换为数字信号,转换的精度取决于 AD 转换器的字长 w。对于均匀 PDF 输入,得到的信噪比为 $6w$ dB。模拟域中的 SNR 依赖于输入电平,这种 SNR 对电平的线性依赖性在 AD 转换之后通过随后的定点表示得以保持。

在使用递归数字滤波器实现均衡器时,信噪比取决于递归滤波器结构的选择。通过适当选择滤波器结构和方法对量化误差进行频谱整形,可以获得给定字长的最佳 SNR。定点表示法的信噪比取决于字长,而浮点表示法的信噪比取决于尾数的字长。对于定点算法的滤波器实现,必须在滤波器算法中使用缩放来实现升压滤波器,浮点表示的特性考虑了升压滤波器中的自动缩放。如果定点表示中插入的输入/输出(I/O)遵循浮点表示法中的升压滤波器原则,那么与定点算法一样,需要进行相同的缩放。

动态范围控制通过输入信号与控制因子的简单乘法加权来执行。通过计算输入信号的峰值和均方根(RMS)值得出控制因子,信号的数字表示对算法的性能没有影响。由于浮点表示中的归一化尾数,使确定控制因子的算法得到了一些简化。

将信号混合成立体声时,仅需要乘法和加法。在非相干信号的假设下,可以估计过载预留。这意味着对 48/96 个源信号的过载预留为 20/30dB。对定点表示,过载预留由数字信号处理器(DSP)中累加器的若干溢出位提供;对浮点表示,算法中的自动缩放特性提供了过载预留。对于这两种数字表示,求和信号必须与输出的数字表示相匹配。在处理 AES/EBU 输出或 MADI 输出时，两种数字表示均调整为定点格式。类似地，在异构系统解决方案中，尽管必须转换相应的数字表示，但异构使用这两种数字表示也是合乎逻辑的。

由于定点表示中的 SNR 取决于输入电平，因此从定点到浮点表示的转换不会导致 SNR 的变化，即这种转换不会改善 SNR。只要选择了算法并进行相应编程，则使用浮点或定点算法的进一步信号处理不会改变 SNR。从浮点到定点表示的再转换将再次得到与电平相关的 SNR。

因此，对于使用 AES/EBU 或模拟输入和输出操作的双通道 DSP 系统，以及用于均衡、动态范围控制、室内模拟等的双通道系统，上述结论均适用。这些结论也适用于数字混音控制台，其中来自 AD 转换器或多声道机器的数字输入以定点格式（AES/EBU 或 MADI）表示。插入件和辅助件的数字表示是特定于系统的；数字 AES/EBU（或 MADI）输入和输出以定点数的表示实现。

2.5 JS 小程序——量化、抖动和噪声整形

这个小程序如图 2.44 所示，演示了量化产生的音频效果。它设计为可以直接观察量化音频信号的感知效果。

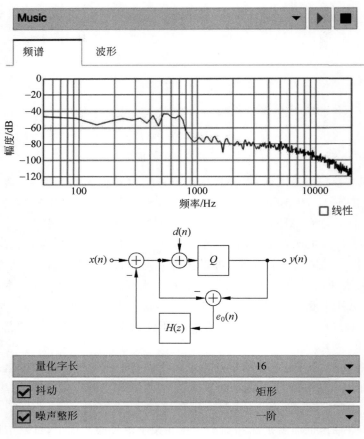

图 2.44 JS 小程序——量化、抖动和噪声整形

在图形用户界面右下角可以选择以下功能。

1）量化器

字长 w 导致量化步长 $Q=2^{-(w-1)}$。

2）抖动

矩形抖动——均匀概率密度函数。

三角抖动——三角形概率密度函数。

高通抖动——三角概率密度函数和高通功率谱密度。

3）噪声整形

一阶 $H(z)=z^{-1}$。

二阶 $H(z)=-2z^{-1}+z^{-2}$。

心理声学噪声整形。

可以从网上（audio1. wav 或 audio2. wav）或自己的本地 WAV 文件中选择要处理的两个预定义音频文件。

2.6 习题

量化

1. 考虑以 $f_S=44.1\,\text{kHz}$ 采样的 $100\,\text{Hz}$ 正弦波 $x(n)$，$N=1024$ 个样本，$w=3$ 位（字长）。量化电平的数目是多少？当信号归一化在区间 $-1\leqslant x(n)<1$ 时，量化步长 Q 是什么？以图形方式显示如何执行量化。这个 3 位量化器的最大误差是多少？编写带有舍入和截断的量化 MATLAB 代码。

2. 如果信号在 $-\dfrac{Q}{2}<e(n)<\dfrac{Q}{2}$ 范围内具有均匀概率密度函数（PDF），请推导序列 $e(n)$ 的平均值、方差和峰值因子 P_F，并确定这种情况下的信噪比（SNR）。如果将字长增加一位，会发生什么？

3. 当输入信号电平从最大幅度降低到非常低的幅度时，误差信号更容易被听到。当 w 减少到 1 位时，请给出上述计算的误差。经典量化模型仍然有效吗？如何避免这种失真？

4. 编写量化器的 MATLAB 代码，$w=16$ 位，包含舍入和截断。

（1）当输入信号覆盖范围 $-3Q<x(n)<3Q$ 时，绘制非线性传输特性和误差信号。

（2）考虑正弦波 $x(n)=A\sin\left(2\pi\dfrac{f}{f_s}\right)$，$n=0,1,\cdots,N-1$，其中 $A=Q$，$\dfrac{f}{f_s}=\dfrac{64}{N}$，$N=1024$，绘制量化器在时域和频域中进行舍入和截断时的输出信号（$N=0,1,\cdots,99$）。

（3）计算两种量化类型的量化误差和 SNR。

抖动

1. 什么是抖动，什么时候必须使用它？

2. 如何执行抖动，抖动的类型有哪些？

3. 如何获得三角形高通抖动，为什么我们更喜欢它而不是其他抖动？

4. 用 MATLAB 编程实现矩形、三角形和三角形高通生成的相应抖动信号。

5. 绘制每个抖动类型的量化器的输出 $x_Q(n)$ 的幅度分布和频谱。

噪声整形

1. 什么是噪声整形，什么时候需要它？

2. 为什么在噪声整形过程中需要抖动？

3. 用 MATLAB 编程实现：使用的第一个噪声整形器没有抖动，并假设反馈结构中的传递函数是一阶 $H(z)=z^{-1}$ 或二阶 $H(z)=-2z^{-1}+z^{-2}$。绘制输出 $x_Q(n)$ 和误差信号 $e(n)$ 及其频谱，并用曲线图显示误差信号如何被整形。

4. 将同样的噪声整形器和抖动信号一起使用，这样做的必要性是什么？在流程图中，您将在哪里添加抖动以获得更好的结果？

5. 在反馈结构中，使用基于心理声学的噪声整形器，该整形器使用 Wannamaker 滤波器系数：

h3＝[1.623，−0.982，0.109]；

h5＝[2.033，−2.165，1.959，−1.590，0.6149]；

h9＝[2.412，−3.370，3.937，−4.174，3.353，−2.205，1.281，−0.569，0.0847]。

用 MATLAB 绘图显示误差如何被滤波器整形。

第3章

采样率转换

数字音频应用中通常采用几种不同的采样率,对于广播音频、专业音频和消费者音频,采样率分别为 $32\mathrm{kHz}$、$48\mathrm{kHz}$ 和 $44.1\mathrm{kHz}$。此外,在不同帧速率的电影和视频中使用其他采样率。在连接具有不同独立采样率的系统时,需要对采样率进行转换。本章对耦合时钟速率讨论具有比例因子 L/M 的同步采样率转换,对不同采样率彼此不同步的情况讨论异步采样率的转换。

3.1 基础知识

采样率转换包括上采样、下采样、抗镜像和抗混叠滤波。具有采样频率 $f_S=1/T(w_S=2\pi f_S)$ 的采样信号 $x(n)$ 的离散时间傅里叶变换如式(3.1)所示,对应连续时间信号 $x(t)$ 的傅里叶变换为 $X_a(\mathrm{j}\omega)$。

$$X(\mathrm{e}^{\mathrm{j}\Omega}) = \frac{1}{T}\sum_{k=-\infty}^{\infty} X_a\left(\mathrm{j}\omega + \mathrm{j}k\underbrace{\frac{2\pi}{T}}_{w_S}\right), \quad \Omega=\omega T \tag{3.1}$$

对于理想采样,式(3.2)成立。

$$X(\mathrm{e}^{\mathrm{j}\Omega}) = \frac{1}{T}X_a(\mathrm{j}\omega), \quad |\Omega| \leqslant \pi \tag{3.2}$$

3.1.1 上采样和抗镜像滤波

对信号 $x(n)$

$$x(n) \circ\!\!-\!\!\bullet X(\mathrm{e}^{\mathrm{j}\Omega}) \tag{3.3}$$

进行上采样,可对连续 $L-1$ 个样本之间的信号 $x(n)$ 除以因子 L,其中包含 $n=0$ 时的样本,如图 3.1 所示。这就产生了上采样信号

$$w(m) = \begin{cases} x\left(\dfrac{m}{L}\right), & m=0,\pm L,\pm 2L,\cdots \\ 0, & \text{其他} \end{cases} \tag{3.4}$$

其中,采样频率 $f_s'=1/T'=Lf_s=L/T(\Omega'=\Omega/L)$,对应的傅里叶变换为

$$W(\mathrm{e}^{\mathrm{j}\Omega'}) = \sum_{m=-\infty}^{\infty} w(m)\mathrm{e}^{-\mathrm{j}m\Omega'} = \sum_{m=-\infty}^{\infty} x(m)\mathrm{e}^{-\mathrm{j}mL\Omega'} = X(\mathrm{e}^{\mathrm{j}L\Omega'}) \tag{3.5}$$

利用 $h(m)$ 对 $w(m)$ 进行抗镜像滤波,实现对图像频谱的抑制,得到输出信号为

$$y(m) = w(m) * h(m) \tag{3.6}$$

$$Y(\mathrm{e}^{\mathrm{j}\Omega'}) = H(\mathrm{e}^{\mathrm{j}\Omega'}) \cdot X(\mathrm{e}^{\mathrm{j}\Omega'L}) \tag{3.7}$$

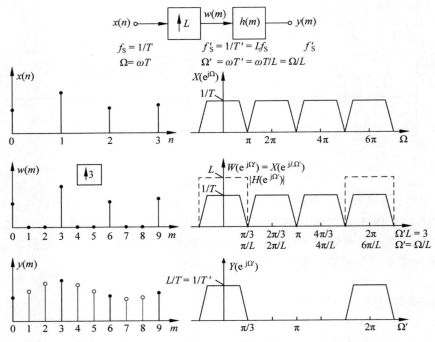

图 3.1　在时域和频域使用 L 的上采样及抗镜像滤波

为了调节信号在基带内的功率，脉冲响应的傅里叶变换［式（3.8）］在通带中需要一个增益因子 L，使得输出信号 $y(m)$ 的傅里叶变换如式（3.9）所示。

$$H(\mathrm{e}^{\mathrm{j}\Omega'}) = \begin{cases} L, & |\Omega'| \leqslant \pi/L \\ 0, & \text{其他} \end{cases} \tag{3.8}$$

$$Y(\mathrm{e}^{\mathrm{j}\Omega'}) = LX(\mathrm{e}^{\mathrm{j}\Omega'L}) \tag{3.9}$$

$$= L \underbrace{\frac{1}{T} \sum_{k=-\infty}^{\infty} X_a\left(\mathrm{j}\omega + \mathrm{j}Lk\frac{2\pi}{T}\right)}_{\text{与式（3.1）比较}} \tag{3.10}$$

$$= L \frac{1}{LT'} \sum_{k=-\infty}^{\infty} X_a\left(\mathrm{j}\omega + \mathrm{j}Lk\frac{2\pi}{LT'}\right) \tag{3.11}$$

$$= \underbrace{\frac{1}{T'} \sum_{k=-\infty}^{\infty} X_a\left(\mathrm{j}\omega + \mathrm{j}k\frac{2\pi}{T'}\right)}_{\text{采样率为}f'_\mathrm{S}=Lf_\mathrm{S}\text{信号的频谱}} \tag{3.12}$$

输出信号 $y(m)$ 表示用采样频率 $f'_\mathrm{S} = Lf_\mathrm{S}$ 对输入 $x(t)$ 进行上采样的结果。

3.1.2　下采样和抗混叠滤波

对信号 $x(n)$ 下采样时，通过因子 M 实现，为了避免下采样后的混叠，信号频带必须限制在 π/M 范围内，如图 3.2 所示。通过式（3.15）的 $H(\mathrm{e}^{\mathrm{j}\Omega})$ 滤波实现带限。

$$w(m) = x(m) * h(m) \tag{3.13}$$

$$W(\mathrm{e}^{\mathrm{j}\Omega}) = X(\mathrm{e}^{\mathrm{j}\Omega}) \cdot H(\mathrm{e}^{\mathrm{j}\Omega}) \tag{3.14}$$

$$H(e^{j\Omega}) = \begin{cases} 1, & |\Omega| \leqslant \dfrac{\pi}{M} \\ 0, & \text{其他} \end{cases} \tag{3.15}$$

对 $w(m)$ 进行下采样,每次取第 M 个样点,得到输出信号为

$$y(n) = w(Mn) \tag{3.16}$$

其傅里叶变换为

$$Y(e^{j\Omega'}) = \frac{1}{M}\sum_{l=0}^{M-1} W(e^{j(\Omega'-2\pi l)/M}) \tag{3.17}$$

对于基带频谱($|\Omega'| < \pi$ 和 $l=0$),可得

$$Y(e^{j\Omega'}) = \frac{1}{M}H(e^{j\Omega'/M}) \cdot X(e^{j\Omega'/M}) = \frac{1}{M}X(e^{j\Omega'/M}) \quad |\Omega'| \leqslant \pi \tag{3.18}$$

则输出信号的傅里叶变换为

$$Y(e^{j\Omega'}) = \frac{1}{M}X(e^{j\Omega'/M}) = \frac{1}{M}\underbrace{\frac{1}{T}\sum_{k=-\infty}^{\infty} X_a\left(j\omega + jk\frac{2\pi}{MT}\right)}_{\text{与式(3.1)比较}} \tag{3.19}$$

$$= \underbrace{\frac{1}{T'}\sum_{k=-\infty}^{\infty} X_a\left(j\omega + jk\frac{2\pi}{T'}\right)}_{\text{采样率为}f_S' = f_S/M\text{的信号频谱}} \tag{3.20}$$

这就表示了采样率为 $f_S' = \dfrac{f_S}{M}$ 的下采样信号 $y(n)$。

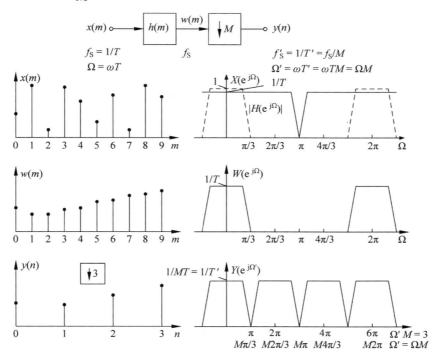

图 3.2 在时域和频域使用 M 的抗混叠滤波及下采样

3.2 同步转换

图 3.3 所示的系统可以通过一个比例因子 L/M 对耦合采样率进行采样率转换。通过因子 L 上采样后，以采样率 Lf_s 进行抗镜像滤波，随后通过因子 M 下采样。因为经过上采样和滤波后，每次只有 M 个样本被使用，因此就有可能开发出降低复杂度的高效算法。在这方面，有两种方法被使用：一种基于时域，另一种基于 Z-域基本原理。由于 Z-域方法计算效率高，本书只考虑该方法。

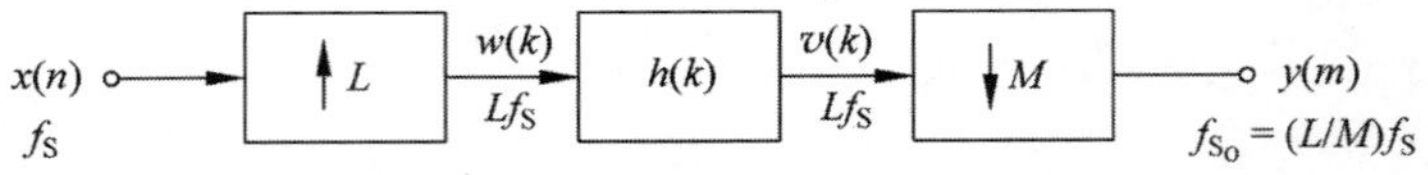

图 3.3 通过因子 L/M 进行采样率转换

从长度为 n 的有限脉冲响应 $h(n)$ 和它的 Z-变换[式(3.21)]开始讨论。

$$H(z) = \sum_{n=0}^{N-1} h(n) z^{-n} \tag{3.21}$$

具有 M 个分量的多相表示可以写成式(3.22)或式(3.24)。

$$H(z) = \sum_{k=0}^{M-1} z^{-k} E_k(z^M) \quad \text{类型 1} \tag{3.22}$$

$$e_k(n) = h(nM + k), \quad k = 0, 1, \cdots, M-1 \tag{3.23}$$

$$H(z) = \sum_{k=0}^{M-1} z^{-(M-1-k)} R_k(z^M) \quad \text{类型 2} \tag{3.24}$$

$$r_k(n) = h(nM - k), \quad k = 0, 1, \cdots, M-1 \tag{3.25}$$

式(3.22)和式(3.24)的多相分解分别设为类型 1 和类型 2。类型 1 的多相分解对应的是逆时针方向的整流器模型，类型 2 的多相分解对应的是顺时针方向的整流器模型。$R(z)$ 和 $E(z)$ 之间的关系为

$$R_k(z) = E_{M-1-k}(z) \tag{3.26}$$

借助图 3.4 所示的恒等式和式(3.27)的分解式(欧几里得定理)，可以移动图 3.5 中的内部延迟元件。如果 M 和 L 是素数，则式(3.27)成立。在上采样和下采样级联中，功能块的顺序可以互换[图 3.5(b)]。

$$z^{-1} = z^{-pL} z^{qM} \tag{3.27}$$

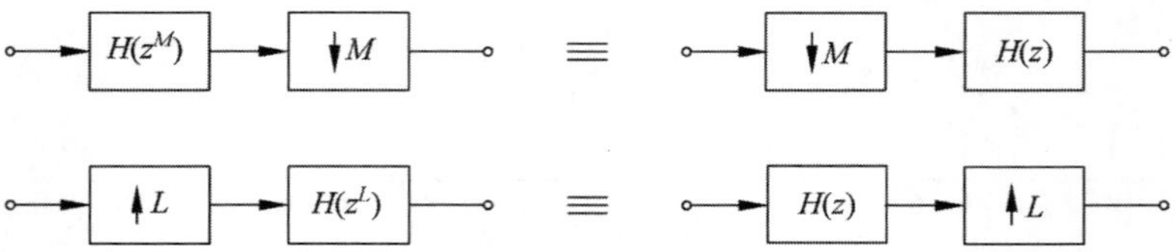

图 3.4 采样速率转换的恒等式

利用 $L=2$ 和 $M=3$ 的例子可以说明多相分解的使用方法，这意味着采样率从 48kHz 到 32kHz 的转换。图 3.6 和图 3.7 显示了因子为 2/3 时采样率转换多相分解的两种不同解决方案。图 3.7 上采样分解的进一步分解如图 3.8 所示。首先，通过多相分解实现插值，将延迟 z^{-1} 分解为 $z^{-1} = z^2 z^{-3}$。然后，因子 3 的下采样器通过加法器移动到两条路径[图 3.8(b)]，延迟按照图 3.4 的恒等式移动。在图 3.8(c)中，上采样器与下采样器交换。在最后一步[图 3.8(d)]，$E_0(z)$ 和 $E_1(z)$ 进行再一次多相分解，实际的滤波器操作 $E_{0k}(z)$ 和 $E_{1k}(z)$，$k=0,1,2$，在输入采样率的 1/3 上进行。

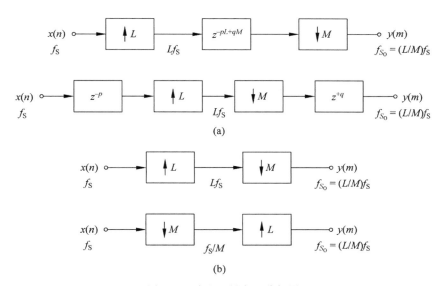

图 3.5 欧几里得定理分解图

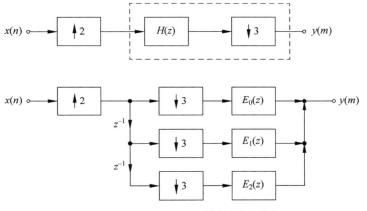

图 3.6 $L/M=2/3$ 下采样的多相分解

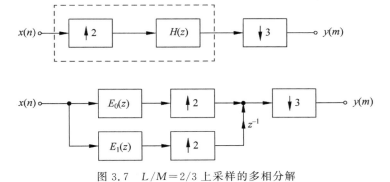

图 3.7 $L/M=2/3$ 上采样的多相分解

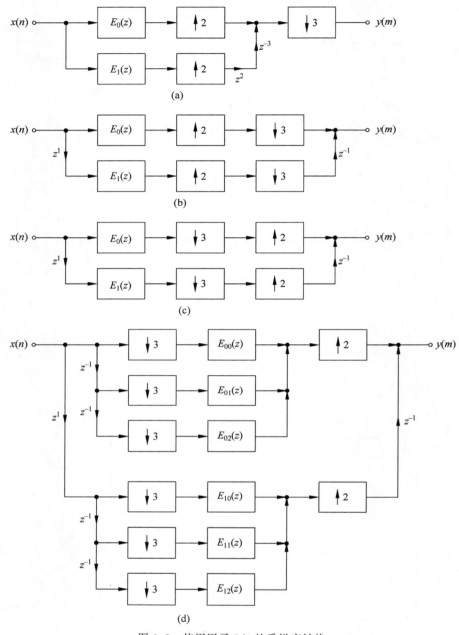

图 3.8　使用因子 2/3 的采样率转换

3.3　异步转换

异步系统由采样率不同且不耦合的子系统组成。这些系统之间可以通过使用第一系统的采样率进行 DA 转换，然后使用第二系统的采样率进行 AD 转换。对一个多速率系统可用该方法进行数字逼近。图 3.9(a) 显示了一个系统，它使用因子 L 上采样，后跟抗镜像滤波器 $H(z)$ 和对内插信号 $y(k)$ 的重采样。采样值 $y(k)$ 保持一个时钟周期 [见图 3.9(c)]，然后以输出时钟周期 $T_{S_O}=1/f_{S_O}$ 被采样。为了使

两个连续采样值 $y(k)$ 的差值小于量化步长 Q,必须提高内插采样率。应用于 $y(k)$ 的采样保持函数可以抑制出现在 Lf_S 倍频处的谱镜像[见图 3.9(b)],得到的信号是一个带限连续时间信号,可以用输出采样率 f_{S_O} 对其进行采样。

为了计算所需的过采样率,在频域内考虑该问题。采样保持系统[见图 3.9(b)]在频率 $\tilde{f} = \left(L - \dfrac{1}{2}\right)f_S$ 处的 sinc 函数为

$$E(\tilde{f}) = \frac{\sin\left(\dfrac{\pi \tilde{f}}{Lf_S}\right)}{\dfrac{\pi \tilde{f}}{Lf_S}} = \frac{\sin\left(\dfrac{\pi\left(L - \dfrac{1}{2}\right)f_S}{Lf_S}\right)}{\dfrac{\pi\left(L - \dfrac{1}{2}\right)f_S}{Lf_S}} = \frac{\sin\left(\pi - \dfrac{\pi}{2L}\right)}{\pi - \dfrac{\pi}{2L}} \tag{3.28}$$

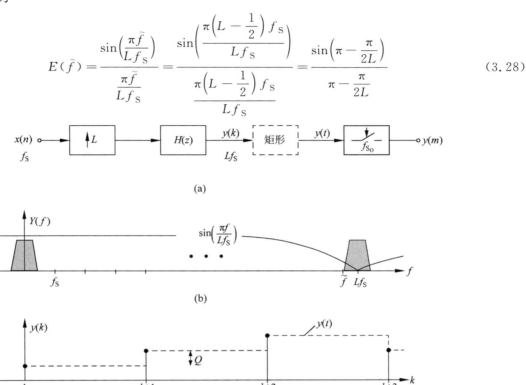

图 3.9 DA/AD 转换的逼近

因为 $\sin(\alpha - \beta) = \sin \alpha \cos \beta - \cos \alpha \sin \beta$,推导可得

$$E(\tilde{f}) = \frac{\sin\left(\dfrac{\pi}{2L}\right)}{\pi\left(1 - \dfrac{1}{2L}\right)} \approx \frac{\pi/2L}{\pi\left(1 - \dfrac{1}{2L}\right)} \approx \frac{1}{2L - 1} \approx \frac{1}{2L} \tag{3.29}$$

式(3.29)的值应该小于 $Q/2$,由此可计算插值因子 L。对于给定的字长 w 和量化步长 Q,所需的插值率 L 计算如下

$$\frac{Q}{2} \geqslant \frac{1}{2L} \tag{3.30}$$

$$\frac{2^{-(w-1)}}{2} \geqslant \frac{1}{2L} \tag{3.31}$$

$$\hookrightarrow L \geqslant 2^{w-1} \tag{3.32}$$

对于上采样样值 $y(k)$ 之间的线性插值，可推导出式(3.35)。

$$E(\tilde{f}) = \frac{\sin^2\left(\dfrac{\pi \tilde{f}}{L f_{\mathrm{S}}}\right)}{\left(\dfrac{\pi \tilde{f}}{L f_{\mathrm{S}}}\right)^2} \tag{3.33}$$

$$= \frac{\sin^2\left[\dfrac{\pi\left(L - \dfrac{1}{2}\right) f_{\mathrm{S}}}{L f_{\mathrm{S}}}\right]}{\left[\dfrac{\pi\left(L - \dfrac{1}{2}\right) f_{\mathrm{S}}}{L f_{\mathrm{S}}}\right]^2} \tag{3.34}$$

$$\approx \frac{1}{(2L)^2} \tag{3.35}$$

因此，有可能降低插值率为

$$L_1 \geqslant 2^{\frac{w}{2}-1} \tag{3.36}$$

图 3.10 用两阶段框图说明了插值方法。首先，通过常规滤波实现采样率 $L_1 f_{\mathrm{S}}$ 的插值，第二阶段采用线性插值的方法进行因子 L_2 的上采样。两阶段法必须满足采样率要求 $L f_{\mathrm{S}} = (L_1 L_2) f_{\mathrm{S}}$。第二阶段插值算法的选择有可能降低第一阶段的过采样因子值。

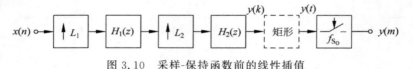

图 3.10　采样-保持函数前的线性插值

3.3.1　单级方法

图 3.9(a)所示的框图显示了直接转换方法的实现。设输入 $x(n)$ 的采样率为 f_{S_1}，输出信号的采样率为 f_{S_0}，从 $x(n)$ 计算其延迟 α 时的 DFT 为

$$\begin{aligned} \mathrm{DFT}[x(n-\alpha)] &= X(\mathrm{e}^{\mathrm{j}\Omega}) \mathrm{e}^{-\mathrm{j}\alpha\Omega} \\ &= X(\mathrm{e}^{\mathrm{j}\Omega}) H_\alpha(\mathrm{e}^{\mathrm{j}\Omega}) \end{aligned} \tag{3.37}$$

其中，$0 < \alpha < 1$，传递函数为

$$H_\alpha(\mathrm{e}^{\mathrm{j}\Omega}) = \mathrm{e}^{-\mathrm{j}\alpha\Omega} \tag{3.38}$$

并具有特性

$$H(\mathrm{e}^{\mathrm{j}\Omega}) = \begin{cases} 1, & 0 \leqslant |\Omega| \leqslant \Omega_{\mathrm{c}} \\ 0, & \Omega_{\mathrm{c}} < |\Omega| < \pi \end{cases} \tag{3.39}$$

脉冲响应为

$$h_\alpha(n) = h(n-\alpha) = \frac{\Omega_{\mathrm{c}}}{\pi} \frac{\sin[\Omega_{\mathrm{c}}(n-\alpha)]}{\Omega_{\mathrm{c}}(n-\alpha)} \tag{3.40}$$

对应式(3.37)的频域表示，可以将时域延迟信号 $x(n-\alpha)$ 表示为 $x(n)$ 和 $h(n-\alpha)$ 的卷积，如式(3.41)和式(3.42)所示。

$$x(n-\alpha) = \sum_{m=-\infty}^{\infty} x(m)h(n-\alpha-m) \tag{3.41}$$

$$= \sum_{m=-\infty}^{\infty} x(m) \frac{\Omega_{c}}{\pi} \frac{\sin[\Omega_{c}(n-\alpha-m)]}{\Omega_{c}(n-\alpha-m)} \tag{3.42}$$

图 3.11 显示了 α 固定时利用式(3.42)的时域卷积,图 3.12 显示了离散 $\alpha_i (i=0,1,2,3)$ 时的时域卷积,其中的系数 $h(n-\alpha_i)$ 由 sinc 函数与离散样点 $x(n)$ 的交点得到。

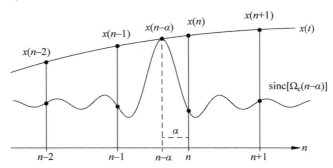

图 3.11 α 固定时式(3.42)的时域卷积

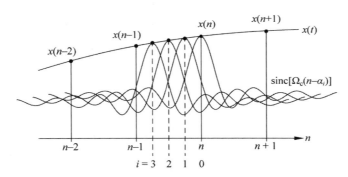

图 3.12 $\alpha_i (i=0,1,2,3)$ 离散时式(3.42)的时域卷积

为了限制卷积和,对脉冲响应加窗,得到

$$h_{W}(n-\alpha_{i}) = w(n) \frac{\Omega_{c}}{\pi} \frac{\sin[\Omega_{c}(n-\alpha_{i})]}{\Omega_{c}(n-\alpha_{i})} \quad n=0,1,\cdots,2M \tag{3.43}$$

由此,可得到延迟样点的估计结果

$$\hat{x}(n-\alpha_{i}) = \sum_{m=-M}^{M} x(m)h_{W}(n-\alpha_{i}-m) \tag{3.44}$$

依赖于 α_i 的时变脉冲响应的图形解释如图 3.13 所示。将两个输入样本间的区间细分为 N 个小区间,得到长度为 $2M+1$ 的 N 个子脉冲响应。

如果输出采样率小于输入采样率($f_{S_O} < f_{S_I}$),则对输出采样率必须进行限带(抗混叠)操作。这可以通过傅里叶变换的缩放定理,用因子 $\beta = \dfrac{f_{S_O}}{f_{S_I}}$ 来实现,得到

$$h(n-\alpha) = \frac{\beta\Omega_{c}}{\pi} \frac{\sin[\beta\Omega_{c}(n-\alpha)]}{\beta\Omega_{c}(n-\alpha)} \tag{3.45}$$

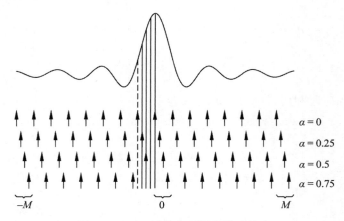

图 3.13　sinc 函数和不同的脉冲响应

这种脉冲响应的时间缩放结果导致时变子脉冲响应的系数数量增加，所需的状态数也增加了。图 3.14 显示了时间缩放的脉冲响应，并说明了系数数量 M 的增加。

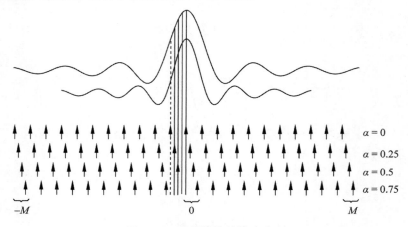

图 3.14　时间缩放的脉冲响应

3.3.2　多级方法

多级转换方法的基础框图如图 3.15(a)所示，其频域解释如图 3.15(b)～(d)所示。在采样-保持函数之前采样率被提高到 Lf_S，其过程分四个阶段完成。在前两个阶段，每阶段采样率乘以 2，后跟一个抗镜像滤波器[见图 3.15(b)、图 3.15(c)]，结果得到 4 倍的过采样频谱[图 3.15(d)]。第三阶段通过乘因子 32 对信号进行上采样，并对镜像谱进行抑制[图 3.15(d)、图 3.15(e)]。在第四阶段[图 3.15(e)]，通过乘因子 256 对信号进行上采样，并使用线性插值器，得到采样率 Lf_S。线性插值器的 $sinc^2$ 函数抑制了在 $128f_S$ 倍频处的镜像，直到 Lf_S 处的频谱。模拟的采样-保持函数如图 3.15(f)所示，执行输出采样率下的重采样。这种级联插值结构的直接转换，要求在每次上采样后以相应的采样率进行抗镜像滤波。虽然由于滤波器设计要求的降低，需要的滤波器阶数会减少，但在第三阶段和第四阶段的滤波器是不可能直接实现的。有专家建议，通过测量输入输出速率之比来控制第三和第四阶段的多相滤波器[见图 3.16(a)]，以降低复杂度。图 3.16(b)～(d)说明了这种方法在时域中的解释。图 3.16(b)显示了在第一和第二插值阶段，当输入 $x(n)$ 的两个样本间插入三个样本时的插值情况，横坐标表示输入采样间隔,插值后采样率提升为原来的 4 倍。图 3.16(c)显示了 4 倍过采样的信号,假设输出样本 $y(m=0)$ 和输入样本 $x(n=0)$ 相同,则输出样本 $y(m=1)$ 可以这样确定,即在第三阶段使用插值器,只需要计算输出样本之前和之后的两个多相滤波器。因此,在总共 31 个可能的多相滤波器中,只有两个在第三阶段需要进行计算。图 3.16(d)显示了这两个多相输出样本,在这两个样本之间,通过对 255 个值的网格进行线性插值可得到输出样本 $y(m=1)$。

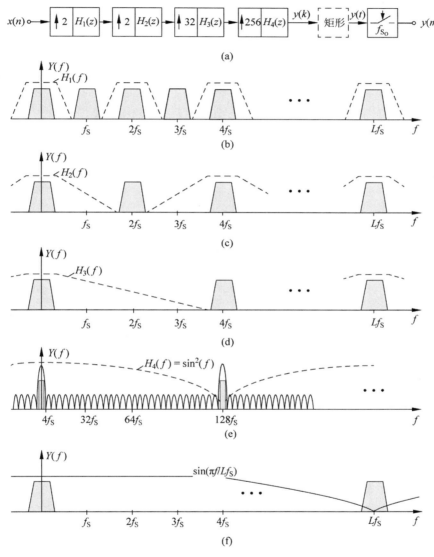

图 3.15 多级转换-频域解释

代替第三阶段和第四阶段,可以使用特殊的插值方法直接从 4 倍过采样的输入信号中计算输出 $y(m)$(见图 3.17)。根据 $L=2^{w-1}=L_1 L_2 L_3=2^2 L_3$,可以计算出最后一级的上采样因子 $L_3=2^{w-3}$。3.4 节介绍了不同的插值方法,可以实时计算滤波器系数。这可以解释为时变滤波器,其中滤波器系数是由采样率的比值导出的。通过测量输入与输出采样率的比值,可以用输出速率对输出样本计算滤波器的系数集。

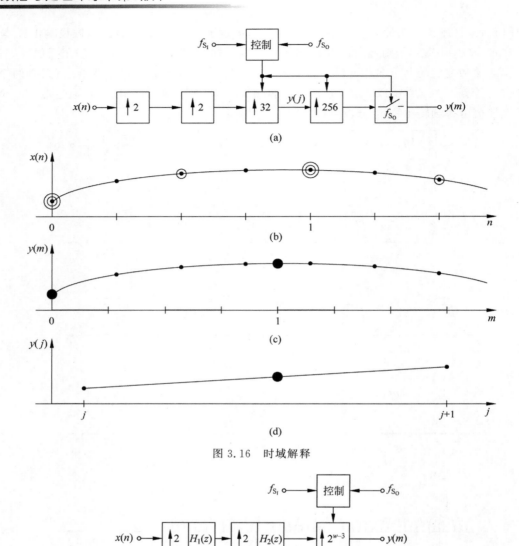

图 3.16　时域解释

图 3.17　时变插值滤波器系数计算时的采样率转换

3.3.3　插值滤波器的控制

通过测量输入和输出采样率的比值来控制插值滤波器。将采样率提升到 L 倍，信号字长 $w=16$ 位，则输入采样周期就被划分为 $L=2^{w-1}=2^{15}$ 个部分（网格）。根据测量的采样周期比值 T_{S_O}/T_{S_I}，在这些网格上计算输出样本的时刻，如下所述。

计数器时钟为 Lf_{S_I}，每当有一个新的输入采样时钟时，计数器就被复位。计数器输出随时间变化的锯齿波如图 3.18 所示。计数器在一个输入采样周期内从 0 运行到 $L-1$。在 t_{i-2} 时刻，对应计数器输出 z_{i-2}，输出采样周期 T_{S_O} 开始，并在 t_{i-1} 时刻停止，同时计数器输出 z_{i-1}。两次计数器测量的差值可用于计算输出采样周期 T_{S_O} 和分辨率 Lf_{S_I}。

新的计数器测量值添加到以前的计数器测量值的差值中，得到新的计数器测量结果为

$$t_i = (t_{i-1} + T_{S_O}) \oplus T_{S_I} \tag{3.46}$$

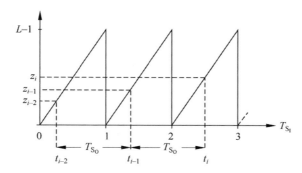

图 3.18 计数器输出随时间变化的锯齿波

取模运算可以用字长为 $w-1=15$ 的累加器进行,得出的时刻 t_i 决定了在输出采样率下输出样本的时刻,因此就决定了单级转换中多相滤波器的选择或多级转换中时刻的选择。

T_{S_O}/T_{S_I} 的测量如图 3.19 所示。

(1)输入采样率为 f_{S_I},使用频率乘法器增加到 $M_Z f_{S_I}$,其中 $M_Z=2^w$。乘以 M_Z 的输入时钟触发一个 w 位计数器,计数器输出 z 在每 M_O 个输出采样周期内被评估。

(2)对 M_O 输出采样周期计数。

(3)对 M_I 输入采样周期计数。

时间间隔 d_1、d_2(见图 3.19)分别为

$$d_1 = M_I T_{S_I} + \frac{z-z_0}{M_Z} T_{S_I} = \left(M_I + \frac{z-z_0}{M_Z}\right) T_{S_I} \tag{3.47}$$

$$d_2 = M_O T_{S_O} \tag{3.48}$$

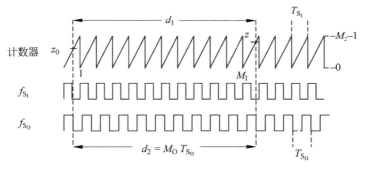

图 3.19 T_{S_O}/T_{S_I} 的测量

当 $d_1 = d_2$ 时,可以推导出

$$M_O T_{S_O} = \left(M_I + \frac{z-z_0}{M_Z}\right) T_{S_I}$$

$$\frac{T_{S_O}}{T_{S_I}} = \frac{M_I + \dfrac{z-z_0}{M_Z}}{M_O} = \frac{M_Z M_I + (z-z_0)}{M_Z M_O} \tag{3.49}$$

例:$w=0 \rightarrow M_Z=1$

$$\frac{T_{S_O}}{T_{S_I}} = \frac{M_I}{2^{15}} \tag{3.50}$$

在 15 位的精度下，取平均数 $M_O = 2^{15}$，需要确定数字 M_I。

例：$w = 8 \rightarrow M_Z = 2^8$

$$\frac{T_{S_O}}{T_{S_I}} = \frac{2^8 M_I + (z - z_0)}{2^8 2^7} \tag{3.51}$$

在 15 位的精度下，取平均数 $M_O = 2^7$，需要确定数字 M_I 及计数器的输出。

采样率转换器的输入和输出采样率可以通过对每个输出时钟计数器的 8 位（$2^8 = 256$）增量来计算，从式（3.52）可计算出 T_{S_O}/T_{S_I} 的值。不同采样率转换的计数器 8 位增量列在表 3.1 中。

$$z = \frac{T_{S_O}}{T_{S_I}} M_Z = \frac{f_{S_I}}{f_{S_O}} 256 \tag{3.52}$$

表 3.1　不同采样率转换的计数器增量

转换/kHz	8 位计数器增量	转换/kHz	8 位计数器增量
32→48	170	48→44.1	278
44.1→48	235	48→32	384
32→44.1	185	44.1→32	352

3.4　插值方法

本节将讨论几种特殊的插值方法。这些方法可以用来计算采样率转换过程中时变滤波器的系数，以及需要用到过采样的输入序列和输出样本的时刻。过采样的输入序列与时变滤波器系数卷积可得到输出采样率下的输出样本。这种实时计算滤波器系数的方法并不是基于流行的滤波器设计方法，相反，它是对每个输入时钟周期计算滤波器的系数集。从输出样本间的距离到过采样输入序列的时间网格可以推导出滤波器的系数。

3.4.1　多项式插值

多项式插值的目的是确定一个 N 阶多项式

$$p_N(x) = \sum_{i=0}^{N} a_i x^i \tag{3.53}$$

能准确表示在 $N+1$ 个均匀间隔处 x_i 的函数 $f(x)$，即 $p_N(x_i) = f(x_i) = y_i, i = 0, 1, \cdots, N$。这可以用一组线性方程表示

$$\begin{bmatrix} 1 & x_0 & x_0^2 & \cdots & x_0^N \\ 1 & x_1 & x_1^2 & \cdots & x_1^N \\ \vdots & \vdots & \vdots & & \vdots \\ 1 & x_N & x_N^N & \cdots & x_N^N \end{bmatrix} \begin{bmatrix} a_0 \\ a_1 \\ \vdots \\ a_N \end{bmatrix} = \begin{bmatrix} y_0 \\ y_1 \\ \vdots \\ y_N \end{bmatrix} \tag{3.54}$$

多项式系数 a_i 是 $y_0 y_1 \cdots y_N$ 的函数，可以根据克莱姆法则（Cramer's Rule）求出，得到的 a_i 如式（3.55）所示。

第 i 列

$$a_i = \frac{\begin{vmatrix} 1 & x_0 & x_0^2 & \cdots & y_0 & \cdots & x_0^N \\ 1 & x_1 & x_1^2 & \cdots & y_1 & \cdots & x_1^N \\ \vdots & \vdots & \vdots & & \vdots & \cdots & \vdots \\ 1 & x_N & x_N^2 & \cdots & y_N & \cdots & x_N^N \end{vmatrix}}{\begin{vmatrix} 1 & x_0 & x_0^2 & \cdots & x_0^N \\ 1 & x_1 & x_1^2 & \cdots & x_1^N \\ \vdots & \vdots & \vdots & & \vdots \\ 1 & x_N & x_N^2 & \cdots & x_N^N \end{vmatrix}}, \quad i = 0, 1, \cdots, N \tag{3.55}$$

对于均匀间距的 $x_i = i, i = 0, 1, \cdots, N$，一个距离为 α 的输出样本的插值为

$$y(n + \alpha) = \sum_{i=0}^{N} a_i (n + \alpha)^i \tag{3.56}$$

为了确定输出样本 $y(n + \alpha)$ 与 y_i 之间的关系，需要确定式(3.57)中的一组时变系数 c_i。

$$y(n + \alpha) = \sum_{i=-\frac{N}{2}}^{\frac{N}{2}} c_i(\alpha) y(n + i) \tag{3.57}$$

时变系数 $c_i(\alpha)$ 的计算将用一个例子来说明。

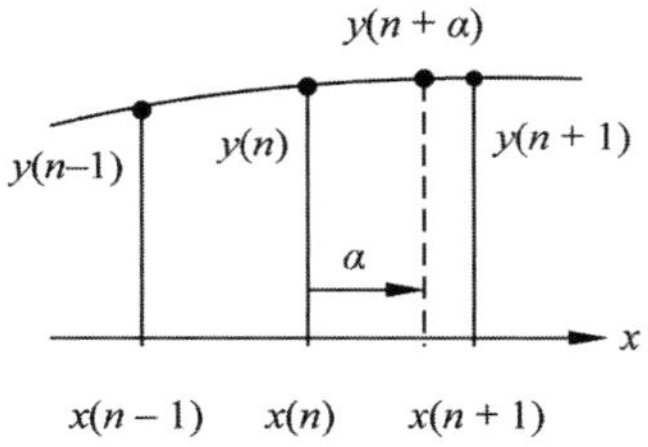

图 3.20 给出了一个 $N = 2$ 距离为 α 的输出样本，使用三个样本进行插值，可以写成

图 3.20　三样本多项式插值

$$y(n + \alpha) = \sum_{i=0}^{2} a_i (n + \alpha)^i \tag{3.58}$$

样本 $y(n + j), j = -1, 0, 1$，可以表示为

$$y(n + 1) = \sum_{i=0}^{2} a_i (n + 1)^i, \quad \alpha = 1$$

$$y(n) = \sum_{i=0}^{2} a_i n^i, \quad \alpha = 0$$

$$y(n - 1) = \sum_{i=0}^{2} a_i (n - 1)^i, \quad \alpha = -1 \tag{3.59}$$

或者用矩阵表示为

$$\begin{bmatrix} 1 & (n + 1) & (n + 1)^2 \\ 1 & n & n^2 \\ 1 & (n - 1) & (n - 1)^2 \end{bmatrix} \begin{bmatrix} a_0 \\ a_1 \\ a_2 \end{bmatrix} = \begin{bmatrix} y(n + 1) \\ y(n) \\ y(n - 1) \end{bmatrix} \tag{3.60}$$

系数 a_i 是 y_i 的函数，可以表示为

$$\begin{bmatrix} a_0 \\ a_1 \\ a_2 \end{bmatrix} = \begin{bmatrix} \dfrac{n(n-1)}{2} & 1-n^2 & \dfrac{n(n+1)}{2} \\[2mm] -\dfrac{2n-1}{2} & 2n & -\dfrac{2n+1}{2} \\[2mm] \dfrac{1}{2} & -1 & \dfrac{1}{2} \end{bmatrix} \begin{bmatrix} y(n+1) \\ y(n) \\ y(n-1) \end{bmatrix} \tag{3.61}$$

将式(3.58)展开,则有式(3.62)成立。

$$y(n+\alpha) = a_0 + a_1(n+\alpha) + a_2(n+\alpha)^2 \tag{3.62}$$

输出样本 $y(n+\alpha)$ 可以写成

$$\begin{aligned} y(n+\alpha) &= \sum_{i=-1}^{1} c_i(\alpha) y(n+i) \\ &= c_{-1} y(n-1) + c_0 y(n) + c_1 y(n+1) \end{aligned} \tag{3.63}$$

由式(3.61)得到的 a_i 代入式(3.62),得

$$\begin{aligned} y(n+\alpha) = & \left[\frac{1}{2} y(n+1) - y(n) + \frac{1}{2} y(n-1) \right](n+\alpha)^2 + \\ & \left[-\frac{2n-1}{2} y(n+1) + 2n y(n) - \frac{2n+1}{2} y(n-1) \right](n+\alpha) + \\ & \frac{n(n-1)}{2} y(n+1) + (1-n^2) y(n) + \frac{n(n+1)}{2} y(n-1) \end{aligned} \tag{3.64}$$

比较式(3.63)和式(3.64)的系数,当 $n=0$ 时,可得到如下结果

$$c_{-1} = \frac{1}{2}\alpha(\alpha-1)$$

$$c_0 = -(\alpha-1)(\alpha+1) = 1-\alpha^2$$

$$c_1 = \frac{1}{2}\alpha(\alpha+1)$$

3.4.2 拉格朗日插值

$N+1$ 个样本的拉格朗日插值需要利用多项式 $l_i(x)$,该多项式具有如下性质(见图 3.21)。

$$l_i(x_k) = \delta_{ik} = \begin{cases} 1, & i=k \\ 0, & \text{其他} \end{cases} \tag{3.65}$$

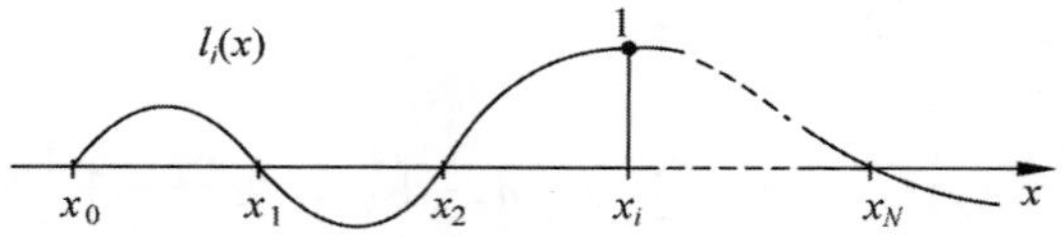

图 3.21 拉格朗日多项式

基于多项式 $l_i(x)$ 的零点,它可以表示为

$$l_i(x) = a_i(x-x_0)\cdots(x-x_{i-1})(x-x_{i+1})\cdots(x-x_N) \tag{3.66}$$

当 $l_i(x_i)=1$ 时,系数为

$$a_i(x_i) = \frac{1}{(x_i-x_0)\cdots(x_i-x_{i-1})(x_i-x_{i+1})\cdots(x_i-x_N)} \tag{3.67}$$

插值多项式表示为

$$p_N(x) = \sum_{i=0}^{N} l_i(x) y_i$$
$$= l_0(x) y_0 + l_1(x) y_1 + \cdots + l_N(x) y_N \tag{3.68}$$

设 $a = \prod\limits_{j=0}^{N} (x - x_j)$，则式(3.66)可以写成

$$l_i(x) = a_i \frac{a}{x - x_i} = \frac{1}{\prod\limits_{j=0, j \neq i}^{N} x_i - x_j} \frac{\prod\limits_{j=0}^{N} x - x_j}{x - x_i}$$

$$= \prod\limits_{j=0, j \neq i}^{N} \frac{x - x_j}{x_i - x_j} \tag{3.69}$$

对于均匀间隔的输入样本，有

$$x_i = x_0 + ih \tag{3.70}$$

则对于新变量 α，有

$$x = x_0 + \alpha h \tag{3.71}$$

可以得到

$$\frac{x - x_j}{x_i - x_j} = \frac{(x_0 + \alpha h) - (x_0 + jh)}{(x_0 + ih) - (x_0 + jh)} = \frac{\alpha - j}{i - j} \tag{3.72}$$

因此

$$l_i(x(\alpha)) = \prod\limits_{j=0, j \neq i}^{N} \frac{\alpha - j}{i - j} \tag{3.73}$$

N 为偶数时，可以写成

$$l_i(x(\alpha)) = \prod\limits_{j=-\frac{N}{2}, j \neq i}^{\frac{N}{2}} \frac{\alpha - j}{i - j} \tag{3.74}$$

N 为奇数时，可以写成

$$l_i(x(\alpha)) = \prod\limits_{j=-\frac{N-1}{2}, j \neq i}^{\frac{N+1}{2}} \frac{\alpha - j}{i - j} \tag{3.75}$$

则输出样本的插值表达式如下

$$y(n + \alpha) = \sum_{i=-\frac{N}{2}}^{\frac{N}{2}} l_i(\alpha) y(n + i) \tag{3.76}$$

例：$N = 2$，距离为 α 的输出样本，使用三个样本进行插值，所得 $l_i(x)$ 如下。

$$l_{-1}(x(\alpha)) = \prod\limits_{j=-1, j \neq -1}^{1} \frac{\alpha - j}{-1 - j} = \frac{1}{2} \alpha (\alpha - 1)$$

$$l_0(x(\alpha)) = \prod\limits_{j=-1, j \neq 0}^{1} \frac{\alpha - j}{0 - j} = -(\alpha - 1)(\alpha + 1) = 1 - \alpha^2$$

$$l_1(x(\alpha)) = \prod\limits_{j=-1, j \neq 1}^{1} \frac{\alpha - j}{1 - j} = \frac{1}{2} \alpha (\alpha + 1)$$

3.4.3　样条插值

使用只存在于有限区间上的分段定义函数的插值被称为样条插值，其目的是从加权样本 $y(n+i)$ 来计算样本 $y(n+a) = \sum_{i=-\frac{N}{2}}^{\frac{N}{2}} b_i^N(\alpha) y(n+i)$。

定义在区间 $[x_k, x_{k+1}, \cdots, x_{k+m}]$ 的 $m+1$ 个样本的 N 阶 B-样条 $M_k^N(x)$ 为

$$M_k^N(x) = \sum_{i=k}^{k+m} a_i \phi_i(x) \tag{3.77}$$

其截断幂函数为

$$\phi_i(x) = (x - x_i)_+^N = \begin{cases} 0, & x < x_i \\ (x - x_i)^N, & x \geqslant x_i \end{cases} \tag{3.78}$$

下面讨论 $k=0$ 时的 $M_0^N(x) = \sum_{i=0}^{m} a_i \phi_i(x)$，当 $x < x_0$ 时，$M_0^N(x) = 0$，当 $x \geqslant x_m$ 时，$M_0^N(x) = 0$。
图 3.22 显示了截断的幂函数和 N 阶 B- 样条。根据截断幂函数的定义，可以写出

$$\begin{aligned} M_0^N(x) &= a_0 \phi_0(x) + a_1 \phi_1(x) + \cdots + a_m \phi_m(x) \\ &= a_0 (x - x_0)_+^N + a_1 (x - x_1)_+^N + \cdots + a_m (x - x_m)_+^N \end{aligned} \tag{3.79}$$

经过计算，可得

$$\begin{aligned} M_0^N(x) &= a_0 (x_0^N + c_1 x_0^{N-1} x + \cdots + c_{N-1} x_0 x^{N-1} + x^N) + \\ &\quad a_1 (x_1^N + c_1 x_1^{N-1} x + \cdots + c_{N-1} x_1 x^{N-1} + x^N) \\ &\quad \vdots \\ &\quad + a_m (x_m^N + c_1 x_m^{N-1} x + \cdots + c_{N-1} x_m x^{N-1} + x^N) \end{aligned} \tag{3.80}$$

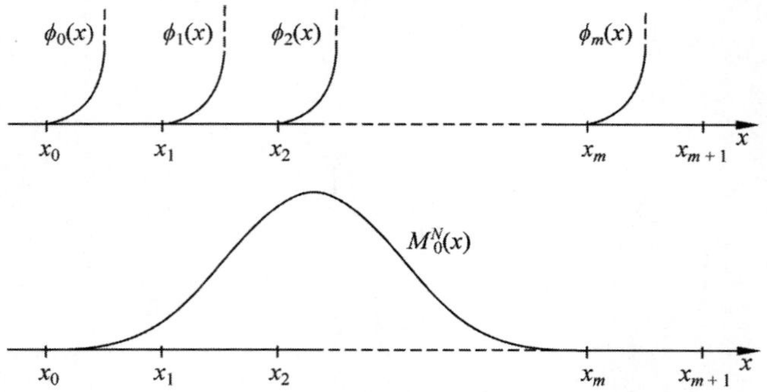

图 3.22　截断幂函数和 N 阶 B-样条

根据 $x \geqslant x_m$ 时 $M_0^N(x) = 0$ 的条件，用式(3.80)和 x 的幂系数可以得到以下线性方程组：

$$\begin{bmatrix} 1 & 1 & \cdots & 1 \\ x_0 & x_1 & \cdots & x_m \\ x_0^2 & x_1^2 & \cdots & x_m^2 \\ \vdots & \vdots & & \vdots \\ x_0^N & x_1^N & \cdots & x_m^N \end{bmatrix} \begin{bmatrix} a_0 \\ a_1 \\ a_2 \\ \vdots \\ a_m \end{bmatrix} = \begin{bmatrix} 0 \\ 0 \\ 0 \\ \vdots \\ 0 \end{bmatrix} \tag{3.81}$$

当 $m > N$ 时这个齐次线性方程组有非零解,最小要求为 $m = N + 1$。当 $m = N + 1$ 时,得到系数如下:

$$a_i = \frac{\begin{vmatrix} 1 & 1 & 1 & \cdots & 0 & \cdots & 1 \\ x_0 & x_1 & x_2 & \cdots & 0 & \cdots & x_{N+1} \\ \vdots & \vdots & \vdots & & \vdots & & \vdots \\ x_0^N & x_1^N & x_2^N & \cdots & 0 & \cdots & x_{N+1}^N \end{vmatrix}}{\begin{vmatrix} 1 & 1 & 1 & \cdots & 1 \\ x_0 & x_1 & x_2 & \cdots & x_{N+1} \\ \vdots & \vdots & \vdots & & \vdots \\ x_0^{N+1} & x_1^{N+1} & x_2^{N+1} & \cdots & x_{N+1}^{N+1} \end{vmatrix}}, \quad i = 0, 1, \cdots, N+1 \tag{3.82}$$

$$\overset{\text{第 } i \text{ 列}}{}$$

将式(3.82)的分子行列式的第 i 列设为0,相当于删除这一列。计算 Vandermonde(范德蒙德)矩阵的两个行列式并相除,得到系数

$$a_i = \frac{1}{\prod\limits_{j=0, i \neq j}^{N+1} (x_i - x_j)} \tag{3.83}$$

因此,有

$$M_0^N(x) = \sum_{i=0}^{N+1} \frac{(x - x_i)_+^N}{\prod\limits_{j=0, i \neq j}^{N+1} (x_i - x_j)} \tag{3.84}$$

对某个 k,可得

$$M_k^N(x) = \sum_{i=k}^{k+N+1} \frac{(x - x_i)_+^N}{\prod\limits_{j=0, i \neq j}^{N+1} (x_i - x_j)} \tag{3.85}$$

由于函数 $M_k^N(x)$ 随着 N 的增加而减小,因此进行形如 $N_k^N = (x_{k+N+1} - x_k) M_k^N$ 的归一化,这样对于等距样本,可得

$$N_k^N(x) = (N + 1) \cdot M_k^N(x) \tag{3.86}$$

下面的例子描述了 B-样条的计算过程。

对于 $N = 3, m = 4$,使用 5 个输出样本进行 B-样条插值。

根据式(3.83)得到的系数为

$$a_0 = \frac{1}{(x_0 - x_4)(x_0 - x_3)(x_0 - x_2)(x_0 - x_1)}$$

$$a_1 = \frac{1}{(x_1 - x_4)(x_1 - x_3)(x_1 - x_2)(x_1 - x_0)}$$

$$a_2 = \frac{1}{(x_2 - x_4)(x_2 - x_3)(x_2 - x_1)(x_2 - x_0)}$$

$$a_3 = \frac{1}{(x_3 - x_4)(x_3 - x_2)(x_3 - x_1)(x_3 - x_0)}$$

$$a_4 = \frac{1}{(x_4 - x_3)(x_4 - x_2)(x_2 - x_1)(x_3 - x_0)}$$

图 3.23(a)和图 3.23(b)显示了用于计算 $N_0^3(x)$ 的截断幂函数及它们的和。图 3.23(c)描绘了水平移位的 $N_i^3(x)$。

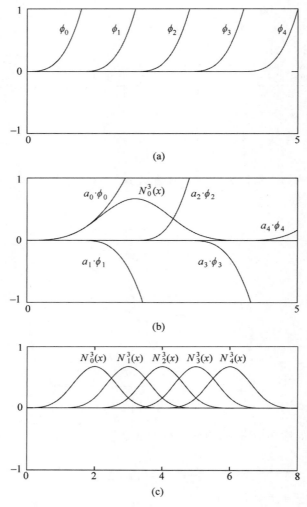

图 3.23　三阶 B-样条插值（$N=3, m=4, 5$ 个样本）

B-样条的线性组合称为样条。图 3.24 显示了二阶和三阶样条对样本 $y(n+\alpha)$ 的插值结果。在垂直线上距离 α 处进行 B-样条 $N_i^N(x)$ 移位的计算，用样本 $y(n)$ 和归一化 B-样条 $N_i^N(x)$ 表示二阶和三阶样条如下：

$$y(n+\alpha) = \sum_{i=-1}^{1} y(n+i) N_{n-1+i}^2(\alpha) \tag{3.87}$$

$$y(n+\alpha) = \sum_{i=-1}^{2} y(n+i) N_{n-2+i}^3(\alpha) \tag{3.88}$$

在样本距离 α 处，二阶 B-样条的计算是基于 B-样条的对称性完成的，如图 3.25 所示。根据式（3.77）和式（3.86），以及图 3.25 所示的对称性，可以将 B-样条表示为

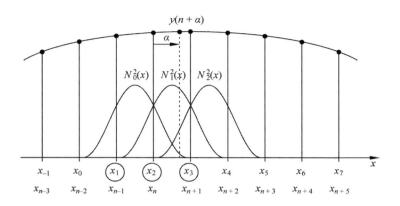

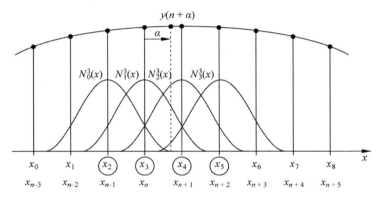

图 3.24 二阶和三阶 B-样条插值

$$N_2^2(\alpha) = N_0^2(\alpha) = 3 \sum_{i=0}^{3} a_i (\alpha - x_i)_+^2$$

$$N_1^2(1+\alpha) = N_0^2(1+\alpha) = 3 \sum_{i=0}^{3} a_i (1+\alpha - x_i)_+^2$$

$$N_0^2(2+\alpha) = N_0^2(1-\alpha) = 3 \sum_{i=0}^{3} a_i (2+\alpha - x_i)_+^2$$

$$= 3 \sum_{i=0}^{3} a_i (1-\alpha - x_i)_+^2 \tag{3.89}$$

由式(3.83)可以得到系数

$$a_0 = \frac{1}{(0-1)(-2)(-3)} = -\frac{1}{6}$$

$$a_1 = \frac{1}{(1-0)(1-2)(1-3)} = \frac{1}{2}$$

$$a_2 = \frac{1}{(2-0)(2-1)(2-3)} = -\frac{1}{2} \tag{3.90}$$

因此

$$N_2^2(\alpha) = 3[a_0 \alpha^2] = -\frac{1}{2}\alpha^2$$

$$N_1^2(\alpha) = 3[a_0(1+\alpha)^2 + a_1\alpha^2] = -\frac{1}{2}(1+\alpha)^2 + \frac{3}{2}\alpha^2$$

$$N_0^2(\alpha) = 3[a_0(1-\alpha)^2] = -\frac{1}{2}(1-\alpha)^2 \tag{3.91}$$

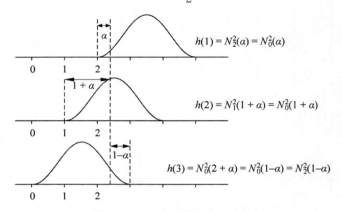

图 3.25　二阶 B-样条的对称性

由于 B-样条的对称性质，可以推导出二阶 B-样条的时变系数为

$$N_2^2(\alpha) = h(1) = -\frac{1}{2}\alpha^2 \tag{3.92}$$

$$N_1^2(\alpha) = h(2) = -\frac{1}{2}(1+\alpha)^2 + \frac{3}{2}\alpha^2 \tag{3.93}$$

$$N_0^2(\alpha) = h(3) = -\frac{1}{2}(1-\alpha)^2 \tag{3.94}$$

同样，可以推导出三阶 B-样条的时变系数为

$$N_3^3(\alpha) = h(1) = \frac{1}{6}\alpha^3 \tag{3.95}$$

$$N_2^3(\alpha) = h(2) = \frac{1}{6}(1+\alpha)^3 - \frac{2}{3}\alpha^3 \tag{3.96}$$

$$N_1^3(\alpha) = h(3) = \frac{1}{6}(2-\alpha)^3 - \frac{2}{3}(1-\alpha)^3 \tag{3.97}$$

$$N_0^3(\alpha) = h(4) = \frac{1}{6}(1-\alpha)^3 \tag{3.98}$$

高阶 B-样条表示为

$$y(n+\alpha) = \sum_{i=-2}^{2} y(n+i) N_{n-2+i}^4(\alpha) \tag{3.99}$$

$$y(n+\alpha) = \sum_{i=-2}^{3} y(n+i) N_{n-3+i}^5(\alpha) \tag{3.100}$$

$$y(n+\alpha) = \sum_{i=-3}^{3} y(n+i) N_{n-3+i}^6(\alpha) \tag{3.101}$$

也可以推导出类似的系数集，图 3.26 说明了四阶和六阶 B-样条的插值情况。

　　一般来说，对于偶数阶，有

$$y(n + \alpha) = \sum_{i = -\frac{N}{2}}^{\frac{N}{2}} N_{N/2+i}^N(\alpha) y(n + i) \tag{3.102}$$

对于奇数阶,有

$$y(n + \alpha) = \sum_{i = -\frac{N-1}{2}}^{\frac{N+1}{2}} N_{(N-1)/2+i}^N(\alpha) y(n + i) \tag{3.103}$$

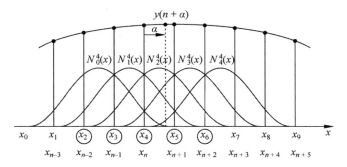

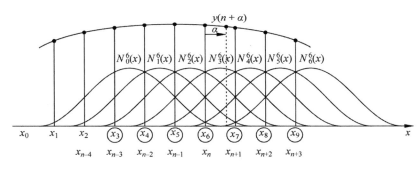

图 3.26 四阶和六阶 B-样条插值

讨论插值应用时,频域特性也是很重要的。

零阶 B-样条可表示为

$$N_0^0(x) = \sum_{i=0}^{1} a_i \phi_i(x) = \begin{cases} 0, & x < 0 \\ 1, & 0 \leqslant x < 1 \\ 0, & x \geqslant 1 \end{cases} \tag{3.104}$$

其傅里叶变换是频域的 sinc 函数。

一阶 B-样条为

$$N_0^1(x) = 2 \sum_{i=0}^{2} a_i \phi_i(x) = \begin{cases} 0, & x < 0 \\ \dfrac{1}{2}x, & 0 \leqslant x < 1 \\ 1 - \dfrac{1}{2}x, & 1 \leqslant x < 2 \\ 0, & x \geqslant 2 \end{cases} \tag{3.105}$$

其傅里叶变换是频域的 sinc^2 函数。

通过重复卷积可以得到高阶 B-样条如下：

$$N^N(x) = N^0(x) * N^{N-1}(x) \tag{3.106}$$

因此，其傅里叶变换为

$$FT[N^N(x)] = \text{sinc}^{N+1}(f) \tag{3.107}$$

利用频域性质，可以确定样条插值需要的阶数。由于 $\text{sinc}^{N+1}(f)$ 函数的衰减特性和系数的简单实时计算，样条插值非常适合于多级采样率转换系统中最后阶段的时变转换。

3.5　习题

基础知识

考虑一个简单的采样率转换系统，其转换率为 $\frac{4}{3}$。该系统由两个上采样块和一个下采样块组成，每个上采样块因子为 2，下采样块因子为 3。

1. 什么是抗镜像和抗混叠滤波器？在系统的什么地方需要它们？

2. 画出框图。

3. 画出输入、中间和输出频谱。

4. 幅度是如何受上采样和下采样影响的？它从何而来？

5. 画出这个上采样系统所需的抗混叠和抗镜像滤波器的频率响应。

同步转换

系统现在将直接用因子 4 进行上采样，再用因子 3 进行下采样，但使用的是线性插值和抽取方法。输入信号为 $x(n) = \sin\left(\dfrac{n\pi}{6}\right), n = 0, 1, \cdots, 48$。

1. 两个插值滤波器的脉冲响应是什么？画出它们的幅度响应。

2. 利用 MATLAB 在时域绘制输入信号、中间信号和输出信号。

3. 因果插值/抽取滤波器导致的延迟是什么？

4. 计算该插值/抽取方法在频域内引入的误差。

多相表示

使用插值/抽取滤波器的多相分解来扩展系统。

1. 用方框图表示多相分解的思想。这种分解有什么好处？

2. 计算用于上采样和下采样的多相滤波器（使用插值和抽取方法）。

3. 用 MATLAB 绘制时域和频域的所有信号。

异步转换

1. 异步采样率转换的基本概念是什么？

2. 绘制框图并讨论各部分操作。

3. 20 位分辨率的过采样系数 L 是多少？

4. 如何简化过采样操作？

5. 如何利用多相滤波？

6. 为什么半带滤波器是上采样操作的有效选择？

7. 在转换的最后阶段，哪些参数决定了插值算法？

第 4 章

模数/数模转换

将连续时间信号 $x(t)$（电压、电流）转换为数字序列 $x(n)$ 称为模数转换（AD 转换），反向过程称为数模转换（DA 转换）。信号 $x(t)$ 的时间采样由香农采样定理描述。它指出，带宽为 f_B 的连续时间信号可以用采样率 $f_S > 2f_B$ 进行采样，而不改变信号中的信息内容。原始模拟信号可通过带宽 f_B 的低通滤波进行重构。除时间采样外，还需要将采样信号连续值的幅度进行数字化的非线性过程（量化）。4.1 节介绍奈奎斯特采样、过采样和 $\Delta\text{-}\Sigma$ 调制的基本概念，4.2 节和 4.3 节讨论 AD 和 DA 转换器电路的原理。

4.1 方法

4.1.1 奈奎斯特采样

采样率 $f_S > 2f_B$ 的信号采样称为奈奎斯特采样，图 4.1 中的原理图显示了该过程。在 $f_S/2$ 处的输入频带限制由模拟低通滤波器执行[图 4.1(a)]，跟随的采样-保持电路以采样率 f_S 对带限输入信号进行采样。采样间隔 $T_S = 1/f_S$ 的时间信号的幅度值由量化器转换为数字序列 $x(n)$[图 4.1(b)]，该数字序列被馈送到执行信号处理算法的数字信号处理器（DSP）。DSP 的输出序列 $y(n)$ 被传送到 DA 转换器，该转换器输出一个阶梯波[图 4.1(c)]。随后，经过低通滤波器得到模拟输出 $y(t)$[图 4.1(d)]。图 4.2 展示了频域中 AD/DA 转换的每个步骤，图 4.2(a)~(d) 中的每个频谱对应于图 4.1(a)~(d) 的输出。

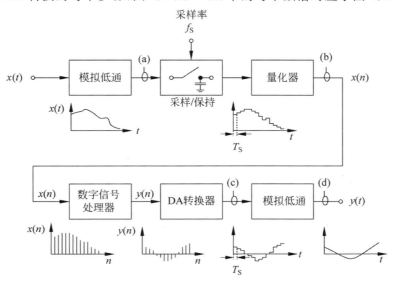

图 4.1　奈奎斯特采样原理图

在频带限制[图 4.2(a)]和采样后，得到采样率为 f_S 的被采样信号的周期频谱，如图 4.2(b)所示。假设连续量化误差 $e(n)$ 在统计上互相独立，则噪声功率在频域 $0 \leqslant f \leqslant f_S$ 上的频谱具有均匀分布，DA 转换器的输出仍然具有周期频谱。但是，这是用采样-保持电路的 sinc 函数 $\left(\text{sinc} = \dfrac{\sin x}{x}\right)$ 加权的结果 [图 4.2(c)]，sinc 函数的零点位于采样率 f_S 的倍数处。为了重建输出[图 4.2(d)]，通过具有足够的阻带衰减的模拟低通滤波器来消除镜像谱[见图 4.2(c)]。

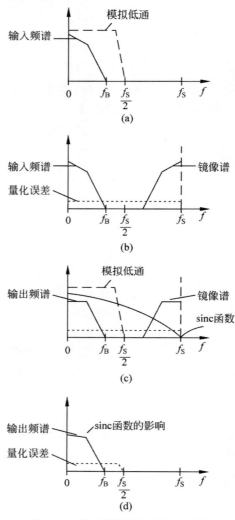

图 4.2 奈奎斯特采样的频域解释

奈奎斯特采样的问题在于要求模拟输入滤波器具有陡峭的带限滤波器（抗混叠滤波器）特性，以及要求模拟重建滤波器（抗镜像滤波器）具有相似的滤波器特性和足够的阻带衰减。此外，由采样-保持电路引起的 sinc 失真需要进行补偿。

4.1.2 过采样

为了提高转换过程的分辨率并降低模拟滤波器的复杂性，可采用过采样技术。由于量化误差的频谱在 0 到 f_S 之间是均匀分布的[见图 4.3(a)]，可以通过乘因子 L 的过采样来降低通带 $0 \leqslant f \leqslant f_B$ 中的功率谱密度,也就是使用新的采样率 Lf_S[见图 4.3(b)]。对于相同的量化步长 Q,图 4.3(a)和图 4.3(b)中的阴影区域(量化误差功率 σ_E^2)相等。从图 4.3 中还可以注意到信噪比的增加。

由此可知,在采样率为 $f_S = 2f_B$ 的通带中,功率谱密度为

$$S_{EE}(f) = \frac{Q^2}{12f_S} \tag{4.1}$$

因此可得噪声功率为

$$N_B^2 = \sigma_E^2 = 2\int_0^{f_B} S_{EE}(f)\mathrm{d}f = \frac{Q^2}{12} \tag{4.2}$$

由于用乘因子 L 进行过采样,如图 4.3(b)所示,功率谱密度降低为

$$S_{EE}(f) = \frac{Q^2}{12Lf_S} \tag{4.3}$$

当 $f_S = 2f_B$ 时,音频频带中的误差功率为

$$N_B^2 = 2f_B \frac{Q^2}{12Lf_S} = \frac{Q^2}{12}\frac{1}{L} \tag{4.4}$$

由于过采样,信噪比(设 $P_F = \sqrt{3}$)现在可以表示为

$$\mathrm{SNR} = 6.02 \cdot w + 10\lg(L) \quad \mathrm{dB} \tag{4.5}$$

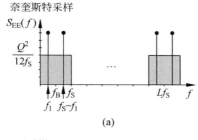

(a)

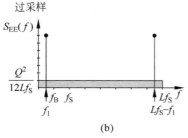

(b)

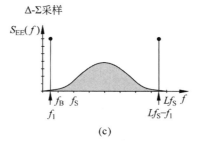

(c)

图 4.3 过采样和 Δ-Σ 技术对量化误差功率谱密度和频率为 f_1 的输入正弦波的影响

图 4.4(a)显示了过采样 AD 转换器的原理。由于过采样,模拟带限低通滤波器可以具有更宽的过渡带宽,如图 4.4(b)所示。量化误差功率分布在 0 到采样率 Lf_S 之间。为了降低采样率,必须使用数字低通滤波器限制带宽[见图 4.4(c)]。然后,将采样率除以因子 L[见图 4.4(d)],也就是每次取数字低通滤波器的第 L 个输出采样。

图 4.5(a)显示了过采样 DA 转换器的原理图。采样率首先增加 L 倍,因此在两个连续输入值之间引入 $L-1$ 个零。随后的数字滤波器消除了除基带频谱和 Lf_S 倍频谱外的所有镜像频谱[图 4.5(b)],并在两个输入样本之间插入 $L-1$ 个样本,使 w 位 DA 转换器以采样率 Lf_S 工作。DA 转换器的输出被送到模拟重建滤波器,该滤波器消除了 Lf_S 倍数处的镜像频谱。

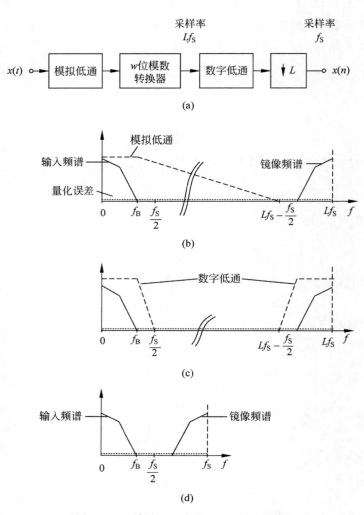

图 4.4　过采样 AD 转换器和采样率降低

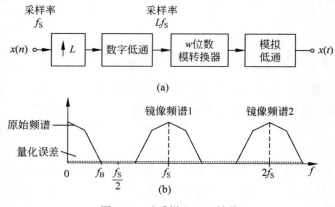

图 4.5　过采样和 DA 转换

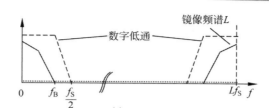

(c)

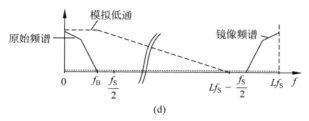

(d)

图 4.5 （续）

4.1.3 Δ-Σ 调制

使用过采样的 Δ-Σ 调制是从 Δ-调制推导出的一种转换方法。在 Δ-调制[图 4.6(a)]中,以很高的采样率 Lf_S 将输入 $x(t)$ 和信号 $x_1(t)$ 之间的差转换为一位信号 $y(n)$,这个采样率远高于奈奎斯特速率 f_S。信号 $x_1(t)$ 是量化信号 $y(n)$ 通过模拟积分器得到的,解调器由积分器和重构低通滤波器(LP)组成。

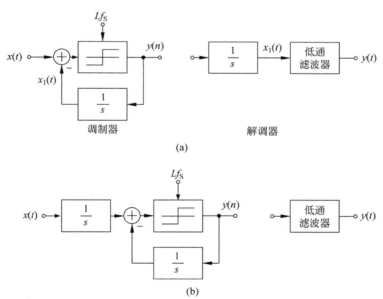

图 4.6 Δ-调制和积分器位移

Δ-Σ 调制的扩展包括将积分器从解调器输入端移动到调制器的输入端[见图 4.6(b)]。这样,两个积分器通过相加,可以合并为一个积分器[见图 4.7(a)],对应的信号如图 4.8 所示。

Δ-Σ 调制器的时间离散模型如图 4.7(b)所示,输出信号 $y(n)$ 的 Z-变换为

$$Y(z) = \frac{H(z)}{1 + H(z)} X(z) + \frac{1}{1 + H(z)} E(z)$$

$$\approx X(z) + \frac{1}{1 + H(z)} E(z) \tag{4.6}$$

对于系统 $H(z)$ 的大增益因子,输入信号将不受影响。相反,量化误差通过滤波器项 $1/[1+H(z)]$ 被整形。

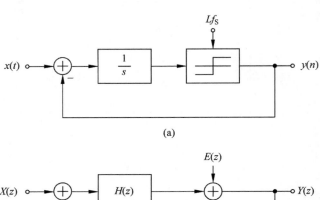

(a)

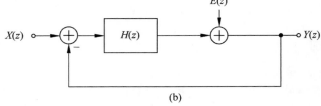

(b)

图 4.7 Δ-Σ 调制和时间离散模型

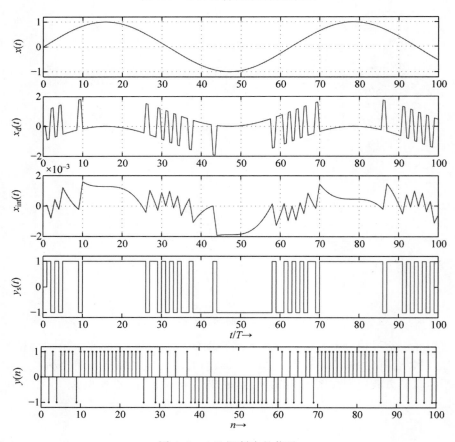

图 4.8 Δ-Σ 调制中的信号

对应 Δ-Σ 调制的 AD/DA 转换原理如图 4.9 和图 4.10 所示。对于 Δ-Σ 调制的 AD 转换器，使用数字低通滤波器和具有因子 L 的下采样器将采样率 Lf_S 降低至 f_S。一位输入信号通过数字低通滤波器得到采样率为 f_S 的 w 位输出 $x(n)$。Δ-Σ 调制的 DA 转换器由具有因子 L 的上采样器、用于消除镜像谱的数字低通滤波器和 Δ-Σ 调制器以及模拟重建低通滤波器组成。为了详细说明 Δ-Σ 调制中的噪声整形，以下章节将研究一阶和二阶系统以及多级系统。

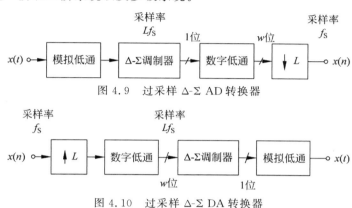

图 4.9 过采样 Δ-Σ AD 转换器

图 4.10 过采样 Δ-Σ DA 转换器

1. 一阶 Δ-Σ 调制器

图 4.11 显示了一阶 Δ-Σ 调制器的时间离散模型，输出 $y(n)$ 的差分方程为

$$y(n) = x(n-1) + e(n) - e(n-1) \tag{4.7}$$

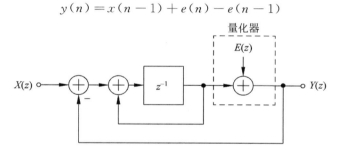

图 4.11 一阶 Δ-Σ 调制器的时间离散模型

相应的 Z-变换为

$$Y(z) = z^{-1} X(z) + E(z) \underbrace{(1 - z^{-1})}_{H_E(z)} \tag{4.8}$$

误差信号 $e_1(n) = e(n) - e(n-1)$ 的功率密度谱是

$$S_{E_1 E_1}(\mathrm{e}^{\mathrm{j}\Omega}) = S_{EE}(\mathrm{e}^{\mathrm{j}\Omega}) \mid 1 - \mathrm{e}^{-\mathrm{j}\Omega} \mid^2$$

$$= S_{EE}(\mathrm{e}^{\mathrm{j}\Omega}) 4\sin^2\left(\frac{\Omega}{2}\right) \tag{4.9}$$

其中，$S_{EE}(\mathrm{e}^{\mathrm{j}\Omega})$ 表示量化误差 $e(n)$ 的功率密度谱，且 $S_{EE}(f) = \dfrac{Q^2}{12Lf_S}$，则频带 $[-f_B, f_B]$ 中的误差功率可以写为

$$N_B^2 = S_{EE}(f) 2 \int_0^{f_B} 4\sin^2\left(\pi \frac{f}{Lf_S}\right) \mathrm{d}f \tag{4.10}$$

$$\simeq \frac{Q^2}{12} \frac{\pi^2}{3} \left(\frac{2f_B}{Lf_S}\right)^3 \tag{4.11}$$

当 $f_S = 2f_B$ 时，可得

$$N_B^2 = \frac{Q^2}{12} \frac{\pi^2}{3} \left(\frac{1}{L}\right)^3 \tag{4.12}$$

2. 二阶 Δ-Σ 调制器

对于图 4.12 所示的二阶 Δ-Σ 调制器，差分方程表示为

$$y(n) = x(n-1) + e(n) - 2e(n-1) + e(n-2) \tag{4.13}$$

其 Z-变换为

$$Y(z) = z^{-1}X(z) + E(z)\underbrace{(1 - 2z^{-1} + z^{-2})}_{H_E(z) = (1-z^{-1})^2} \tag{4.14}$$

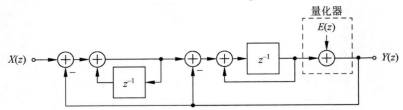

图 4.12　二阶 Δ-Σ 调制器的时间离散模型

误差信号 $e_1(n) = e(n) - 2e(n-1) + e(n-2)$ 的功率密度谱可以写作

$$S_{E_1E_1}(e^{j\Omega}) = S_{EE}(e^{j\Omega}) \mid 1 - e^{-j\Omega} \mid^4$$

$$= S_{EE}(e^{j\Omega})\left[4\sin^2\left(\frac{\Omega}{2}\right)\right]^2$$

$$= S_{EE}(e^{j\Omega})4[1 - \cos(\Omega)]^2 \tag{4.15}$$

频带 $[-f_B, f_B]$ 中的误差功率可以写为

$$N_B^2 = S_{EE}(f) 2\int_0^{f_B} 4[1 - \cos(\Omega)]^2 \mathrm{d}f \tag{4.16}$$

$$\simeq \frac{Q^2}{12} \frac{\pi^4}{5} \left(\frac{2f_B}{Lf_S}\right)^5 \tag{4.17}$$

当 $f_S = 2f_B$ 时，有

$$N_B^2 = \frac{Q^2}{12} \frac{\pi^4}{5} \left(\frac{1}{L}\right)^5 \tag{4.18}$$

3. 多级 Δ-Σ 调制器

一个多级 Δ-Σ 调制器的时间离散模型如图 4.13 所示。

输出信号 $y_1(n)$、$y_2(n)$、$y_3(n)$ 的 Z-变换如下：

$$Y_1(z) = X(z) + (1 - z^{-1})E_1(z) \tag{4.19}$$

$$Y_2(z) = -E_1(z) + (1 - z^{-1})E_2(z) \tag{4.20}$$

$$Y_3(z) = -E_2(z) + (1 - z^{-1})E_3(z) \tag{4.21}$$

通过相加和滤波得到输出的 Z-变换为

$$Y(z) = Y_1(z) + (1 - z^{-1})Y_2(z) + (1 - z^{-1})^2 Y_3(z)$$

$$= X(z) + (1 - z^{-1})E_1(z) - (1 - z^{-1})E_1(z) +$$

$$(1 - z^{-1})^2 E_2(z) - (1 - z^{-1})^2 E_2(z) + (1 - z^{-1})^3 E_3(z)$$

$$= X(z) + \underbrace{(1 - z^{-1})^3}_{H_E(z)} E_3(z) \tag{4.22}$$

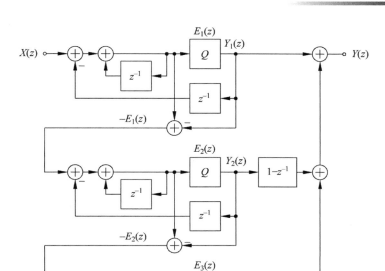

图 4.13 多级 Δ-Σ 调制器的时间离散模型

频带$[-f_B, f_B]$中的误差功率为

$$N_B^2 = \frac{Q^2}{12} \frac{\pi^6}{7} \left(\frac{2f_B}{Lf_S}\right)^7 \tag{4.23}$$

当 $f_S = 2f_B$ 时，可得到总噪声功率为

$$N_B^2 = \frac{Q^2}{12} \frac{\pi^6}{7} \left(\frac{1}{L}\right)^7 \tag{4.24}$$

图 4.14 中的误差传递函数显示了之前讨论的三种 Δ-Σ 调制的噪声整形曲线。可以看出，误差功率向更高频率处移动。

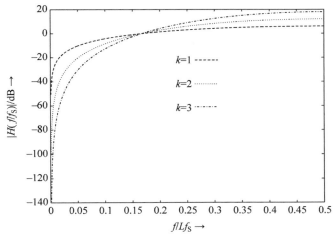

图 4.14 误差传递函数 $H_E(z) = (1 - z^{-1})^k$, $k = 1, 2, 3$

图 4.15 显示了过采样和一阶、二阶及三阶 Δ-Σ 调制对信噪比的改善情况。对于具有过采样因子 L 的第 k 阶 Δ-Σ 转换的一般情况，可以根据式(4.25)计算出信噪比 SNR。

$$SNR = 6.02 \cdot w - 10\lg\left(\frac{\pi^{2k}}{2k+1}\right) + (2k+1)10\lg(L) \quad dB \tag{4.25}$$

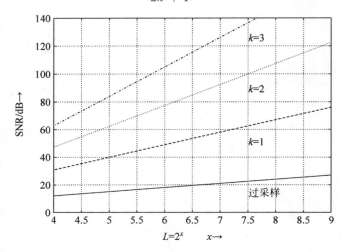

图 4.15　作为过采样和噪声整形函数的信噪比改善($L=2^x$)

式(4.25)中，w 表示 Δ-Σ 调制器的量化器字长。数字低通滤波和用 L 下采样后的信号量化可以在式(4.25)中根据关系式 $w = SNR/6$ 进行。

4. 高阶 Δ-Σ 调制器

量化误差的高通传递函数的阻带展宽是通过高阶 Δ-Σ 调制来实现的。除 $z=1$ 处的零点外，在单位圆上还有其他零点。此外，极点被集成到传递函数中。高阶 Δ-Σ 调制器的时间离散模型如图 4.16 所示。

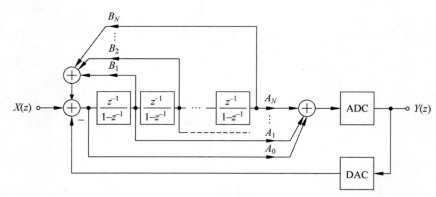

图 4.16　高阶 Δ-Σ 调制器的时间离散模型

图 4.16 中的传递函数可以写成

$$H(z) = \frac{A_0 + A_1 \dfrac{z^{-1}}{1-z^{-1}} + A_2 \left(\dfrac{z^{-1}}{1-z^{-1}}\right)^2 + \cdots}{1 - B_1 \dfrac{z^{-1}}{1-z^{-1}} - B_2 \left(\dfrac{z^{-1}}{1-z^{-1}}\right)^2 + \cdots}$$

$$= \frac{A_0(z-1)^N + A_1(z-1)^{N-1} + \cdots + A_N}{(z-1)^N - B_1(z-1)^{N-1} - \cdots - B_N}$$

$$= \frac{\displaystyle\sum_{i=0}^{N} A_i(z-1)^{N-i}}{(z-1)^N - \displaystyle\sum_{i=1}^{N} B_i(z-1)^{N-i}} \tag{4.26}$$

输出的 Z-变换为

$$Y(z) = \frac{H(z)}{1+H(z)} X(z) + \frac{1}{1+H(z)} E(z) \tag{4.27}$$

$$= H_X(z) X(z) + H_E(Z) E(z) \tag{4.28}$$

输入的传递函数为

$$H_X(z) = \frac{\displaystyle\sum_{i=0}^{N} A_i(z-1)^{N-i}}{(z-1)^N - \displaystyle\sum_{i=1}^{N} B_i(z-1)^{N-i} + \displaystyle\sum_{i=0}^{N} A_i(z-1)^{N-i}} \tag{4.29}$$

误差信号的传递函数由下式给出：

$$H_E(z) = \frac{(z-1)^N - \displaystyle\sum_{i=1}^{N} B_i(z-1)^{N-i}}{(z-1)^N - \displaystyle\sum_{i=1}^{N} B_i(z-1)^{N-i} + \displaystyle\sum_{i=0}^{N} A_i(z-1)^{N-i}} \tag{4.30}$$

对于巴特沃斯或切比雪夫滤波器设计，误差传递函数的频率响应如图 4.17 所示。作为比较，图 4.17 中也给出了一阶、二阶和三阶 Δ-Σ 调制的频率响应。巴特沃斯和切比雪夫滤波器的阻带展宽可从图 4.18 中观察到。

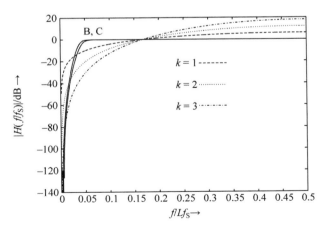

图 4.17 误差信号不同传递函数的频率响应

5. 抽取滤波器

用于 AD 转换的抽取滤波器和用于 DA 转换的插值滤波器采用多速率系统实现。需要的下采样器和上采样器都是简单的系统。对于前者，从输入序列中每次抽取第 n 个样本。对于后者，在两个输入样本之间插入 $n-1$ 个零。对于抽取，通过 $H(z)$ 进行频带限制，然后通过因子 L 降低采样率。这个过程

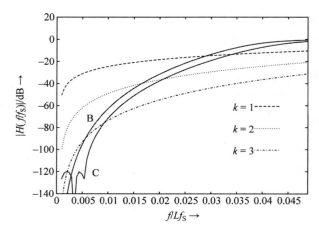

图 4.18　误差信号传递函数的阻带频率响应

可以分段实现，如图 4.19 所示。在高采样率下应使用易于实现的滤波器结构，如梳状滤波器，它的传递函数为

$$H_1(z) = \frac{1}{L} \frac{1 - z^{-L}}{1 - z^{-1}} \tag{4.31}$$

梳状滤波器的信号流图如图 4.20 所示，它仅需要延迟单元和加法单元即可简单实现。为了增加阻带衰减，可使用串联梳状滤波器，其传递函数为

$$H_1^M(z) = \left[\frac{1}{L} \frac{1 - z^{-L}}{1 - z^{-1}} \right]^M \tag{4.32}$$

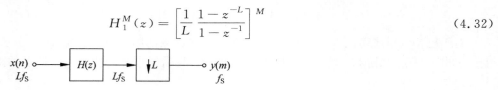

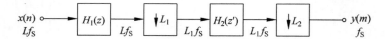

图 4.19　分段实现的采样率降低

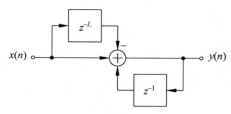

图 4.20　梳状滤波器的信号流图

除了在高采样率时使用加法外，还可以进一步降低复杂性。由于采样率降低为 $\frac{1}{L}$，分子 $(1 - z^{-L})$ 可以移动，将其放置在下采样器之后，如图 4.21 所示。这样，对于串联梳状滤波器，结果如图 4.22 所示。现在，必须在高采样率 Lf_S 下实现 M 个简单递归累加器。随后进行因子 L 的下采样，再用输出采样率 f_S 计算 M 个非递归系统的输出。

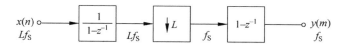

图 4.21 用于降低采样率的梳状滤波器

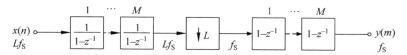

图 4.22 用于降低采样率的串联梳状滤波器

图 4.23(a)显示了串联梳状滤波器($L=16$)的频率响应,图 4.23(b)显示了与梳状滤波器 $H_1^4(z)$ 串联的三阶 Δ-Σ 调制器量化误差的频率响应。由滤波和采样率降低导致的系统延迟由下式给出:

$$t_D = \frac{N-1}{2} \cdot \frac{1}{Lf_S} \tag{4.33}$$

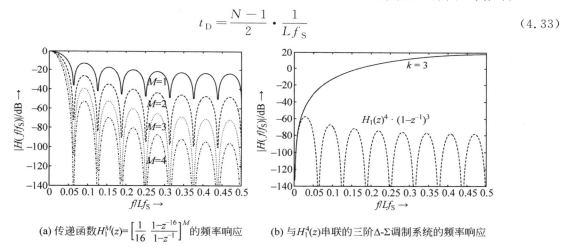

(a) 传递函数 $H_1^M(z)=\left[\dfrac{1}{16}\dfrac{1-z^{-16}}{1-z^{-1}}\right]^M$ 的频率响应　　(b) 与 $H_1^4(z)$ 串联的三阶 Δ-Σ 调制系统的频率响应

图 4.23 传递函数和三阶 Δ-Σ 调制系统的频率响应

举例:计算转换过程的延迟时间(等待时间)。

(1) 奈奎斯特转换

$$f_S = 48\text{kHz}$$
$$t_D = 1/f_S = 20.83\,\mu\text{s}$$

(2) 单级下采样 Δ-Σ 调制

$$L = 64$$
$$f_S = 48\text{kHz}$$
$$N = 4096$$
$$t_D = 665\,\mu\text{s}$$

(3) 两级下采样 Δ-Σ 调制

$$L = 64$$
$$f_S = 48\text{kHz}$$

$$L_1 = 16$$
$$L_2 = 4$$
$$N_1 = 61$$
$$N_2 = 255$$
$$t_{D_1} = 9.76\,\mu s$$
$$t_{D_2} = 662\,\mu s$$

4.2 AD 转换器

为某一应用而选择 AD 转换器会受到许多因素的影响，转换器的性能主要取决于在给定的转换时间内所必需的分辨率。两者相互依赖，并受到 AD 转换器架构的决定性影响。因此，首先讨论 AD 转换器的技术指标，然后讨论影响分辨率和转换时间相互依赖性的电路原理。

4.2.1 技术指标

下面介绍 AD 转换的最重要技术指标。

分辨率：AD 转换器给定字长 w 的分辨率决定了最小幅度

$$x_{\min} = Q = x_{\max} 2^{-(w-1)} \tag{4.34}$$

其等于量化步长 Q。

转换时间：两个样本之间的最小采样间隔 $T_S = 1/f_S$ 称为转换时间。

采样保持电路：在量化之前，借助采样和保持电路，对连续时间信号进行采样，如图 4.24(a) 所示。采样间隔 T_S 被划分为采样时间 t_S 和保持时间 t_H，在采样时间，输出电压 U_2 跟随输入电压 U_1；在保持时间，输出电压 U_2 是恒定的，并通过量化转换为二进制字。

孔径延迟：保持开始和实际进入保持模式之间经过的时间 t_{AD} [见图 4.24(b)] 称为孔径延迟。

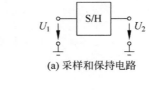

(a) 采样和保持电路

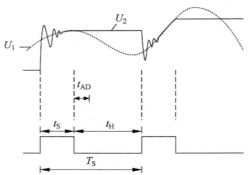

(b) 带时钟信号的输入和输出（t_S=采样时间，t_H=保持时间，t_{AD}=孔径延迟）

图 4.24 采样和保持电路以及带时钟信号的输入和输出

孔径抖动：从样本到样本的孔径延迟的变化称为孔径抖动 t_{ADJ}。孔径抖动的影响限制了采样信号的有用带宽。这是因为在高频下，信噪比会发生恶化。假设孔径抖动具有高斯概率密度函数，由孔径抖动引起的信噪比作为频率 f 的函数，可以写成式（4.35）：

$$\text{SNR}_J = -20\lg(2\pi f t_{ADJ}) \quad \text{dB} \tag{4.35}$$

偏移误差和增益误差：AD 转换器的偏移误差和增益误差如图 4.25 所示。其中实线表示 AD 转换器的实际曲线，虚线表示 AD 转换器的理想曲线，偏移误差就是实际曲线到理想曲线的水平位移，增益误差就是实际曲线与理想曲线梯度的偏差。

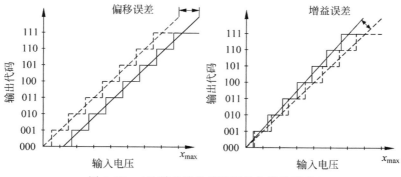

图 4.25　AD 转换器的偏移误差和增益误差

微分非线性：微分非线性定义如下

$$\text{DNL} = \frac{\Delta x / Q}{\Delta x_Q} - 1 \quad \text{LSB} \tag{4.36}$$

它描述了以 LSB（最低有效位）为单位的某个码字的步长误差。对于理想量化，当前输出码到下一个输出码 x_Q 的输入电压增量 Δx 等于量化步长 Q，实际量化时二者不一定相等，如图 4.26 所示。两个连续输出码的差值表示为 Δx_Q，当输出码从 010 变为 011 时，步长为 1.5 LSB，因此微分非线性 DNL $=$ 0.5 LSB；代码 011 和 101 之间的步长为 0 LSB，代码 200 缺失，故微分非线性为 DNL $=-1$LSB。

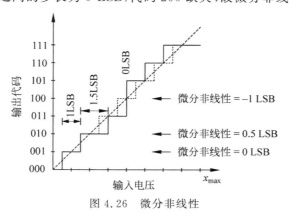

图 4.26　微分非线性

积分非线性：积分非线性（INL）描述量化值与理想连续值之间的误差。该误差以 LSB 为单位表示，是由于步长的累积误差引起的。图 4.27 显示了该误差从一个输出代码到另一个代码的连续变化。

单调性：对于输入电压的连续增加，量化器输出代码也逐渐增加；对于输入电压的连续减少，量化器输出代码也逐渐减少，这种性质被称为单调性。图 4.28 显示了一个非单调性的示例，其中有一个输出代码没有出现。

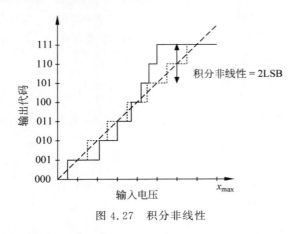

图 4.27　积分非线性

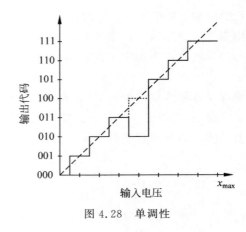

图 4.28　单调性

总谐波失真：输入给定频率的正弦信号（$X_1 = 0\text{dB}$），可计算 AD 转换器全范围内的谐波失真。选择性测量二阶至九阶的谐波用于计算总谐波失真如下：

$$\text{THD} = 20\lg \sqrt{\sum_{n=2}^{9} \left[10^{(-X_n/20)}\right]^2} \quad \text{dB} \tag{4.37}$$

$$= \sqrt{\sum_{n=2}^{9} \left[10^{(-X_n/20)}\right]^2} \cdot 100\% \tag{4.38}$$

式中，X_n 为谐波，单位为 dB。

总谐波失真加噪声（Total Harmonic Distortion Plus Nois，THD＋N）：为了计算谐波失真加噪声，用阻带滤波器对测试信号进行抑制。谐波失真加噪声的测量通过测量剩余的宽带噪声信号来执行，该信号包括积分和微分非线性、缺失码、孔径抖动、模拟噪声和量化误差。

4.2.2　并行转换器

并行转换器：AD 转换的直接方法称为并行转换（需要快速转换器）。在并行转换器中，借助 $2^w - 1$ 个比较器，将采样保持电路的输出电压与参考电压 U_R 进行比较，如图 4.29 所示。采样保持电路通过采样率 f_S 进行控制，以便在保持时间 t_H 内，采样保持电路的输出电压恒定。比较器的输出以采样时钟速率馈入 $2^w - 1$ 位寄存器，再由编码逻辑转换为 w 位数据字，然后以采样时钟速率馈送到输出寄存器。对于 10 位的分辨率，可以达到的采样率在 $1 \sim 500\text{MHz}$。由于比较器数量众多，该技术不适用于高精度情况。

半快速转换器：在半快速 AD 转换器（图 4.30）中，两个 m 位并行转换器用于转换两个不同的数值范围。第一个 m 位 AD 转换器给出一个数字输出字，再将其送入 m 位 DA 转换器转换为模拟电压。从采样保持电路的输出电压中减去该电压，得到的差值电压用第二个 m 位 AD 转换器进行数字化。这样的粗量化和细量化根据随后的逻辑关系组成 w 位的数据字。

分区转换器：分区 AD 转换器就是将直接转换和顺序转换相结合，如图 4.31 所示。与半快速转换器相比，分区转换器只需要一个并行转换器。开关 S_1 和 S_2 取值 0 和 1。采样保持电路的输出电压送入 m 位 AD 转换器，然后差值电压乘以系数 2^m 后也馈送到这个 m 位 AD 转换器。差值电压由采样保持电路的输出电压减去 m 位 DA 转换器的输出电压得到。转换速率在 $100\text{kHz} \sim 40\text{MHz}$，可实现高达 16 位的分辨率。

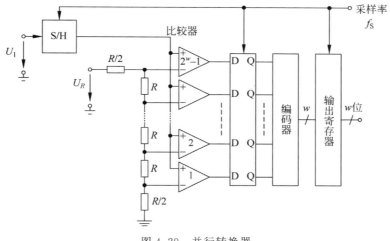

图 4.29　并行转换器

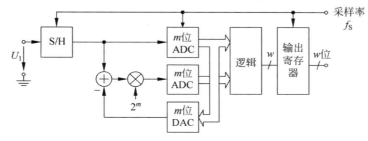

图 4.30　半快速 AD 转换器

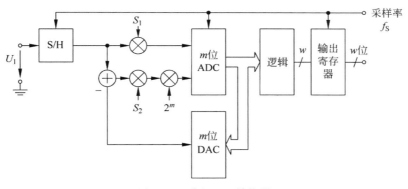

图 4.31　分级 AD 转换器

4.2.3　逐次逼近

逐次逼近的 AD 转换器由图 4.32 所示的功能模块组成。模拟电压在 w 个周期内转换为 w 位字。该转换器由比较器、w 位 DA 转换器和用于控制逐次逼近的逻辑组成。

图 4.33 解释了这个转换过程。首先,检查比较器上的电压是正电压还是负电压。如果为正,输出 $+0.5U_R$ 被馈送到 DA 转换器,以检查比较器的输出电压是大于还是小于 $+0.5U_R$。之后,($+0.5\pm$ 0.25)U_R 的电压被馈送到 DA 比较器,接着评估比较器的输出。此过程执行 w 次,并产生 w 位字。

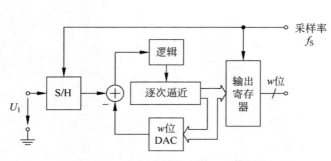

图 4.32 具有逐次逼近的 AD 转换器

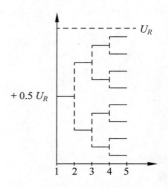

图 4.33 逐次逼近转换过程

对于 12 位的分辨率，采样率可达 1MHz。超过 16 位的更高分辨率在较低采样率下也是可能的。

4.2.4 计数器方法

与前面章节中用于高转换率的转换技术不同，以下技术用于小于 50kHz 的采样率。

正-反向计数器：如图 4.34 所示，一种类似于逐次逼近的技术是正-反向计数器。一个逻辑单元控制带时钟的正-反向计数器，计数器的输出数据字通过 w 位 DA 转换器，得到模拟输出电压。该模拟电压与采样保持电路的输出电压之间的差信号决定了计数的方向。当 DA 转换器的对应输出电压等于采样保持电路的输出电压时，计数器停止。

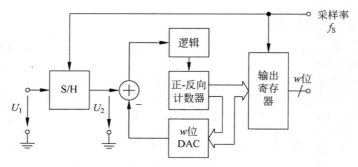

图 4.34 带正-反向计数器的 AD 转换器

单斜率计数器：图 4.35 所示为单斜率 AD 转换器，它将采样保持电路的输出电压与锯齿波发生器的电压进行比较，每个采样间隔启动一次锯齿波发生器。只要输入电压大于锯齿电压，就对时钟脉冲进行计数。计数器值对应于输入电压的数字值。

双斜率转换器：如图 4.36 所示为双斜率 AD 转换器。在第一阶段，开关 S_1 在计数器间隔 t_1 内闭合，采样保持电路的输出电压被馈送到时间常数为 τ 的积分器。在第二阶段，开关 S_2 闭合，开关 S_1 断开，参考电压切换到积分器，达到阈值的时间通过计数器计数的时钟脉冲来确定。图 4.36 显示了三种不同电压 U_2 的情况。时间 t_1 期间的斜率与采样保持电路的输出电压 U_2 成比例，而当参考电压 U_R 连接到积分器时，斜率是常数。通过比率 $U_2/U_R = t_2/t_1$ 可得到数字输出字。

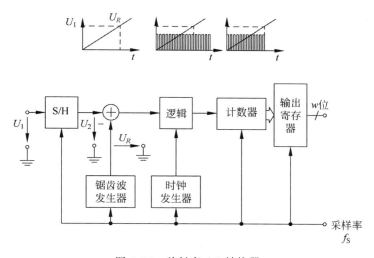

图 4.35 单斜率 AD 转换器

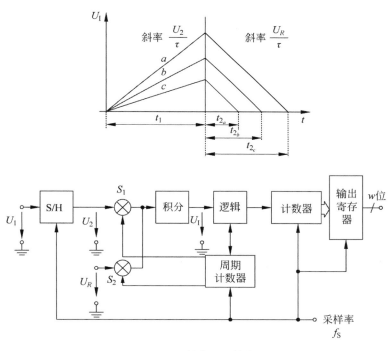

图 4.36 双斜率 AD 转换器

4.2.5 Δ-Σ AD 转换器

如图 4.37 所示为 Δ-Σ AD 转换器,由于其高转换率而不需要采样和保持电路。模拟带限低通滤波器和用于下采样到采样率 f_S 的数字低通滤波器通常在同一电路上。图 4.37 中的线性相位非递归数字低通滤波器具有 1 位的输入信号和一个 w 位的输出信号,滤波器的 N 个系数 $h_0, h_1, \cdots, h_{N-1}$ 用 w 位的字长实现。滤波器的输出信号由滤波器系数之和求得,这些滤波器系数用 0 或 1 表示。通过从滤波器每隔 $L-1$ 样本取第 L 个样本并写入输出寄存器来进行因子 L 的下采样。为了降低运算量,滤波和下采样可以仅对每次的第 L 个输入样本进行。

Δ-Σ AD 转换器可满足 100kHz 采样率和 24 位分辨率的应用要求。

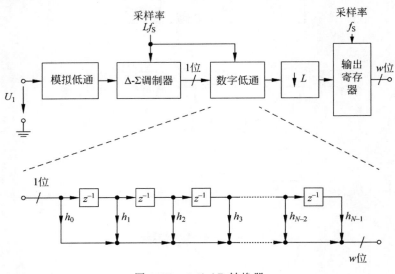

图 4.37　Δ-Σ AD 转换器

4.3　DA 转换器

DA 转换器的电路原理主要基于输入代码的直接转换技术。因此,可实现的采样率相应较高。

4.3.1　技术指标

分辨率、总谐波失真(THD)和总谐波失真加噪声(THD+N)的定义对应于 AD 转换器的定义,下面将讨论其他的技术指标。

建立时间:传输二进制字和在特定误差范围内出现模拟输出值之间的时间间隔称为建立时间 t_{SE},它决定了最大转换频率 $f_{S_{max}} = 1/t_{SE}$。在这段时间内,连续幅值之间可能出现毛刺,如图 4.38 所示。在采样和保持电路的帮助下,DA 转换器的输出电压在建立时间后被采样和保持。

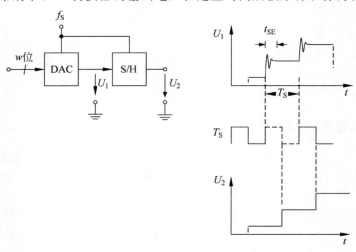

图 4.38　建立时间和采样保持功能

偏移和增益误差：DA 转换器的偏移和增益误差如图 4.39 所示。

微分非线性：DA 转换器的微分非线性描述了 LSB 码字的步长误差。对于理想量化,当前输出电压到对应于下一个码字的输出电压的增量 Δx 等于量化步长 Q(见图 4.40),两个连续输入代码的差值称为 Δx_Q,则微分非线性定义为

$$DNL = \frac{\Delta x/Q}{\Delta x_Q} - 1 \quad LSB \tag{4.39}$$

微分非线性如图 4.40 所示。从 001 到 010 的代码步长为 1.5 LSB,因此微分非线性 DNL=0.5 LSB。代码 010 和 100 之间的步长为 0.75 LSB,则 DNL=−0.25。代码从 011 到 100 的步长为 0 LSB, DNL=−1 LSB。

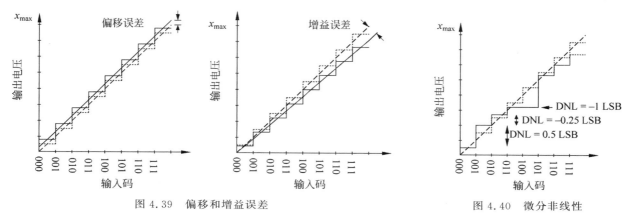

图 4.39　偏移和增益误差　　　　　　　　图 4.40　微分非线性

积分非线性：积分非线性描述了实际 DA 转换器的输出电压与理想直线的最大偏差,见图 4.41。

单调性：输出电压随着输入码的增加而不断增加,而输出电压随输入码的降低而不断降低,这称为单调性。如图 4.42 所示,虚线阶梯波具有单调性,由于在输入码 100 和 101 间的输出电压较之前电压下降了,因此实线阶梯波不具有单调性。

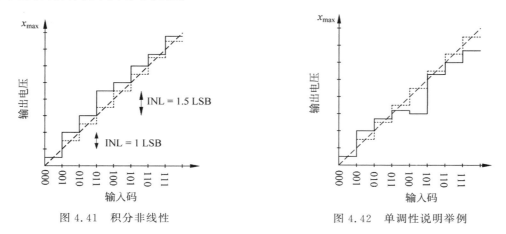

图 4.41　积分非线性　　　　　　　　图 4.42　单调性说明举例

4.3.2　开关电压源和电流源

开关电压源：如图 4.43(a)所示,使用开关电压源进行 DA 转换时,参考电压连接到电阻网络。电

阻网络由 2^w 个阻值相同的电阻组成，并分段切换到二进制控制解码器，以便在输出端出现与输入代码相对应的电压 U_2。图 4.43(b)显示了 3 位输入代码 101 的解码器。

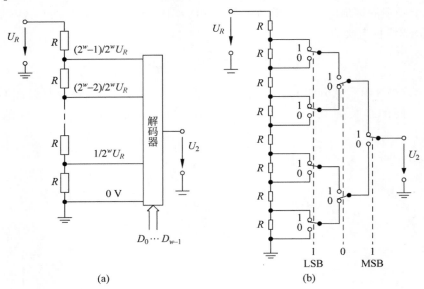

图 4.43　开关电压源

开关电流源：带有 2^w 个开关电流源的 DA 转换如图 4.44 所示，解码器将相应数量的电流源切换到电流-电压转换器上。这种技术的优点是保证了理想开关的单调性，且只有轻微的电阻偏差。开关电流源中的大量电阻器或大量开关电流源会导致长字长的问题。这些技术与其他方法结合使用，可用于更高有效位的 DA 转换中。

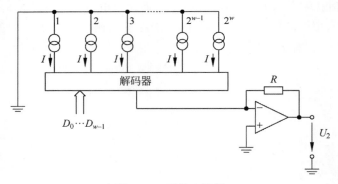

图 4.44　开关电流源

4.3.3　加权电阻器和电容器

可通过加权电阻和加权电容的方法减少相同电阻器或电流源的数量。

加权电阻器：如图 4.45 所示，具有 w 个开关电流源的 DA 转换器可根据式(4.40)进行加权。

$$I_1 = 2I_2 = 4I_3 = \cdots = 2^{w-1}I_w \tag{4.40}$$

输出电压为

$$U_2 = -R \cdot I = -R \cdot (b_1 I_1 2^0 + b_2 I_2 2^1 + b_3 I_3 2^2 + \cdots + b_w I_w 2^{w-1}) \tag{4.41}$$

其中,b_n 取值 0 或 1。带有加权电阻的开关电流源 DA 转换的实现,如图 4.46 所示,其输出电压为

$$U_2 = R \cdot I = R\left(\frac{b_1}{2R} + \frac{b_2}{4R} + \frac{b_4}{8R} + \cdots + \frac{b_w}{2^w R}\right)U_R \tag{4.42}$$

$$= (b_1 2^{-1} + b_2 2^{-2} + b_3 2^{-3} + \cdots + b_w 2^{-w})U_R \tag{4.43}$$

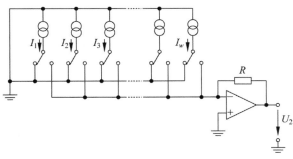

图 4.45 加权电流源

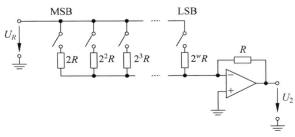

图 4.46 加权电阻器的 DA 转换

加权电容器:带有加权电容器的 DA 转换器如图 4.47 所示。在第一阶段(图 4.47 中的开关位置 1),所有电容器放电;在第二阶段,属于 $b_i = 1$ 的所有电容器连接到参考电压,属于 $b_i = 0$ 的电容器接地。连接到参考电压的电容器 C_a 上的电荷可以设置为等于所有电容器 C_g 上的总电荷,由此可得

$$U_R C_a = U_R\left(b_1 C + \frac{b_2 C}{2} + \frac{b_3 C}{2^2} + \cdots + \frac{b_w C}{2^{w-1}}\right) = C_g U_2 = 2CU_2 \tag{4.44}$$

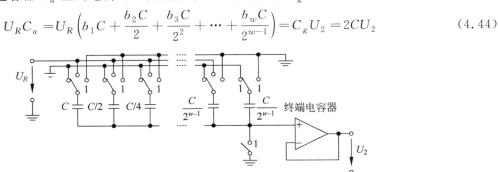

图 4.47 加权电容器的 DA 转换

因此,输出电压为

$$U_2 = (b_1 2^{-1} + b_2 2^{-2} + b_3 2^{-3} + \cdots + b_w 2^{-w})U_R \tag{4.45}$$

4.3.4 R-$2R$ 电阻网络

如图 4.48 所示,带有开关电流源的 DA 转换也可以使用 R-$2R$ 电阻器网络来实现。与使用加权电

阻器的方法相比，最小电阻器与最大电阻器的比率降低到 2∶1。

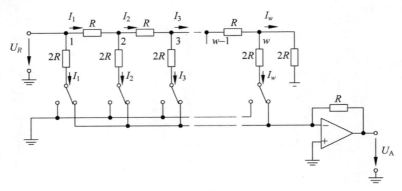

图 4.48　带有 $R\text{-}2R$ 电阻网络的开关电流源

电流的加权是通过每个节点中的电流分配来实现的。从每个节点向右看，所得电阻 $R+2R\|2R=2R$，其等于从节点向下的垂直方向上的电阻。来自节点 1 的电流遵循 $I_1=\dfrac{U_R}{2R}$，而对于来自节点 2 的电流，有 $I_2=\dfrac{I_1}{2}$。因此 w 个电流的二进制加权由式（4.46）给出。

$$I_1=2I_2=4I_3=\cdots=2^{w-1}I_w \tag{4.46}$$

输出电压 U_2 可以写成

$$U_2=-RI=-R\left(\frac{b_1}{2R}+\frac{b_2}{4R}+\frac{b_3}{8R}+\cdots+\frac{b_w}{2^wR}\right)U_R \tag{4.47}$$

$$=-U_R(b_1 2^{-1}+b_2 2^{-2}+b_3 2^{-3}+\cdots+b_w 2^{-w}) \tag{4.48}$$

4.3.5　Δ-Σ DA 转换器

Δ-Σ DA 转换器如图 4.49 所示。该转换器由采样率为 f_S 的输入寄存器提供 w 位数据字。随后通过上采样和数字低通滤波器将采样率转换为 Lf_S。Δ-Σ 调制器将 w 位输入信号转换为 1 位输出信号，

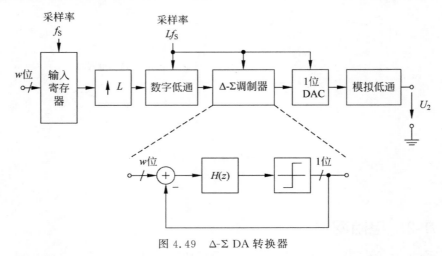

图 4.49　Δ-Σ DA 转换器

这个 Δ-Σ 调制器对应于 4.1.3 节中的模型。随后,执行 1-位信号的 DA 转换,然后通过模拟低通滤波器重建时间连续信号。

4.4 JS 小程序——过采样和量化

图 4.50 所示的小程序演示了过采样对量化误差功率谱密度的影响。对于给定的量化字长,可以通过改变过采样因子来降低噪声电平。此小程序的图形界面显示了几个量化和过采样值,可用于噪声电平降低的实验。附加的快速傅里叶变换频谱表示提供了音频效果的可视化。

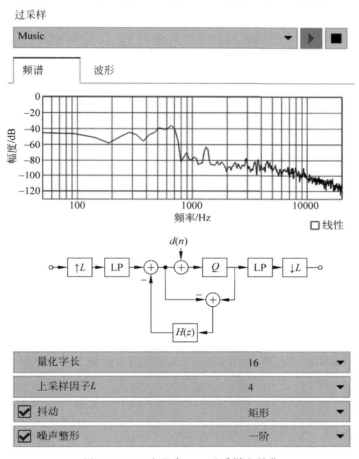

图 4.50　JS 小程序——过采样和量化

可以在图形用户界面的右下角选择以下功能。

1）量化器

字长 w 导致量化步长 $Q = 2^{-(w-1)}$。

2）抖动

矩形抖动——均匀概率密度函数。

三角抖动——三角概率密度函数。

高通抖动——三角概率密度函数和高通功率谱密度。

3）噪声整形

一阶 $H(z)=z^{-1}$。

4）过采样因子

根据机器的中央处理单元性能，可以测试 4～64 的系数。

可以选择来自网络服务器的两个预定义音频文件（audio1. wav 或 audio2. wav）或自己的本地 wav 文件进行处理。

4.5 习题

过采样

1. 如何定义信号 $x(n)$ 的功率谱密度（PSD）$S_{XX}(e^{j\Omega})$？

2. 信号功率 σ_X^2（方差）和功率谱密度 $S_{XX}(e^{j\Omega})$ 之间的关系是什么？

3. 为什么需要对时域信号进行过采样？

4. 为什么过采样脉冲编码调制（PCM）AD 转换器在基带中的量化噪声功率低于奈奎斯特速率采样 PCM AD 转换器？

5. 如何在时域中通过因子 L 执行过采样？

6. 说明过采样操作的频域解释。

7. 模拟抗混叠滤波器的通带和阻带频率是什么？

8. 下采样前数字抗混叠滤波器的通带和阻带频率是什么？

9. 在时域和频域如何执行下采样操作？

Δ-Σ 转换

1. 为什么可以在过采样 AD 转换器中应用噪声整形？

2. Δ-Σ 转换器（DSC）如何在基带中具有比过采样 PCM AD 转换器更低的量化误差功率？

3. 功率谱密度和方差变化如何与 DSC 的阶数相关？

4. 如何在过采样 Δ-Σ AD 转换器中实现噪声整形？

5. 显示 Δ-Σ 调制器的噪声整形效果（用 MATLAB 绘图），以及如何实现纯过采样和 Δ-Σ 调制的信噪比改善。

6. 使用前面的 MATLAB 绘图，说明信噪比 SNR＝100dB 的 1 位 Δ-Σ 转换器需要的阶数和过采样因子 L。

7. Δ-Σ AD 转换器与 Δ-Σ DA 转换器中的 Δ-Σ 调制器的区别是什么？

8. 如何从过采样的 1 位信号中以奈奎斯特采样频率实现 w 位信号表示？

9. 为什么需要对 Δ-Σ DA 转换器的 w 位信号进行过采样？

第 5 章

CHAPTER 5

音频处理系统

在过去的几十年里,数字音频处理的技术、系统和设备已经发生了重大的改变。发展到现在,基于软件的系统几乎将硬件系统推离出了音频处理链的过程。现在大多数处理过程可以在通用计算机或平板电脑上完成,而各种麦克风、扬声器与计算机的接口仍然需要专用的硬件解决方案。近来,数字信号处理技术改进了麦克风和扬声器,使得低功率的设备可以通过专用硬件,例如数字信号处理器(DSP)、可编程门阵列(FPGA)来实现。而大型调音台仍然受益于使用 FPGA 进行接口和内部多信号处理内核的硬件集成方法。音频网络将向着更高集成度和更小体积硬件设备方向发展。

具有扩展接口的新型 DSP 在计算机庞大且繁多的不同应用领域中得到应用。它们为模数转换器(ADC)/数模转换器(DAC)、局域网(LAN)和无线局域网(WLAN)提供了多种接口,使其更方便用于具有低功耗和低延迟的音频设计。数字信号处理器设备及应用如表 5.1 所示。基于不同操作系统的计算机技术的进步,出现了新的基于软件的音频系统。利用中央处理单元(CPU)和图形处理单元(GPU)的音频处理显著地加速实现了音频计算和录制。从手机到平板电脑到通用计算机都需要使用专门的音频处理任务单元,当然,软件程序员的熟练技能仍然是很重要的。

表 5.1　DSP(AD/TI/NXP/STM/Cadence/Xilinx)设备及应用

LAN/WLAN 片上系统	浮点 DSP	定点 DSP	现场可编程门阵列
树莓派	PC/CPU/GPU	Sigmastudio	Xilinx
流媒体	DAWs	耳机	麦克风
网络	音响合成器	扬声器	混音台
无线扬声器	录音	合成器效果	
系统	混频		
	母版制作		
块延迟	块延迟	1~2 样本	0 样本

5.1　数字信号处理器

5.1.1　定点 DSP

AD 转换器的离散时间和离散幅度输出通常以 2 的补码格式表示,这些数字序列的处理是通过定点或浮点运算进行的。处理后信号的输出再次采用 2 的补码格式,并馈送到 DA 转换器。有符号小数表示(2 的补码)是定点数表示算法的常用方法。为了处理生成和模运算,要使用无符号整数。图 5.1 给出了一个典型的定点 DSP 的示意图。主要构建模块是程序控制器、带有乘法累加器(MAC)的算术逻辑单元（ALU）、程序和数据存储器以及与外部存储器和外围设备的接口。所有模块通过内部总线系统相互连接，内部总线系统具有独立的指令和数据总线。数据总线本身可以由多个并行总线组成，例如，可以将乘法指令的两个操作数并行传输到 MAC。内部存储器由指令、数据随机存取存储器（RAM）和附加的只读存储器（ROM）组成。该内部存储器允许快速执行内部指令和数据传输。为了增加存储空间，地址/控制和数据总线连接到外部存储器，如可擦除可编程（EP）ROM、ROM 和 RAM。外部总线系统与内部总线体系结构的连接对外部指令的高效执行以及对外部数据的处理有很大的影响。为了连接串行操作的 AD/DA 转换器，多个 DSP 都提供了具有高传输速率的特殊串行接口。此外，一些处理器支持直接连接到 RS232 接口。微处理器的控制可以通过 8 位字长的主机接口来实现。

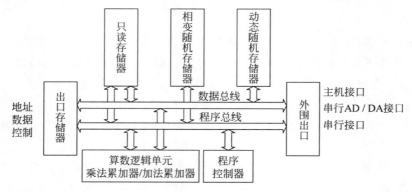

图 5.1 定点 DSP 原理图

定点 DSP 在字长和周期时间方面的介绍可以从相应制造商的网站上得到。如果量化影响了所应用算法的稳定性和数值精度，算法的精度基本上可以提高一倍。通过与组合乘法和累加命令的处理时间（以处理器周期为单位）相关的周期时间可以了解特定处理器类型的计算能力。周期时间直接由最大时钟频率产生。指令处理时间主要取决于内部指令和数据结构，以及处理器的外部存储器连接。在复杂算法和海量数据处理中，对外部指令和数据存储器的快速访问具有特殊的意义。串行数据连接与 AD/DA 转换器的连接通过特殊的主机接口进行控制，因此可以避免复杂的接口电路。对于独立的解决方案，也可以从简单的外部 EPROM 加载程序。

信号处理算法需要以下软件命令。

（1）MAC（乘法和累加）——组合乘法和加法命令。

（2）将两个用于乘法的操作数同时传送到 MAC（并行移动）。

（3）位反寻址［用于快速傅里叶变换（FFT）］。

（4）模寻址（用于加窗和过滤）。

不同的信号处理器实现 FFT 有不同的处理时间，具有改进架构的最新信号处理器具有更短的处理时间。对于不同的处理器，组合乘法和累加命令（应用如加窗、滤波）的指令周期大致相等，但必须考虑外部操作数的处理周期。

5.1.2 浮点 DSP

典型浮点 DSP 的框图如图 5.2 所示，不同架构的主要特点是双端口原理（德州仪器）和外部哈佛架构（模拟设备）。浮点 DSP 内部有多个总线系统来加速数据传输到处理单元，片上直接存储器（DMA）访问控制器和缓存存储器支持更高的数据传输速率。

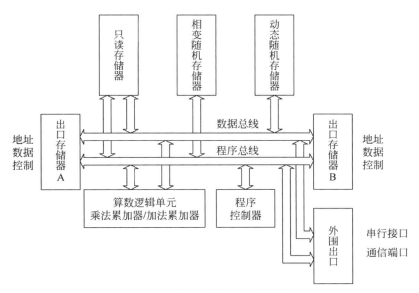

图 5.2　典型浮点 DSP 的框图

5.2　数字音频接口

为传输数字音频信号,AES(音频工程学会)和 EBU(欧洲广播联盟)已经建立了两个传输标准。这些标准用于双通道传输和多达 64 个音频的多通道传输,称为多通道音频数字接口(MADI)。

5.2.1　双通道 AES/EBU 接口

双通道 AES/EBU(也称 AES3)接口定义了专业和消费者模式。两种模式的外框是相同的,如图 5.3 所示。对于一个采样周期,定义一帧,它由两个子帧组成,分别用于前导码为 X 的通道 1 和前导码为 Y 的通道 2。总共 192 帧形成一个块。块开始的特征是一个特殊的前序 Z。子帧的位分配由 32 位组成,如图 5.4 所示,前导码由 4 位(0~3 位)和多达 24 位(4~27 位)的音频数据组成,子帧的最后四位表示有效性(数据字或错误的标志,V)、用户状态(可用位,U)、信道状态(192bits/块=24 字节编码的信道状态信息,C)和奇偶校验(偶数奇偶校验,P)。串行数据位的传输是用双相位标记码进行的。这是通过时钟(双比特率)和串行数据位之间的异或关系来完成的(见图 5.5)。在接收端,通过检测前导码(X=11100010,Y=11100100,Z=11101000)是否违反编码规则实现时钟检索(图 5.6)。信道状态信息的

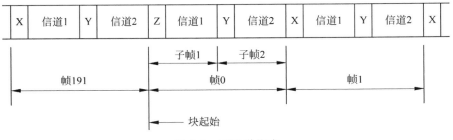

图 5.3　双通道格式

24字节的含义总结在表5.2中。该信道状态信息的前三个重要字节的精确位分配如图5.7所示。在字节0的各个字段中，除了专业/消费者模式和数据/音频特性，还指定了预加重和采样率（参见表5.3和表5.4）。字节1确定信道模式（表5.5）。消费者格式（通常被标记为 SPDIF，索尼/飞利浦数字接口格式）在信道状态信息的定义和输入/输出的技术规格方面不同于专业格式。信道信息前四位的位分配如图5.8所示。对于消费级应用，使用带有 RCA 连接器的同轴电缆或带有 TOSLINK 连接器的光纤电缆。对于专业用途，使用带 XLR 连接器和对称输入/输出（专业格式）的屏蔽两线引线。专业接口电气规范如表5.6所示。

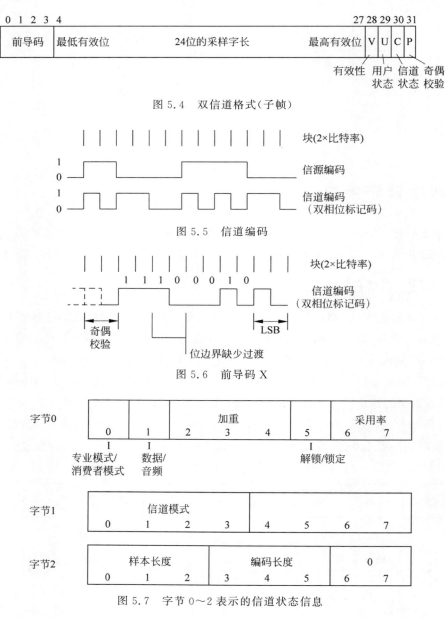

图 5.4　双信道格式（子帧）

图 5.5　信道编码

图 5.6　前导码 X

图 5.7　字节 0～2 表示的信道状态信息

表 5.2　信道状态字节

字　节	说　明	字　节	说　明
0	加重,采样率	6~9	4 字节 ASCII 源
1	信道选用	10~13	4 字节的 ASCII 目的地
2	样本长度	14~17	4 字节的本地地址
3	字节 1 的向量	18~21	时间码
4	参考位	22	标志
5	保留	23	循环冗余校验码

表 5.3　加重

字　节	说　明	字　节	说　明
0	无指示,启用覆盖	6	50/15 μs 加重
4	无指示,覆盖禁用	7	CCITT J.17 加重

表 5.4　采用率

字　节	说　明	字　节	说　明
0	无指示(默认 48kHz)	2	44.1kHz
1	48kHz	3	32kHz

表 5.5　信道模式

字　节	说　明	字　节	说　明
0	无指示(默认 2 通道)	3	初级/中级(A=初级,B=中级)
1	双通道	4	立体声(A=左,B=右)
2	单声道	7	指向字节 3 的向量

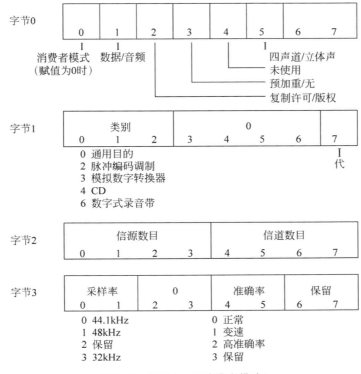

图 5.8　字节 0~3(消费者模式)

表 5.6　电气专业接口规范

输出阻抗	信号幅度	抖　动
110Ω	2～7V	最大 20ns
输入阻抗	信号幅度	连　接
110Ω	最小 200mV	平衡

5.2.2　多通道音频数字接口（MADI）

为了连接不同位置的音频处理系统，可使用多通道音频数字接口（MADI），如图 5.9 所示。模拟/数字 I/O 系统由 AD/DA 转换器、AES/EBU 接口（AES）和抽样速率转换器（SRC）组成，通过双向 MADI 链路连接到数字分发系统。实际的音频信号处理是在特殊的 DSP 系统中进行的，这些系统通过 MADI 链路连接到数字分发系统。MADI 格式被标准化为 AES10，由双通道 AES/EBU 格式派生，允许在一个采样周期内传输 64 个数字单声道（见图 5.10）。MADI 帧由 64 个 AES/EBU 子帧组成。每个通道都有一个包含图 5.10 所示信息的前导信号。位 0 负责标识第一个 MADI 通道（MADI 信道 0）。表 5.7 显示了采样率和相应的数据传输率。当采样率为 48kHz 时，要求最大数据速率为 98.304Mb/s。通过 75Ω 同轴电缆 BNC 连接器（50m，信号振幅 0.3～0.6V）或 SC 连接器光纤线（长达 2km）传输。

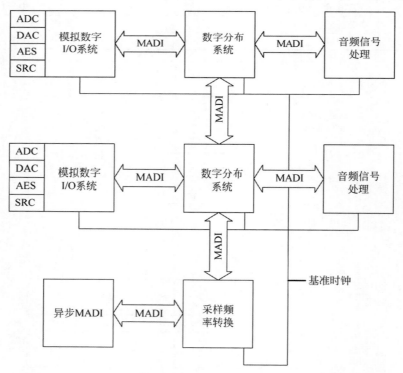

图 5.9　多通道音频数字接口（MADI）的系统连接

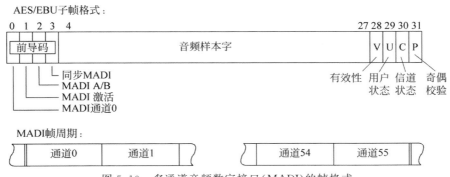

图 5.10 多通道音频数字接口(MADI)的帧格式

表 5.7 MADI 规格

采样率	32~48kHz±12.5%	数据传输率	100Mb/s
传输速率	125Mb/s	最大数据传输速率	98.304Mbit/s(64 channels at 48kHz)

5.2.3 HDMI 中的音频

高清多媒体接口(HDMI)是一种专有的音频/视频接口标准。数字音频数据与视频和辅助数据一起发送到 TMDS(最小化差分信号)数据通道,如图 5.11 所示。图 5.12 显示了通道的物理引脚,可以看到每个 TMDS 通道分别被屏蔽,并作为差分信号在双绞线上传输。音频数据可以包含任意压缩的、非压缩的、脉冲编码调制(PCM),可以为单通道或多通道格式,最多 8 通道(自 HDMI 2.0 以来,达到 32 通道),并在数据岛周期内封装的视频消隐间隔期间传输。为了确保发送端只发送音频或视频数据,接收端有能力接收,在连接建立过程中,显示数据通道(DDC)中有一个基于 I^2C 的信息交换。其标准称为扩展显示识别数据(EDID),由视频电子标准协会(VESA)发布。它包含制造商 ID 和型号名称以及支持的视频格式的信息,如分辨率、纵横比、位深度和刷新率。EDID 的音频描述符包含音频格式、通道数量、采样率和位深度等信息。

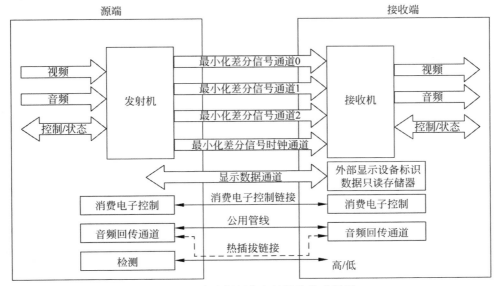

图 5.11 高清视频信息的标准格式框图

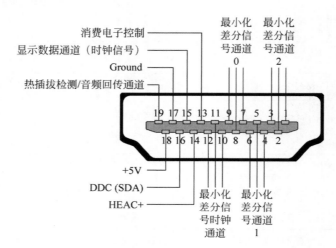

图 5.12　HDMI 1.4 中 HDMI 引脚排列

　　除了从发射机到接收机的音频传输，HDMI 还指定了从接收机到发射机的音频传输，称为音频返回通道（ARC），这是 HDMI 1.4a 的一个功能，也是自 HDMI 2.1 以来的一个更新版本，称为 eARC（增强ARC）。例如，电视是信号的来源，把一个 AV 接收器连接到电视作为显示输出，那么接收电视节目时，电视节目的音频可以通过同一 HDMI 线发送回 AV 接收器。音频回传通道（ARC）和 HDMI 以太网音频返回通道（HEAC）通过以太网连接传输，HEAC 是 HDMI 一个单独的电缆。HEAC 与 HPD（热插拔检测）共用引脚，如图 5.12 所示。图 5.11 中消费电子控制（CEC），它是一种双向连接，可以仅通过遥控器来控制所有连接的 HDMI 设备。

　　目前，通过 HDMI 传输的最大数据速率是 HDMI 2.1 标准 2 定义的 42.6Gbit/s。

5.2.4　计算机音频接口

　　有几种计算机音频接口，最常见的是：通用串行总线（USB）（音频数据格式设备类定义）、雷电、蓝牙音频。

　　特别地，USB 和 Thunderbolt 允许更高的数据速率，数据速率见表 5.8，因此输入和输出信号就需要更多的音频通道数。对比来看，一个普通抽样速率为 48kHz @24 位量化比特对应 1.152Mb/s 比特率。而专业的音频录音在 192kHz@24 位的设置参数下，在纯数据的情况下也只需要 4.608Mb/s。音频数据将以 PCM 值的形式被无压缩的、分成块后进行传输。

表 5.8　USB 和 Thunderbolt 的数据速率

类　　型	比　特　率	类　　型	比　特　率
USB 2.0	480Mbit/s	Thunderbolt 1.0	10Gbit/s
USB 3.0	5Gbit/s	Thunderbolt 2.0	20Gbit/s
USB 3.1	10Gbit/s	Thunderbolt 3.0	40Gbit/s

　　蓝牙所提供的无线通信在消费市场被广泛应用，而 USB 和 Thunderbolt 在专业设备方面则处于领先地位。两者在外部音频设备和计算机之间都通过特定的接口电缆提供短距离的连接。对于更远的距离，网络接口将成为主要解决方案。

　　在软件方面，需要一个设备驱动程序，它创建一个软件接口，并使操作系统（OS）和其他程序可以访问硬件。对于音频设备,通常该驱动程序与 OS 音频引擎进行对话。然后,音频引擎为应用程序提供标准的 API。表 5.9 中列出了最常见的几种 API。

表 5.9 最常见的几种 API

操 作 系 统	音 频 引 擎
Linux	ALSA（高级 Linux 声音架构）
	OSS(开放声音系统)(过时)
Windows	ASIO（音频流输入/输出）
	WASAPI（Windows 音频会话 API）连接到 WDM（Windows 音频驱动程序）
macOS and iOS	核心音频

5.2.5 音频网络接口

音频网络接口的主要应用可以分为两种。第一种描述基于网络的音频协议,这些协议主要用于局域网中具有专用硬件接口的音频传输。它们通常用于现场活动或录音场景,并且越来越多地取代模拟音频传输。由于低延迟在这种情况下是非常重要的,局域网上的数据速率又不小,因此音频大多以 PCM 值和未压缩的包形式发送。第二种描述更多基于互联网的音频协议,这些协议通常只基于软件,用于通信。它是互联网语音协议(VoIP)的通用术语,通常会与会议软件中的视频结合使用。然而,几乎所有的现场音频传输,如音乐流媒体或在线广播,都是以类似的方式完成的。由于互联网带宽非常昂贵,通常音频会通过编码算法进行压缩。

1. 基于网络的音频

有大量的基于网络的音频协议彼此不兼容。有些是开放标准,有些是专有标准,但它们都共享相同的物理连接——以太网电缆。这些电缆大多由铜制成,但光纤连接也是可能的。协议之间的根本区别在于它们所使用的网络层。这也定义了网络的拓扑结构、与现有以太网的互操作性,并可能影响可靠性和延迟。协议分为第 1 层、第 2 层和第 3 层协议。该分类基于 ISO OSI 模型。

1) 第 1 层网络协议

该协议只使用以太网电缆的物理连接,定义电缆引脚分配,而不使用以太网帧结构。因此,只使用支持该协议的特殊硬件之间的点对点连接(第一层网络协议使用硬件之间的点对点连接,但是这个硬件必须是支持该协议的特殊硬件)。这意味着每个连接都需要额外的导线。因为有一个专用网络,所以可以在保证延迟的情况下创建一个可靠的连接。以 AES50 为例,图 5.13 给出了现场演出录制的典型网络,它主要由 the Music Tribe（Midas、Klark Teknik、Behringer）使用。

AES50 使用高达 100m(100Mbit/s)的 CAT5 铜缆,有 48 个输入/48 个输出通道@48kHz/24 位,24 输入/24 输出通道通道@96kHz/24 位,5Mbit/s 辅助数据连接,用于 ADC 的远程增益控制,延迟＜100μs,使用 AES/EBU 流(增强 AES10/MADI),用于音频和同步连接的单独信号对。

2) 第 2 层网络协议

音频数据被封装在以太网包中,然后可以在以太网网上传输。然而,由于这些包低于互联网协议(IP)级别,因此需要特殊的以太网集线器和交换机来同时处理音频协议和 IP 数据包。以基于第 2 层的最重要的协议 AVB 为例,图 5.14 给出了直播录制的典型网络。

(1)关键方面:定时和同步、流预留协议,可靠性和延迟有保障。

(2)需要特殊硬件来创建网络(AVB 兼容交换机)。

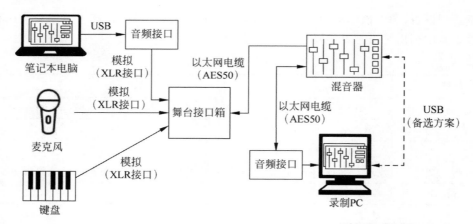

图 5.13 第 1 层网络（AES50 在这种实际场景中取代了传统的多芯线）

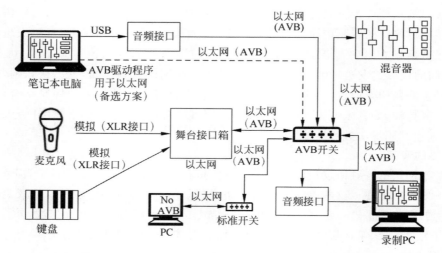

图 5.14 第 2 层网络（PC 无法接收 AVB 流，因为它是通过不支持 AVB 的
标准路由器连接的）

（3）如果硬件支持，则可以与同一链路上的 IP 连接共存。

（4）支持高达 196kHz/32 位的音频。

（5）多个信道封装在 AVB 流中。一个流最多可包含 64 个频道。对于两个设备之间的多个流，通道数仅受到硬件限制和链路带宽的限制。

（6）典型接口：128 个输入/128 个输出通道@48kHz/24 位（利用率 14%，1000M 以太网）。

（7）100Mb/s、1Gb/s 或光纤连接。

（8）通过精确时间协议（PTP）实现纳秒精度的同步。

（9）网络中，包含一个必须配置的主时钟，其他设备为从时钟。

（10）网络包含扬声器、监听器和 AVB 功能的交换机。

（11）用于在整个网络路径中预留带宽的多流预留协议（MSRP）。

（12）带宽在传输和分块之前就被保留，因此带宽得到保证。

（13）默认情况下，延迟限制为 2ms，相当于网络中的 7 跳。如果数据包较早到达接收器，则播放将被延迟。优点是延迟是恒定的。

(14) AVB 在 IEEE 802.1(开放标准,无许可费)中定义。

(15) 远程增益控制可以通过 IP 链路完成,但标准中没有定义,因此供应商之间可能不兼容。

3) 第 3 层网络协议

与其他协议标准不同,第三层协议使用标准和低价的硬件,可以很容易地集成到现有的局域网中。需要注意的是,该协议依赖于只提供尽力交付的 IP 协议,在设计上是不可靠的。为了弥补这一点,需要添加更大的缓冲区,这将导致更高的延迟,如果网络因其他协议而过载,可能会丢失一些包,这将导致音频故障。然而,延迟仍然很小,足以在实时应用程序中使用。图 5.15 显示了这样一个带有 PC 记录站的实时应用程序。下面给出第三层协议的三种不同示例。

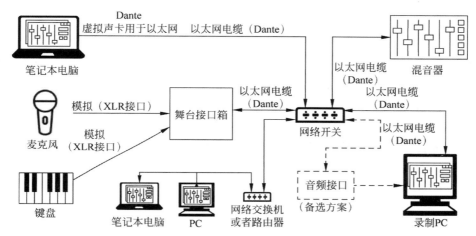

图 5.15 第 3 层网络(网络中的所有设备都可以连接到任何 Dante 设备,而不依赖于使用的网络硬件)

(1) Dante。

① 使用 UDP(用户数据报协议)数据包。

② 支持高达 196kHz/32 位的音频。

③ 使用 Dante Controller 软件可以轻松设置。

④ PTP 用于时钟同步。

⑤ 可以进行单播和多播连接。

⑥ 能够发送和接收 AES67 流的特定 Dante 设备。

(2) Ravenna。

① 基于 RTP(实时传输协议)。

② 使用 16 位或 24 位(L16/L24)的线性 PCM。

③ 使用 PTP 进行同步。

④ 使用 DiffServ。

⑤ Ravenna 与 AES67 兼容。

(3) AES67。

① 设计用于创建各种 3 层网络协议之间的互操作性,如 RAVENNA、Dante 等。

② 支持 44.1kHz、48kHz 和 96kHz 的采样率。

③ 使用 16 位或 24 位(L16/L24)线性 PCM。

在介绍了各种类型的网络音频协议之后，必须指出的是，所有这些协议都只指定了音频的传递。ADC/DAC 增益控制等控制消息不是标准协议的一部分。为了控制设备，最常用的是专有应用程序或软件。它们很可能是基于 TCP/IP 的，并且在不同供应商之间不兼容。当然还有其他标准来实现互操作性，如 OSC、MIDI 或 OCA（开放控制体系结构/AES70），但通常它们需要某种配置来通过软件控制内部的一切，并且通常不提供完整的功能集。

2. 基于互联网的音频

在本地网络中，数据通常以未压缩的 PCM 发送，而在互联网通信中，大多数音频数据都需要经过编码。编码和解码降低了每个流所需的数据速率，但需要花费时间（<40ms），且计算成本很高。在本地网络上，数据速率通常不是限制因素，因此并不通过降低数据速率来减少延迟。在互联网上的音频传输，低的数据速率是有益的，延迟不是那么关键。有专门设计用于使用 VoIP 和电信软件传输的特殊编解码器。

有很多 VoIP 和电信软件可以使用。基于计算机的 IP 音频的基本结构如图 5.16 所示，图 5.16 显示了从模拟音频源（如麦克风）到扬声器的单向传输示例。经过 ADC 转换器，音频由操作系统音频引擎处理后发送到 VoIP 应用程序。在应用中，根据使用情况，可以执行许多音频处理，例如噪声消除，并且可以应用诸如 EQ 或噪声门之类的滤波器。之后，音频被分组、编码，然后通过网络发送。在接收器应用程序中，编码后的包被排序和解码，然后返回到操作系统音频引擎，并在连接到 DAC 的扬声器上播放。

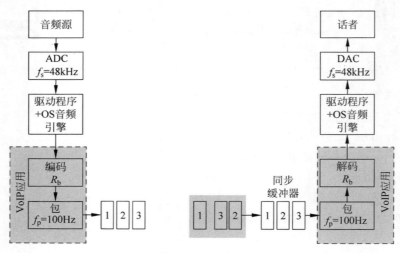

图 5.16　IP 音频

5.3　双通道系统

大多数双通道立体声处理系统可以通过一个 DSP 实现，该 DSP 通过串行接口连接到 ADC 和 DAC，以及一些用于参数调整的控制逻辑单元，如图 5.17 所示。对于更复杂的功能（如 USB、HDMI、LAN、WLAN），则由片上系统（SoC）设备提供 DSP 计算和扩展通信接口。

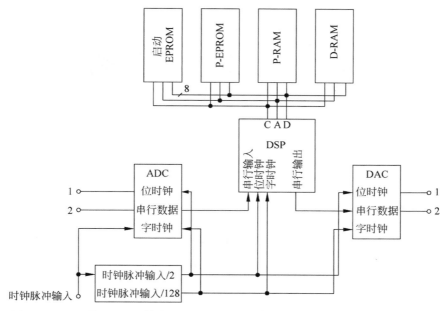

图 5.17 双通道 AD/DA 转换器的双通道 DSP 系统(C=控制,A=地址,D=数据)

5.4 多通道系统

多通道系统可以使用多核 CPU、GPU 和 FPGA(现场可编程门阵列)对多个音频通道进行并行 DSP 处理。一个具有 N 个输入和 K 个输出通道的混合控制台如图 5.18 所示,可以通过单个 FPGA 和适应于 ADC/DAC/AES-BU/MADI 设备的音频接口以及 XGbit/s USB 或以太网等标准计算机接口实现。

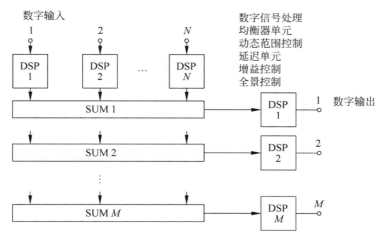

图 5.18 多通道系统的混合控制台

第 6 章

均 衡 器

声音频谱均衡是处理音频信号的重要方法之一,因为均衡器会以各种形式出现在音频信号中。在汽车收音机、高保真放大器等几乎所有产品中,声音均衡都使用简单的滤波器来实现,在录音室中则使用了更复杂的滤波功能。6.1 节讨论滤波器的基本知识,6.2 节讨论递归音频滤波器的设计和实现,6.3 节和 6.4 节介绍线性相位非递归滤波器结构及其实现。

6.1 基本知识

音频信号的滤波使用以下滤波器。

(1) 低通和高通滤波器。具有截止频率 f_c(3dB 截止频率)的低通和高通滤波器的幅度响应如图 6.1(a)和图 6.1(b)所示,它们分别在较低和较高的频率范围内有一个通带。

(2) 带通和带阻滤波器。幅度响应如图 6.1(c)和图 6.1(d)所示,具有中心频率 f_c、下限截止频率 f_l 和上限截止频率 f_u,它们在频率范围的中间有一个通带和阻带。对于带通或带阻滤波器的带宽,有

$$f_b = f_u - f_l \tag{6.1}$$

具有恒定相对带宽 f_b/f_c 的带通滤波器对于音频应用非常重要。带宽与中心频率成正比,中心频率 $f_c = \sqrt{f_l \cdot f_u}$(见图 6.2)。

(3) 倍频滤波器。它是具有特殊截止频率的带通滤波器,截止频率如下

$$f_u = 2 \cdot f_l \tag{6.2}$$

$$f_c = \sqrt{f_l \cdot f_u} = \sqrt{2} \cdot f_l \tag{6.3}$$

倍频滤波器的音频范围频谱分解如图 6.3 所示。在下限和上限截止频率处,有 -3dB 的衰减。上部的倍频带表示为高通滤波器。倍频滤波器的并联可用于倍频频带中音频信号的频谱分析,也可用于信号功率分析。对于倍频带的中心频率,有 $f_{c_i} = 2 \cdot f_{c_{i-1}}$。用增益因子 A_i 对倍频带进行加权,加权后倍频带的总和即为处理声音的倍频均衡器(见图 6.4)。对于这种应用,下限和上限的截止频率具有 -6dB 的衰减,因此在交叉频率处的正弦信号是 0dB 的增益。可以通过两个具有 -3dB 衰减的倍频滤波器串联来实现 -6dB 的衰减。

(4) 三分之一倍频滤波器。它是带通滤波器(见图 6.3),截止频率为

$$f_u = \sqrt[3]{2} \cdot f_l \tag{6.4}$$

$$f_c = \sqrt[6]{2} \cdot f_l \tag{6.5}$$

下限和上限截止频率的衰减为 -3dB。三分之一倍频滤波器将一个倍频分成三个频带(见图 6.3)。

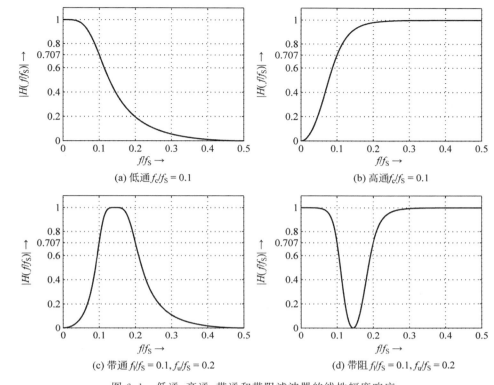

(a) 低通 $f_c/f_S = 0.1$ (b) 高通 $f_c/f_S = 0.1$

(c) 带通 $f_l/f_S = 0.1$, $f_u/f_S = 0.2$ (d) 带阻 $f_l/f_S = 0.1$, $f_u/f_S = 0.2$

图 6.1　低通、高通、带通和带阻滤波器的线性幅度响应

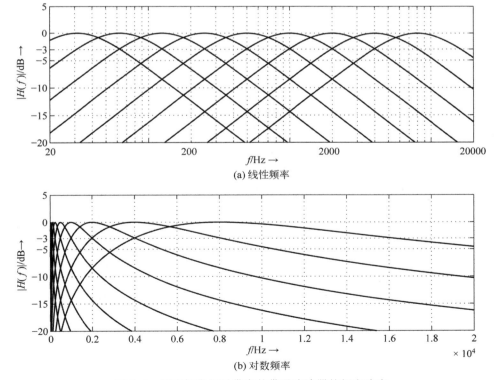

(a) 线性频率

(b) 对数频率

图 6.2　具有恒定相对带宽的带通滤波器的幅度响应

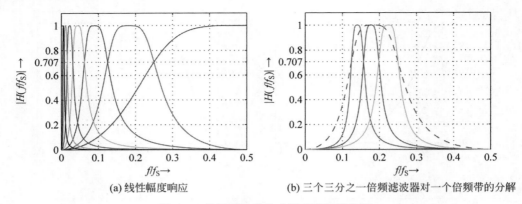

(a) 线性幅度响应　　　　　　　　(b) 三个三分之一倍频滤波器对一个倍频带的分解

图 6.3　倍频滤波器的音频范围频谱分解

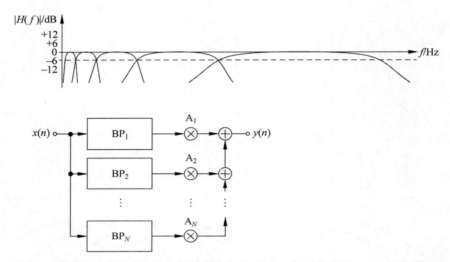

图 6.4　带通滤波器并联为带有增益的倍频/三分之一倍频滤波器（A_i 为增益因子）

（5）搁置滤波器和峰值滤波器。它们是特殊的加权滤波器，基于低通/高通/带通滤波器和直接路径而来（见 6.2.2 节）。与低通/高通/带通滤波器相比，它们没有阻带。把它们串联起来应用，如图 6.5 所示。低频部分用低通搁置滤波器均衡，高频部分用高通搁置滤波器修正。两种滤波器类型都可以调整截止频率和增益因子。对于中间频率，就采用一系列具有可变中心频率、带宽和增益因子的峰值滤波器连接来实现。这些搁置和峰值滤波器串联起来也可用作倍频和三分之一倍频均衡器。

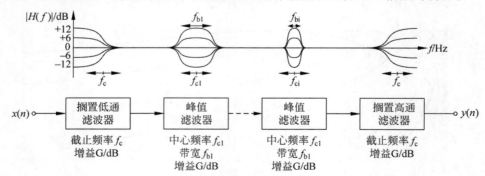

图 6.5　搁置和峰值滤波器（LF 低频、HF 高频）串联

（6）加权滤波器。加权滤波器被用于信号电平和噪声测量。来自被测器件的信号首先通过加权滤波器，接着进行均方根或峰值测量。最常用的两种滤波器是 A 加权滤波器和 CCIR-468 加权滤波器（见图 6.6），这两个加权滤波器都考虑了 1～6kHz 频率范围内人类感知敏感度的变化。

两个滤波器的 0dB 幅度响应在 1kHz 处交叉，CCIR-468 加权滤波器在 6kHz 时的增益为 12dB，CCIR-468 滤波器的一个变体是 ITU-ARM 2-kHz 加权滤波器，与 CCIR-4680 相比，具有 5.6dB 向下倾斜，并在 2kHz 为 0dB。

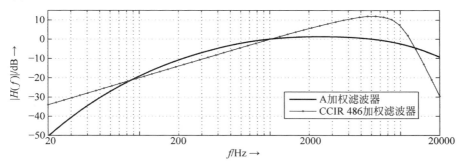

图 6.6　均方根和峰值测量的加权滤波器的幅度响应

6.2　递归音频滤波器

6.2.1　设计

有一类滤波器的响应可以通过两种传递函数来近似表示。一方面，零极点构成的分数形式的极低阶传递函数 $H(z)$ 解决了逼近问题，由于极点的存在，该传递函数的数字实现需要递归；另一方面，近似问题可以只通过在 z 平面上设置零点来解决。该传递函数 $H(z)$ 除了其零点之外，在 z 平面的原点还具有相应数量的极点。在相同的近似条件下，该传递函数的阶数要明显高于由极点和零点组成的传递函数。二阶滤波器的零极点位置如图 6.7 所示。从滤波器算法复杂性来看，递归滤波器较低的阶数使得它具有较短的计算时间。对于 48kHz 的采样率，该算法具有 20.83μs 的可用处理时间。目前仅使用一个数字信号处理器（DSP）就可以在采样周期内轻易得到用于音频处理的递归数字滤波器。为了设计典型的音频均衡器，我们将从 s 域的滤波器设计开始，通过双线性变换将这些滤波器映射到 z 域。

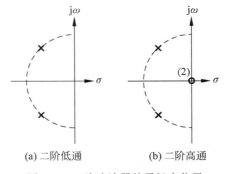

(a) 二阶低通　　(b) 二阶高通

图 6.7　二阶滤波器的零极点位置

1. 低通/高通滤波器

为了限制频谱，在模拟混频器中使用具有巴特沃斯响应的低通和高通滤波器。它们具有单调的通带和每倍频程单调递减的阻带衰减（$n \cdot 6\text{dB/oct.}$），以上是由滤波器的阶数决定的。通常使用的是二阶和四阶低通滤波器。归一化和非归一化的二阶低通传递函数由下式（6.6）给出。

$$H_{LP}(s) = \cfrac{1}{s^2 + \cfrac{1}{Q_\infty}s + 1}, \quad H_{LP}(s) = \cfrac{\omega_c^2}{s^2 + \cfrac{\omega_c}{Q_\infty}s + \omega_c^2} \tag{6.6}$$

式中，ω_c 是截止频率，Q_∞ 是极点质量因子，巴特沃斯的 Q_∞ 约等于 $1/\sqrt{2}$。传递函数的非归一化是将归一化传递函数中的拉普拉斯变量 s 替换为 $\frac{s}{\omega_g}$。

对应的二阶高通传递函数都是通过低通到高通变换得到的。传递函数如式（6.7）所示，在 50Hz 和 5000Hz 处（3dB）的二阶和四阶幅频响应如图 6.8 所示。

$$H_{HP}(s) = \frac{s^2}{s^2 + \frac{1}{Q_\infty}s + 1}, \quad H_{HP}(s) = \frac{s^2}{s^2 + \frac{\omega_c}{Q_\infty}s + \omega_c^2} \tag{6.7}$$

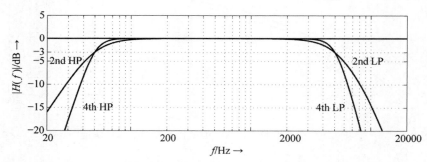

图 6.8　低通和高通滤波器的频率响应［高通 $f_c = 50$Hz（二阶/四阶），

低通 $f_c = 5000$Hz（二阶/四阶）］

表 6.1 给出了具有巴特沃斯响应的低通和高通滤波器的传递函数。

表 6.1　低通和高通滤波器的传递函数

低通	$H(s) = \dfrac{1}{s^2 + \sqrt{2}s + 1}$	二阶
	$H(s) = \dfrac{1}{(s^2 + 1.848s + 1)(s^2 + 0.765s + 1)}$	四阶
高通	$H(s) = \dfrac{s^2}{s^2 + \sqrt{2}s + 1}$	二阶
	$H(s) = \dfrac{s^4}{(s^2 + 1.848s + 1)(s^2 + 0.765s + 1)}$	四阶

2. 带通和带阻滤波器

二阶归一化和非归一化带通传递函数为

$$H_{BP}(s) = \frac{\frac{1}{Q_\infty}s}{s^2 + \frac{1}{Q_\infty}s + 1}, \quad H_{BP}(s) = \frac{\frac{\omega_c}{Q_\infty}s}{s^2 + \frac{\omega_c}{Q_\infty}s + \omega_c^2} \tag{6.8}$$

带阻传递函数由式（6.9）给出

$$H_{BS}(s) = \frac{s^2 - 1}{s^2 + \frac{1}{Q_\infty}s + 1}, \quad H_{BS}(s) = \frac{s^2 - \omega_c^2}{s^2 + \frac{\omega_c}{Q_\infty}s + \omega_c^2} \tag{6.9}$$

相对带宽可用 Q 因子表示为

$$Q_\infty = \frac{f_c}{f_b} \qquad\qquad (6.10)$$

Q_∞ 是中心频率 f_c 与（-3dB 处）f_b 的比率。具有恒定相对带宽的带通滤波器的幅度响应如图 6.2 所示，此类滤波器也称为常数 Q 滤波器。关于中心频率 f_c 的频率响应是明显对称的（对数频率的中心频率的对称性）。

3. 搁置滤波器

除了像低通和高通滤波器这样的纯带限制滤波器之外，还有搁置滤波器可用于对某些特定的频率进行加权。一阶低通搁置滤波器的简便实现如下

$$H(s) = 1 + H_{\text{LP}}(s) = 1 + \frac{H_0}{s+1} \qquad\qquad (6.11)$$

它由直流放大为 H_0 的一阶低通滤波器与传递函数为 1 的全通系统并联组成，式（6.11）可以写成

$$H(s) = \frac{s + (1 + H_0)}{s+1} = \frac{s + V_0}{s+1} \qquad\qquad (6.12)$$

式中，V_0 决定 $\omega = 0$ 处的放大率，通过改变参数 V_0 可以提升功率（$V_0 > 1$）和降低功率（$V_0 < 1$）。图 6.9 为 $f_c = 100\text{Hz}$ 的频率响应，若 $V_0 < 1$，截止频率取决于 V_0，可以看出，会越来越靠近低频端。

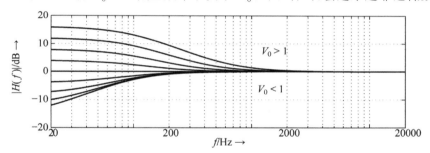

图 6.9 传递函数式（6.12）的频率响应（$f_c = 100\text{Hz}$）

为了在不改变截止频率的情况下获得关于零分贝线的对称频率响应，在 $V_0 < 1$ 的情况下求式（6.12）传递函数的逆函数，可以进行零点和极点的转换，得到 $V_0 < 1$ 时的传递函数为式（6.13）。图 6.10 给出了 V_0 变化时相应的频率响应。

$$H(s) = \frac{s+1}{s+V_0} \qquad\qquad (6.13)$$

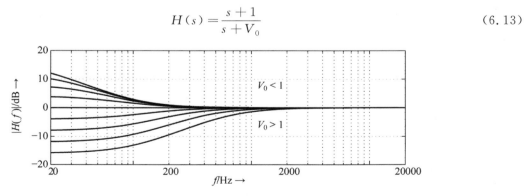

图 6.10 随 V_0 和截止频率 $f_c = 100\text{Hz}$ 变化的式（6.13）传递函数的频率响应

图 6.11 显示了提升和降低增益的情况下一阶低频搁置滤波器的零极点位置,通过在 σ 负轴上移动零极点来提升和降低增益。

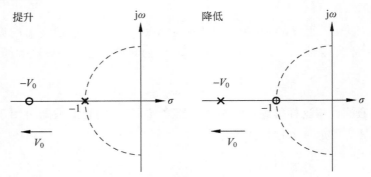

图 6.11　一阶低频搁置滤波器的零极点位置

用增益为 H_0 的一阶高通与传递函数为 1 的系统并联,可以得到高频的等效搁置滤波器,如式(6.14)所示。在提升的情况下,传递函数可以用 $V_0 = H_0 + 1$ 代入,得到式(6.15),在减少时,则由式(6.16)给出。

$$H(s) = 1 + H_{\mathrm{HP}}(s) = 1 + \frac{H_0 s}{s+1} \tag{6.14}$$

$$H(s) = \frac{sV_0 + 1}{s+1}, \quad V_0 > 1 \tag{6.15}$$

$$H(s) = \frac{s+1}{sV_0 + 1}, \quad V_0 > 1 \tag{6.16}$$

参数 V_0 决定了高频搁置滤波器在 $\omega = \infty$ 处的传递函数 $H(s)$ 的值。

为了增加过渡带中滤波器响应的斜率,采用普通的二阶传递函数 $H(s)$,如式(6.17)所示。

$$H(s) = \frac{a_2 s^2 + a_1 s + a_0}{s^2 + \sqrt{2}s + 1} \tag{6.17}$$

式中,复数零点被添加到复数极点。通过极点的计算,可以得到式(6.18)。

$$s_{\infty 1/2} = \sqrt{\frac{1}{2}}(-1 \pm j) \tag{6.18}$$

通过移动参数 V_0 可以在直线上移动式(6.19)表示的复零点 $s_{01/2}$(见图 6.12),即可获得二阶低频搁置滤波器的传递函数 $H(s)$,如式(6.20)所示。参数 V_0 决定低频提升情况,通过对式(6.20)的逆运算可以得到降低增益的情况。

$$s_{01/2} = \sqrt{\frac{V_0}{2}}(-1 \pm j) \tag{6.19}$$

$$H(s) = \frac{s^2 + \sqrt{2V_0}\,s + V_0}{s^2 + \sqrt{2}s + 1} \tag{6.20}$$

式(6.20)低通到高通变换就可以得到二阶高频搁置滤波器的传递函数,如式(6.21)所示。

$$H(s) = \frac{V_0 s^2 + \sqrt{2V_0}\,s + 1}{s^2 + \sqrt{2}s + 1} \tag{6.21}$$

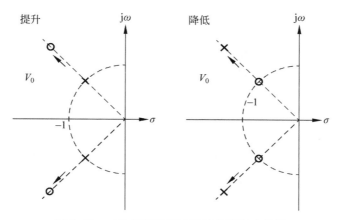

图 6.12 二阶低频搁置滤波器的零极点位置

随着 V_0 的增加,零点 $s_{01/2}$[式(6.22)]在直线上向原点移动(见图 6.13)。通过对传递函数式(6.21)求逆得到降低增益的情况,图 6.14 给出了截止频率为 $100\,\text{Hz}$ 的二阶低频搁置滤波器和截止频率为 $5000\,\text{Hz}$ 的二阶高频搁置滤波器(参数 V_0)的幅频率响应。

$$s_{01/2} = \sqrt{\frac{1}{2V_0}}(-1 \pm j) \tag{6.22}$$

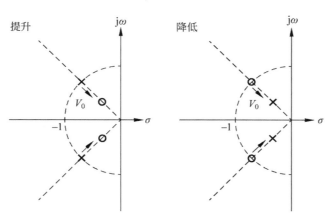

图 6.13 二阶高频搁置滤波器的零极点位置

4. 峰值滤波器

用于提高或消减任何所需频率的另一个均衡器就是峰值滤波器。将直接路径与带通滤波器并联,如式(6.23)所示,可以得到峰值滤波器。

$$H(s) = 1 + H_{BP}(s) \tag{6.23}$$

将二阶带通滤波器

$$H_{BP}(s) = \frac{(H_0/Q_\infty)s}{s^2 + \dfrac{1}{Q_\infty}s + 1} \tag{6.24}$$

代入式(6.23),得到峰值滤波器的传递函数如式(6.25)所示。可以看出,中心频率处的振幅频率响应的

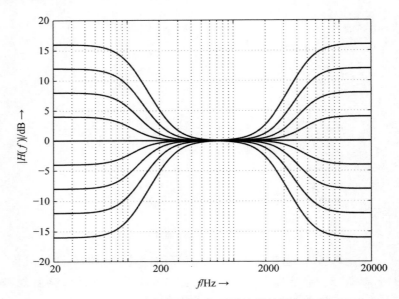

图 6.14 二阶低频/高频搁置滤波器的频率响应

最大值由参数 V_0 确定，相对带宽由 Q 因子决定。对于等式(6.25)给出的峰值滤波器的传递函数，频率响应相对于中心频率是对称的。极点和零点在单位圆上，通过调整参数 V_0，复零点与复极点相对移动。图 6.15 为提升和降低增益时二阶峰值滤波器零极点位置图。随着 Q 因子的增大，复极点在单位圆上向 $j\omega$ 轴方向上移动。

$$H(s) = 1 + H_{BP}(s) = \frac{s^2 + \dfrac{1+H_0}{Q_\infty}s + 1}{s^2 + \dfrac{1}{Q_\infty}s + 1}$$

$$= \frac{s^2 + \dfrac{V_0}{Q_\infty}s + 1}{s^2 + \dfrac{1}{Q_\infty}s + 1} \tag{6.25}$$

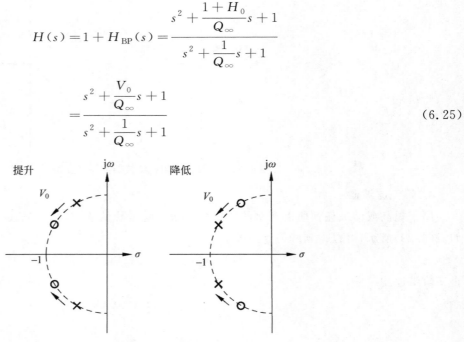

图 6.15 二阶峰值滤波器的零极点位置

图 6.16 显示了中心频率 500Hz、Q 因子 1.25、不同 V_0 对应的峰值滤波器的频率响应。图 6.17 显示了在中心频率为 500Hz、提升/降低 ±16dB 时，Q 因子 Q_∞ 的变化下的频率响应。图 6.18 所示为中心频率在提升/降低 ±16dB、Q 因子为 1.25 时频率响应的变化情况。

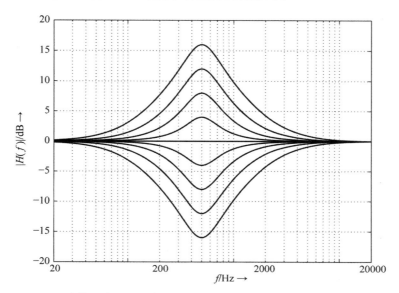

图 6.16 峰值滤波器的频率响应（$f_c = 500\text{Hz}, Q_\infty = 1.25$，截止参数 V_0）

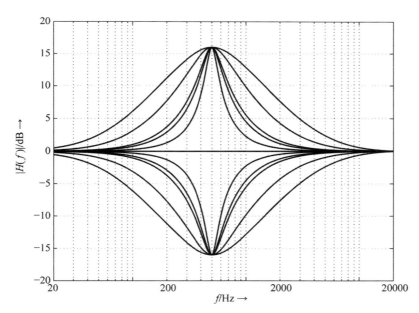

图 6.17 峰值滤波器的频率响应（$f_c = 500\text{Hz}$，提升/降低为 ±16dB，
$Q_\infty = 0.707、1.25、2.5、3、5$）

5. 映射到 z 域

为了实现数字滤波器，在 s 域中设计的具有传递函数 $H(s)$ 的滤波器借助适当的变换被转换到 z 域，得到传递函数 $H(z)$。如果传递函数不被限制在采样率的一半，脉冲不变变换将导致重叠效应，因

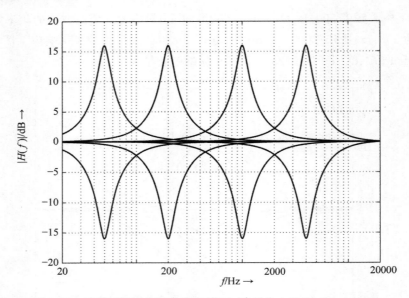

图 6.18　峰值滤波器的频率响应（提升/降低为 ±16dB, $Q_\infty = 1.25$,

$f_c = 50$、200、1000、$4000\,\mathrm{Hz}$)

此不适合。借助于式(6.26)给出的双线性变换,可以将 s 域中的极点和零点独立映射到 z 域中的零点和极点。

$$S = \frac{2}{T}\frac{z-1}{z+1} \tag{6.26}$$

表 6.2～表 6.5 包含二阶传递函数[见式(6.27)]的系数,这些系数由双线性变换和辅助变量 $K = \tan(\omega_c T/2)$ 决定。

$$H(z) = \frac{a_0 + a_1 z^{-1} + a_2 z^{-2}}{1 + b_1 z^{-1} + b_2 z^{-2}} \tag{6.27}$$

表 6.2　低通/高通/带通滤波器设计

低通（二阶）				
a_0	a_1	a_2	b_1	b_2
$\dfrac{K^2}{1+\sqrt{2}K+K^2}$	$\dfrac{2K^2}{1+\sqrt{2}K+K^2}$	$\dfrac{K^2}{1+\sqrt{2}K+K^2}$	$\dfrac{2(K^2-1)}{1+\sqrt{2}K+K^2}$	$\dfrac{1-\sqrt{2}K+K^2}{1+\sqrt{2}K+K^2}$
高通（二阶）				
a_0	a_1	a_2	b_1	b_2
$\dfrac{1}{1+\sqrt{2}K+K^2}$	$\dfrac{-2}{1+\sqrt{2}K+K^2}$	$\dfrac{1}{1+\sqrt{2}K+K^2}$	$\dfrac{2(K^2-1)}{1+\sqrt{2}K+K^2}$	$\dfrac{1-\sqrt{2}K+K^2}{1+\sqrt{2}K+K^2}$
带通（二阶）				
a_0	a_1	a_2	b_1	b_2
$\dfrac{\frac{1}{Q}K}{1+\frac{1}{Q}K+K^2}$	0	$-\dfrac{\frac{1}{Q}K}{1+\frac{1}{Q}K+K^2}$	$\dfrac{2(K^2-1)}{1+\frac{1}{Q}K+K^2}$	$\dfrac{1-\frac{1}{Q}K+K^2}{1+\frac{1}{Q}K+K^2}$

表 6.3 增益 G（单位 dB）的峰值滤波器设计

峰值（提升 $V_0=10^{G/20}$）

a_0	a_1	a_2	b_1	b_2
$\dfrac{1+\frac{V_0}{Q_\infty}K+K^2}{1+\frac{1}{Q_\infty}K+K^2}$	$\dfrac{2(K^2-1)}{1+\frac{1}{Q_\infty}K+K^2}$	$\dfrac{1-\frac{V_0}{Q_\infty}K+K^2}{1+\frac{1}{Q_\infty}K+K^2}$	$\dfrac{2(K^2-1)}{1+\frac{1}{Q_\infty}K+K^2}$	$\dfrac{1-\frac{1}{Q_\infty}K+K^2}{1+\frac{1}{Q_\infty}K+K^2}$

峰值（下降 $V_0=10^{-G/20}$）

a_0	a_1	a_2	b_1	b_2
$\dfrac{1+\frac{1}{Q_\infty}K+K^2}{1+\frac{V_0}{Q_\infty}K+K^2}$	$\dfrac{2(K^2-1)}{1+\frac{V_0}{Q_\infty}K+K^2}$	$\dfrac{1-\frac{1}{Q_\infty}K+K^2}{1+\frac{V_0}{Q_\infty}K+K^2}$	$\dfrac{2(K^2-1)}{1+\frac{V_0}{Q_\infty}K+K^2}$	$\dfrac{1-\frac{V_0}{Q_\infty}K+K^2}{1+\frac{V_0}{Q_\infty}K+K^2}$

表 6.4 增益 G（单位 dB）的低频搁置滤波器设计

低频搁置滤波器（提升 $V_0=10^{G/20}$）

a_0	a_1	a_2	b_1	b_2
$\dfrac{1+\sqrt{2V_0}K+V_0K^2}{1+\sqrt{2}K+K^2}$	$\dfrac{2(V_0K^2-1)}{1+\sqrt{2}K+K^2}$	$\dfrac{1-\sqrt{2V_0}K+V_0K^2}{1+\sqrt{2}K+K^2}$	$\dfrac{2(K^2-1)}{1+\sqrt{2}K+K^2}$	$\dfrac{1-\sqrt{2}K+K^2}{1+\sqrt{2}K+K^2}$

低频搁置滤波器（下降 $V_0=10^{-G/20}$）

a_0	a_1	a_2	b_1	b_2
$\dfrac{1+\sqrt{2}K+K^2}{1+\sqrt{2V_0}K+V_0K^2}$	$\dfrac{2(K^2-1)}{1+\sqrt{2V_0}K+V_0K^2}$	$\dfrac{1-\sqrt{2}K+K^2}{1+\sqrt{2V_0}K+V_0K^2}$	$\dfrac{2(V_0K^2-1)}{1+\sqrt{2V_0}K+V_0K^2}$	$\dfrac{1-\sqrt{2V_0}K+V_0K^2}{1+\sqrt{2V_0}K+V_0K^2}$

表 6.5 增益 G（单位 dB）的高频搁置滤波器设计

高频搁置滤波器（提升 $V_0=10^{G/20}$）

a_0	a_1	a_2	b_1	b_2
$\dfrac{V_0+\sqrt{2V_0}K+K^2}{1+\sqrt{2}K+K^2}$	$\dfrac{2(K^2-V_0)}{1+\sqrt{2}K+K^2}$	$\dfrac{V_0-\sqrt{2V_0}K+K^2}{1+\sqrt{2}K+K^2}$	$\dfrac{2(K^2-1)}{1+\sqrt{2}K+K^2}$	$\dfrac{1-\sqrt{2}K+K^2}{1+\sqrt{2}K+K^2}$

高频搁置滤波器（下降 $V_0=10^{-G/20}$）

a_0	a_1	a_2	b_1	b_2
$\dfrac{1+\sqrt{2}K+K^2}{V_0+\sqrt{2V_0}K+K^2}$	$\dfrac{2(K^2-1)}{V_0+\sqrt{2V_0}K+K^2}$	$\dfrac{1-\sqrt{2}K+K^2}{V_0+\sqrt{2V_0}K+K^2}$	$\dfrac{2(K^2+V_0-1)}{1+\sqrt{2/V_0}K+K^2/V_0}$	$\dfrac{1-\sqrt{2/V_0}K+K^2/V_0}{1+\sqrt{2/V_0}K+K^2/V_0}$

6.2.2 参数滤波器结构

参数滤波器结构允许通过相关系数直接访问传递函数的参数，如中心/截止频率、带宽和增益。若修改这些参数中的一个，不需要计算二阶传递函数的一组完整系数，只计算滤波器结构中的一个系数即可。

如图 6.19 所示，通过用于提升的前馈（FF）结构和用于降低的反馈（FB）结构，实现对搁置和峰值滤波器的增益、截止/中心频率和带宽的独立控制。相应的传递函数

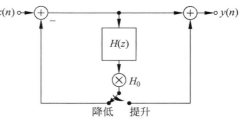

图 6.19　用于实现提升和降低的滤波器结构

如式(6.28)和式(6.29)所示。

$$G_{\text{FW}}(z) = 1 + H_0 H(z) \tag{6.28}$$

$$G_{\text{FB}}(z) = \frac{1}{1 + H_0 H(z)} \tag{6.29}$$

提升/降低因子为 $V_0 = 1 + H_0$。对于数字滤波器实现，若是 FB 情况，内部传递函数必须是 $H(z) = z^{-1} H_1(z)$ 的形式，以此来确保因果关系。

1. Regalia 滤波器

一阶搁置滤波器的非归一化传递函数由式(6.30)给出

$$H(s) = \frac{s + V_0 \omega_c}{s + \omega_c} \tag{6.30}$$

$$H(0) = V_0$$

$$H(\infty) = 1$$

分解式(6.30)得

$$H(s) = \frac{s}{s + \omega_c} + V_0 \frac{\omega_c}{s + \omega_c} \tag{6.31}$$

式(6.31)中的低通和高通传递函数可以用式(6.32)和式(6.33)形式的全通分解表示

$$\frac{s}{s + \omega_c} = \frac{1}{2}\left[1 + \frac{s - \omega_c}{s + \omega_c}\right] \tag{6.32}$$

$$\frac{V_0 \omega_c}{s + \omega_c} = \frac{V_0}{2}\left[1 - \frac{s - \omega_c}{s + \omega_c}\right] \tag{6.33}$$

利用全通传递函数公式，有

$$A_{\text{B}}(s) = \frac{s - \omega_c}{s + \omega_c} \tag{6.34}$$

当表示提升时，式(6.30)可改写为

$$H(s) = \frac{1}{2}[1 + A_{\text{B}}(s)] + \frac{1}{2}V_0[1 - A_{\text{B}}(s)] \tag{6.35}$$

利用双线性变化 $s = \frac{2}{T}\frac{z-1}{z+1}$，可得

$$H(z) = \frac{1}{2}[1 + A_{\text{B}}(z)] + \frac{1}{2}V_0[1 - A_{\text{B}}(z)] \tag{6.36}$$

其中

$$A_{\text{B}}(z) = -\frac{z^{-1} + a_{\text{B}}}{1 + a_{\text{B}}z^{-1}} \tag{6.37}$$

频率参数为

$$a_B = \frac{\tan(\omega_c T/2) - 1}{\tan(\omega_c T/2) + 1} \tag{6.38}$$

图 6.20(a)给出了直接实现式(6.36)的滤波器结构，图 6.20(b)和图 6.20(c)中可以看到其他可能的结构。对于 $V_0 < 1$ 的降低情况，滤波器的截止频率向较低频率移动。

为了保留降低情况的截止频率，在边界条件 $H(0) = V_0$，$H(\infty) = 1$ 时，非归一化的一阶搁置滤波

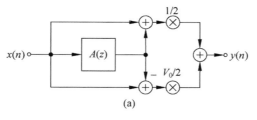

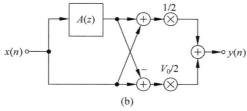

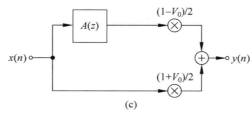

图 6.20 Regalia 滤波器结构

器(降低情况下)传递函数

$$H(s) = \frac{s + \omega_c}{s + \omega_c/V_0} \tag{6.39}$$

可以分解为下式

$$H(s) = \frac{s}{s + \omega_c/V_0} + \frac{\omega_c}{s + \omega_c/V_0} \tag{6.40}$$

再使用全通分解

$$\frac{s}{s + \omega_c/V_0} = \frac{1}{2}\left[1 + \frac{s - \omega_c/V_0}{s + \omega_c/V_0}\right] \tag{6.41}$$

$$\frac{\omega_c}{s + \omega_c/V_0} = \frac{V_0}{2}\left[1 - \frac{s - \omega_c/V_0}{s + \omega_c/V_0}\right] \tag{6.42}$$

和传递函数

$$A_C(s) = \frac{s - \omega_c/V_0}{s + \omega_c/V_0} \tag{6.43}$$

在降低的情况下,式(6.39)可以改写为

$$H(s) = \frac{1}{2}[1 + A_C(s)] + \frac{V_0}{2}[1 - A_C(s)] \tag{6.44}$$

双线性变化公式为式(6.45)

$$H(z) = \frac{1}{2}[1 + A_C(z)] + \frac{V_0}{2}[1 - A_C(z)] \tag{6.45}$$

其中

$$A_C(z) = \frac{z^{-1} + a_C}{1 + a_C z^{-1}} \tag{6.46}$$

频率参数为

$$a_C = \frac{\tan(\omega_c T/2) - V_0}{\tan(\omega_c T/2) + V_0} \tag{6.47}$$

由式(6.45)和式(6.36)可知，提升和降低采用的滤波器结构是一样的（见图6.20）。那么在降低的情况下，频率参数 a_C 是由截止频率和增益来确定的，如式(6.47)中所示。

通过式(6.48)的低通-带通变换，外加如式(6.37)和式(6.46)的全通变换，可以得到二阶峰值滤波器，如式(6.49)所示。

$$z^{-1} \longrightarrow -z^{-1} \frac{z^{-1} + d}{1 + d z^{-1}} \tag{6.48}$$

$$A_{BC}(z) = \frac{z^{-2} + d(1 + a_{BC})z^{-1} + a_{BC}}{1 + d(1 + a_{BC})z^{-1} + a_{BC}z^{-2}} \tag{6.49}$$

在降低时，参数如下

$$d = -\cos(\Omega_c) \tag{6.50}$$

$$V_0 = H(e^{j\Omega_c}) \tag{6.51}$$

$$a_B = \frac{1 - \tan\left(\dfrac{\omega_b T}{2}\right)}{1 + \tan\left(\dfrac{\omega_b T}{2}\right)} \tag{6.52}$$

$$a_C = \frac{V_0 - \tan\left(\dfrac{\omega_b T}{2}\right)}{V_0 + \tan\left(\dfrac{\omega_b T}{2}\right)} \tag{6.53}$$

中心频率 f_c 由参数 d 确定，带宽 f_b 由参数 a_B 和 a_C 确定，增益 $G = 20\lg V_0$，由参数 V_0 确定。

2. 简化全通分解

一阶低频搁置滤波器的传递函数可以分解为

$$H(s) = \frac{s + V_0 \omega_c}{s + \omega_c}$$

$$= 1 + H_0 \frac{\omega_c}{s + \omega_c} \tag{6.54}$$

$$= 1 + \frac{H_0}{2}\left[1 - \frac{s - \omega_c}{s + \omega_c}\right] \tag{6.55}$$

其中

$$V_0 = H(s = 0) \tag{6.56}$$

$$H_0 = V_0 - 1 \tag{6.57}$$

$$V_0 = 10^{\frac{G}{20}} \quad (G \text{ 的单位为 GB}) \tag{6.58}$$

传递函数式(6.55)由直接分支和低通滤波器组成,一阶低通滤波器通过全通分解再次实现。对式(6.55)应用双线性变换可得

$$H(z) = 1 + \frac{H_0}{2}[1 - A(z)] \tag{6.59}$$

其中

$$A(z) = -\frac{z^{-1} + a_B}{1 + a_B z^{-1}} \tag{6.60}$$

在降低的情况下,可以得到

$$H(s) = \frac{s + \omega_c}{s + \dfrac{\omega_c}{V_0}} \tag{6.61}$$

$$= 1 + \underbrace{(V_0 - 1)}_{H_0} \frac{\dfrac{\omega_c}{V_0}}{s + \dfrac{\omega_c}{V_0}} \tag{6.62}$$

$$= 1 + \frac{H_0}{2}\left[1 - \frac{s - \dfrac{\omega_c}{V_0}}{s + \dfrac{\omega_c}{V_0}}\right] \tag{6.63}$$

对式(6.63)进行双线性变换,再次得式(6.59)。因此,提升和降低的滤波器结构是相同的。提升的频率参数 a_B 和消减的频率参数 a_C 为

$$a_B = \frac{\tan\left(\dfrac{\omega_c T}{2}\right) - 1}{\tan\left(\dfrac{\omega_c T}{2}\right) + 1} \tag{6.64}$$

$$a_C = \frac{\tan\left(\dfrac{\omega_c T}{2}\right) - V_0}{\tan\left(\dfrac{\omega_c T}{2}\right) + V_0} \tag{6.65}$$

一阶低频搁置滤波器的传递函数可计算为

$$H(z) = \frac{1 + (1 + a_{BC})\dfrac{H_0}{2} + \left[a_{BC} + (1 + a_{BC})\dfrac{H_0}{2}\right]z^{-1}}{1 + a_{BC}z^{-1}} \tag{6.66}$$

图 6.21 中的信号流程图显示了 $A_1(z) = -A(z)$ 时的一阶低通搁置滤波器和一阶低通滤波器。

一阶高频搁置滤波器的非归一化传递函数的分解形式为

$$H(s) = \frac{sV_0 + \omega_c}{s + \omega_c}$$

$$= 1 + H_0 \frac{s}{s + \omega_c} \tag{6.67}$$

$$= 1 + \frac{H_0}{2}\left(1 + \frac{s - \omega_c}{s + \omega_c}\right) \tag{6.68}$$

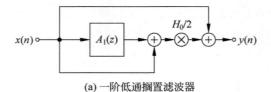

(a) 一阶低通搁置滤波器

(b) 一阶低通滤波器

图 6.21　一阶低通搁置滤波器和一阶低通滤波器

其中

$$V_0 = H(s = \infty) \tag{6.69}$$

$$H_0 = V_0 - 1 \tag{6.70}$$

传递函数是在常数上加一个高通滤波器得到的。对式(6.68)应用双线性变换得

$$H(z) = 1 + \frac{H_0}{2}[1 + A(z)] \tag{6.71}$$

其中

$$A(z) = -\frac{z^{-1} + a_B}{1 + a_B z^{-1}} \tag{6.72}$$

对于降低的情况，分解可由下式给出

$$H(s) = \frac{s + \omega_c}{\dfrac{s}{V_0} + \omega_c} \tag{6.73}$$

$$= 1 + \underbrace{(V_0 - 1)}_{H_0}\frac{s}{s + V_0 \omega_c} \tag{6.74}$$

$$= 1 + \frac{H_0}{2}\left(1 + \frac{s - V_0 \omega_c}{s + V_0 \omega_c}\right) \tag{6.75}$$

双线性变换后得式(6.71)。提升和降低的参数可由式(6.76)和式(6.77)计算

$$a_B = \frac{\tan\left(\dfrac{\omega_c T}{2}\right) - 1}{\tan\left(\dfrac{\omega_c T}{2}\right) + 1} \tag{6.76}$$

$$a_C = \frac{V_0 \tan\left(\dfrac{\omega_c T}{2}\right) - 1}{V_0 \tan\left(\dfrac{\omega_c T}{2}\right) + 1} \tag{6.77}$$

一阶高频搁置滤波器的传递函数可以写为

$$H(z) = \frac{1 + (1 - a_{BC})\dfrac{H_0}{2} + \left[a_{BC} + (a_{BC} - 1)\dfrac{H_0}{2}\right]z^{-1}}{1 + a_{BC} z^{-1}} \tag{6.78}$$

当 $A_1(z)=-A(z)$ 时,一阶高通搁置滤波器和一阶高通滤波器如图6.22所示。

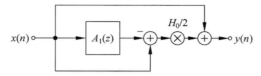

(a) 一阶高通搁置滤波器

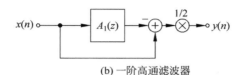

(b) 一阶高通滤波器

图6.22 一阶高通搁置滤波器和一阶高通滤波器

二阶峰值滤波器可以通过一阶搁置滤波器的低通到带通变换来实现。然而,在常数分支上增加一个二阶带通滤波器也会得到一个峰值滤波器。带通滤波器的全通实现如式(6.79)所示

$$H(z)=\frac{1}{2}\left[1-A_2(z)\right] \tag{6.79}$$

其中

$$A_2(z)=\frac{-a_B+(d-da_B)z^{-1}+z^{-2}}{1+(d-da_B)z^{-1}-a_Bz^{-2}} \tag{6.80}$$

二阶峰值滤波器可以表示为

$$H(z)=1+\frac{H_0}{2}\left[1-A_2(z)\right] \tag{6.81}$$

提升和降低的带宽参数 a_B 和 a_C 为

$$a_B=\frac{\tan\left(\dfrac{\omega_b T}{2}\right)-1}{\tan\left(\dfrac{\omega_b T}{2}\right)+1} \tag{6.82}$$

$$a_C=\frac{\tan\left(\dfrac{\omega_b T}{2}\right)-V_0}{\tan\left(\dfrac{\omega_b T}{2}\right)+V_0} \tag{6.83}$$

中心频率参数 d 和系数 H_0 为

$$d=-\cos\left(\Omega_c\right) \tag{6.84}$$

$$V_0=H(\mathrm{e}^{\mathrm{j}\Omega_c}) \tag{6.85}$$

$$H_0=V_0-1 \tag{6.86}$$

二阶峰值滤波器的传递函数为

$$H(z)=\frac{1+(1+a_{BC})\dfrac{H_0}{2}+d(1-a_{BC})z^{-1}+\left(-a_{BC}-(1+a_{BC})\dfrac{H_0}{2}\right)z^{-2}}{1+d(1-a_{BC})z^{-1}-a_{BC}z^{-2}} \tag{6.87}$$

二阶峰值滤波器和二阶带通滤波器的信号流程图如图6.23所示。

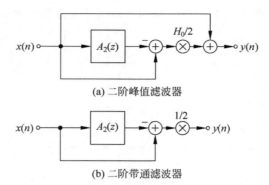

(a) 二阶峰值滤波器

(b) 二阶带通滤波器

图 6.23　二阶峰值滤波器和二阶带通滤波器的信号流程图

高频搁置，低频搁置和峰值滤波器的频率响应如图 6.24～图 6.26 所示。

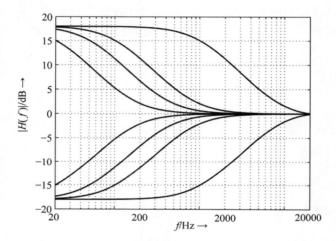

图 6.24　低频一阶搁置滤波器($G = \pm 18\text{dB}$；$f_c = 20, 50, 100, 1000\text{Hz}$)

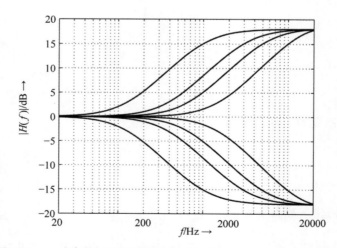

图 6.25　一阶高频搁置滤波器($G = \pm 18\text{dB}$；$f_c = 1, 3, 5, 10, 16\text{kHz}$)

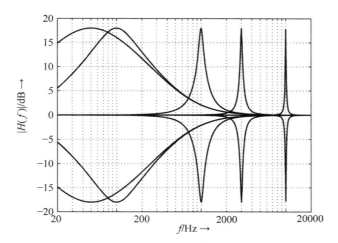

图 6.26 二阶峰值滤波器（$G=\pm18\text{dB}$；$f_c=50$、100、1000、
3000、10000Hz；$f_b=100\text{Hz}$）

6.2.3 量化效应

数字递归滤波器的有限字长导致两种不同类型的量化误差。数字滤波器系数的量化导致线性失真，这可看作理想频率响应的偏差。滤波器结构内部信号的量化决定了最大动态范围，并决定了滤波器的噪声性能。滤波器结构的舍入操作会产生舍入噪声。信号量化的另一个效应是极限环，它们可以分为溢流极限环、小尺度极限环和与输入信号相关的极限环。因为极限环的小频带（正弦）性质，我们希望它不要存在。对输入信号进行适当缩放，可以避免溢流极限环。增加系数的字长和滤波器结构的状态变量，可以减小上述其他误差的影响。

滤波器结构的噪声性能和系数灵敏度取决于滤波器的拓扑结构和截止频率（z 域中极点的位置）。常见的音频滤波器工作在 20Hz～20kHz，采样率为 48kHz，因此滤波器结构在误差性能方面有非常严格的标准。人声和许多乐器的共振峰都在 20Hz 到 4～6kHz，因此均衡器的频率范围大都集中在该频率区域。对于给定的系数和信号字长（如在数字信号处理器中），用于音频应用的具有低舍入噪声的滤波器结构是一个合适的解决方案。因此，下面将讨论二阶滤波器结构。

首先考虑系数灵敏度与舍入噪声之间的关系。在 z 平面的某个区域中增加极点密度，滤波器结构的系数灵敏度和舍入噪声会被降低。这些改进可以减少系数字长及信号字长。

典型的音频滤波器，如高通/低通滤波器、峰值/搁置滤波器可以用二阶传递函数式（6.88）描述

$$H(z)=\frac{a_0+a_1z^{-1}+a_2z^{-2}}{1+b_1z^{-1}+b_2z^{-2}} \tag{6.88}$$

可以从传递函数式（6.88）导出差分方程的递归部分，这部分主要影响误差性能，因此需要仔细考虑。由于式（6.88）中分母中系数的量化，z 平面中极点的分布受到限制（系数的 6 位量化见图 6.27）。z 平面的第二象限中的极点分布是第一象限的镜像。图 6.28 显示了递归部分的框图。分母的另一个等价表示如下

$$H(z)=\frac{N(z)}{1-2r\cos\varphi z^{-1}+r^2z^{-2}} \tag{6.89}$$

这里 r 是半径，φ 是复数极点的对应相位，量化这些参数与 b_1 和 b_2 被量化的情况相比，极点分布被改变，如式（6.88）所示。

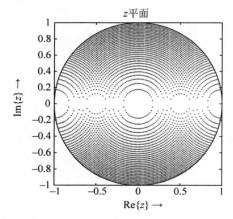

图 6.27 直接形式结构-极点分布（6 位量化）

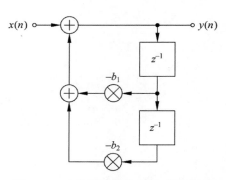

图 6.28 直接形式结构-递归部分框图

状态变量结构方法（记为 Gold 和 Rader 结构）由式（6.90）给出。

$$H(z) = \frac{N(z)}{1 - 2\mathrm{Re}\{z_\infty\} z^{-1} + (\mathrm{Re}\{z_\infty\}^2 + \mathrm{Im}\{z_\infty\}^2) z^{-2}} \tag{6.90}$$

对于 6 位量化，极点的可能位置如图 6.29 所示，部分递归框图如图 6.30 所示。实部和虚部的量化可得到不同极点位置的均匀网格。与分母中系数 b_1 和 b_2 的直接量化相反，实部和虚部的量化导致 $z=1$ 处极点密度的增加。z 平面中第二象限中极点可能的位置是第一象限中极点位置的镜像。

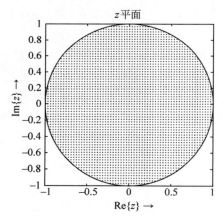

图 6.29 Gold 和 Rader 结构-极点
          分布（6 位量化）

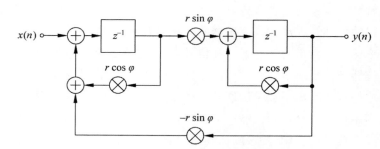

图 6.30 Gold 和 Rader 结构-部分递归框图

另外一种滤波器结构记为 Kingsbury 结构，其极点分布如图 6.31 所示，部分递归框图如图 6.32 所示。

对应的传递函数

$$H(z) = \frac{N(z)}{1 - (2 - k_1 k_2 - k_1^2) z^{-1} + (1 - k_1 k_2) z^{-2}} \tag{6.91}$$

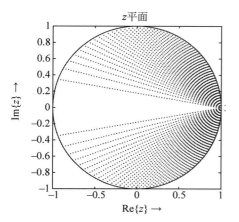

图 6.31 Kingsbury-极点分布(6 位量化)

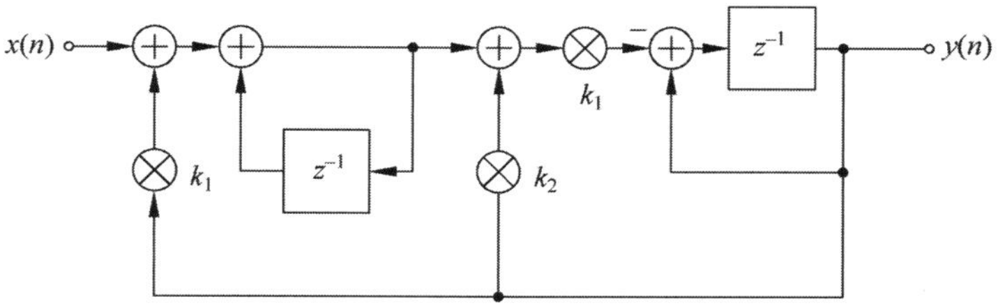

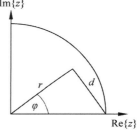

图 6.32 Kingsbury-部分递归框图

表明,系数 b_1 和 b_2 可以通过量化系数 k_1 和 k_2 的线性组合获得。极点与点 $z=1$ 的距离 d 决定了系数 k_1、k_2[见式(6.92)和式(6.93)],如图 6.33 所示。

$$k_1 = d = \sqrt{1 - 2r\cos\varphi + r^2} \qquad (6.92)$$

$$k_2 = \frac{1 - r^2}{k_1} \qquad (6.93)$$

所考虑的滤波器结构表明,通过量化系数的适当线性组合,可以获得任何期望的极点分布。通过影响 k_1 和到 $z=1$ 的距离 d 之间的线性关系,可以实现 $z=1$ 处极点密度的增加。新系数的非线性关系给出如下结构,其中传递函数为

图 6.33 几何解释

$$H(z) = \frac{N(z)}{1 - (2 - z_1 z_2 - z_1^3)z^{-1} + (1 - z_1 z_2)z^{-2}} \qquad (6.94)$$

系数为

$$z_1 = \sqrt[3]{1 + b_1 + b_2} \qquad (6.95)$$

$$z_2 = \frac{1 - b_2}{z_1} \qquad (6.96)$$

$$z_1 = \sqrt[3]{d^2} \qquad (6.97)$$

系数为式(6.97)时该结构(记为 Zölzer 结构)的极点分布如图 6.34 所示,递归部分的框图如图 6.35 所示。与以前的极点分布相比,$z=1$ 处的极点密度有所增加。分母多项式(6.98)表明实部取决于 z^{-1} 的系数。

$$D(z) = 1 \overset{!}{\pm} (2 - z_1 z_2 - z_1^3)z^{-1} + (1 - z_1 z_2)z^{-2} \qquad (6.98)$$

1. 不同滤波器结构噪声特性的分析比较

本节根据定点算法中的噪声行为来分析递归滤波器结构,框图是基础,可以分析状态变量的量化导致的噪声功率变化。首先考虑在乘法之后执行量化的情况。因此,每个乘法器输出到滤波器结构输出,中间这部分的传递函数记为 $G_i(z)$。

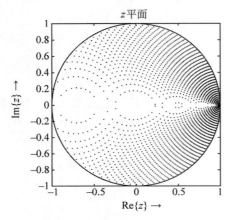

图 6.34 Zölzer 结构-极点分布(6 位量化)

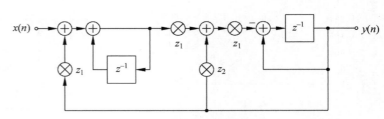

图 6.35 Zölzer 结构-部分递归框图

在误差分析中，假设滤波器结构内的信号覆盖整个动态范围，量化误差 $e_i(n)$ 与信号不相关。连续量化误差样本之间互不相关，会得到均匀的功率密度谱。此外，假设不同的量化误差 $e_i(n)$ 在滤波器结构中是不相关的。由于量化误差的均匀分布，其方差可由式(6.99)给出。

$$\sigma_E^2 = \frac{Q^2}{12} \tag{6.99}$$

量化误差在每个量化点相加，并通过相应的传递函数 $G(z)$ 后到滤波器输出。输出量化噪声的方差（依据噪声源 $e(n)$）由式(6.100)给出：

$$\sigma_{ye}^2 = \sigma_E^2 \frac{1}{2\pi j} \oint_{z=e^{j\Omega}} G(z)G(z^{-1})z^{-1}\,dz \tag{6.100}$$

利用周期函数的 L2 范数 $\| G \|_2$ 将噪声方差叠加，由式(6.101)得到输出噪声总方差式(6.102)。

$$\| G \|_2 = \left[\frac{1}{2\pi} \int_{-\pi}^{\pi} |G(e^{j\Omega})|^2\,d\Omega \right]^{\frac{1}{2}} \tag{6.101}$$

$$\sigma_{ye}^2 = \sigma_E^2 \sum_i \| G_i \|_2^2 \tag{6.102}$$

全范围正弦信号的信噪比(SNR)可以写为

$$\text{SNR} = 10\lg\frac{0.5}{\sigma_{ye}^2}[\text{dB}] \tag{6.103}$$

一阶系统的环积分

$$I_n = \frac{1}{2\pi j} \oint_{z=e^{j\Omega}} \frac{A(z)A(z^{-1})}{B(z)B(z^{-1})} z^{-1}\,dz \tag{6.104}$$

又有

$$G(z) = \frac{a_0 z + a_1}{b_0 z + b_1} \tag{6.105}$$

$$I_1 = \frac{(a_0^2 + a_1^2)b_0 - 2a_0 a_1 b_1}{b_0(b_0^2 - b_1^2)} \tag{6.106}$$

二阶系统如下：

$$G(z) = \frac{a_0 z^2 + a_1 z + a_2}{b_0 z^2 + b_1 z + b_2} \qquad (6.107)$$

$$I_2 = \frac{A_0 b_0 c_1 - A_1 b_0 b_1 + A_2 (b_1^2 - b_2 c_1)}{b_0 \left[(b_0^2 - b_2^2) c_1 - (b_0 b_1 - b_1 b_2) b_1 \right]} \qquad (6.108)$$

$$A_0 = a_0^2 + a_1^2 + a_2^2 \qquad (6.109)$$

$$A_1 = 2(a_0 a_1 + a_1 a_2) \qquad (6.110)$$

$$A_2 = 2 a_0 a_2 \qquad (6.111)$$

$$c_1 = b_0 + b_2 \qquad (6.112)$$

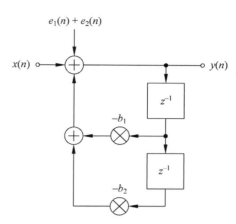

图 6.36 具有附加误差信号的直接形式

下面将对不同递归滤波器结构的噪声行为进行分析,各个递归部分的噪声传递函数负责噪声整形。

二阶直接形式结构的误差传递函数(见图 6.36)只有复数极点(见表 6.6)。

表 6.6 直接形式下的噪声传递函数、L2 范数的平方与输出噪声方差

噪声传递函数	$G_1(z) = G_2(z) = \dfrac{z^2}{z^2 + b_1 z + b_2}$
L_2 范数的平方	$\|G_1\|_2^2 = \|G_2\|_2^2 = \dfrac{1 + b_2}{1 - b_2} \dfrac{1}{(1 + b_2)^2 - b_1^2}$
输出噪声方差	$\sigma_{ye}^2 = \sigma_E^2 \, 2 \, \dfrac{1 + b_2}{1 - b_2} \dfrac{1}{(1 + b_2)^2 - b_1^2}$

在单位圆附近设置极点会导致量化误差的放大,极点半径对噪声方差的影响可以从输出噪声方差方程中观察到。系数 $b_2 = r^2$ 若趋于 1,会导致输出噪声方差大幅增加。

Gold 和 Rader 滤波器结构(见图 6.37)的输出噪声方差取决于极点半径(见表 6.7),并且与极点相位无关。因为均匀网格的极点分布,在极点正下方的实轴($z = r\cos\varphi$)上附加一个零可以减少复极点的影响。

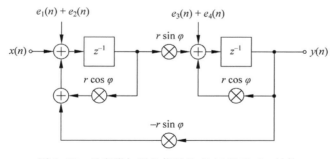

图 6.37 具有附加误差信号的 Gold 和 Rader 结构

表 6.7 Gold 和 Rader 滤波器的噪声传递函数、L_2 范数的平方与输出噪声方差

噪声传递函数	$G_1(z) = G_2(z) = \dfrac{r\sin\varphi}{z^2 - 2r\cos\varphi z + r^2}$
	$G_3(z) = G_4(z) = \dfrac{z - r\cos\varphi}{z^2 - 2r\cos\varphi z + r^2}$

续表

L_2 范数的平方	$\parallel G_1 \parallel_2^2 = \parallel G_2 \parallel_2^2 = \dfrac{1+b_2}{1-b_2}\dfrac{(r\sin\varphi)^2}{(1+b_2)^2-b_1^2}$ $\parallel G_3 \parallel_2^2 = \parallel G_4 \parallel_2^2 = \dfrac{1}{1-b_2}\dfrac{[1+(r\sin\varphi)^2](1+b_2)^2-b_1^2}{(1+b_2)^2-b_1^2}$
输出噪声方差	$\sigma_{ye}^2 = \sigma_E^2 2\dfrac{1}{1-b_2}$

Kingsbury 滤波器（见图 6.38 和表 6.8）和 Zölzer 滤波器（见图 6.39 和表 6.9）表明，噪声方差取决于极点半径。除复数极点外，噪声传递函数在 $z=1$ 时为零。该零点降低了 $z=1$ 时单位圆附近极点的放大效应。

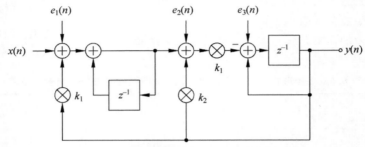

图 6.38　具有附加误差信号的 Kingsbury 结构

表 6.8　Kingsbury 滤波器的噪声传递函数、L_2 范数的平方与输出噪声方差

噪声传递函数	$G_1(z) = \dfrac{-k_1 z}{z^2-(2-k_1 k_2-k_1^2)z+(1-k_1 k_2)}$ $G_2(z) = \dfrac{-k_1(z-1)}{z^2-(2-k_1 k_2-k_1^2)z+(1-k_1 k_2)}$ $G_3(z) = \dfrac{z-1}{z^2-(2-k_1 k_2-k_1^2)z+(1-k_1 k_2)}$
L_2 范数的平方	$\parallel G_1 \parallel_2^2 = \dfrac{1}{k_1 k_2}\dfrac{2-k_1 k_2}{2(2-k_1 k_2)-k_1^2}$ $\parallel G_2 \parallel_2^2 = \dfrac{k_1}{k_2}\dfrac{2}{2(2-k_1 k_2)-k_1^2}$ $\parallel G_3 \parallel_2^2 = \dfrac{1}{k_1 k_2}\dfrac{2}{2(2-k_1 k_2)-k_1^2}$
输出噪声方差	$\sigma_{ye}^2 = \sigma_E^2 2\dfrac{5+2b_1+3b_2}{(1-b_2)(1+b_2-b_1)}$

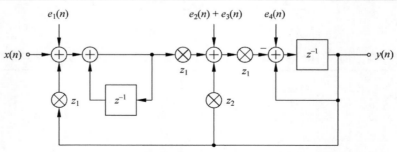

图 6.39　具有附加误差信号的 Zölzer 结构

表 6.9　Zölzer 滤波器的噪声传递函数、L_2 范数的平方与输出噪声方差

噪声传递函数	$G_1(z)=\dfrac{-z_1^2 z}{z^2-(2-z_1z_2-z_1^3)z+(1-z_1z_2)}$
	$G_2(z)=G_3(z)=\dfrac{-z_1(z-1)}{z^2-(2-z_1z_2-z_1^3)z+(1-z_1z_2)}$
	$G_4(z)=\dfrac{z-1}{z^2-(2-z_1z_2-z_1^3)z+(1-z_1z_2)}$
L_2 范数的平方	$\|G_1\|_2^2=\dfrac{z_1^4}{z_1z_2}\dfrac{2-z_1z_2}{2z_1^3(2-z_1z_2)-z_1^6}$
	$\|G_2\|_2^2=\|G_3\|_2^2=\dfrac{z_1^6}{z_1z_2}\dfrac{2}{2z_1^3(2-z_1z_2)-z_1^6}$
	$\|G_4\|_2^2=\dfrac{z_1^3}{z_1z_2}\dfrac{2}{2z_1^3(2-z_1z_2)-z_1^6}$
输出噪声方差	$\sigma_{ye}^2=\sigma_E^2\,2\,\dfrac{6+4(b_1+b_2)+(1+b_2)(1+b_1+b_2)^{1/3}}{(1-b_2)(1+b_2-b_1)}$

图 6.40 显示了上述四种滤波器结构的 SNR 与截止频率的关系，信号被量化为 16 位。在这里，极点在 z 平面的 Q 因子 $Q_\infty=0.7071$ 的曲线上随着截止频率的增加而移动。对于非常小的截止频率，Zölzer 滤波器在信噪比方面与 Kingsbury 滤波器相比提高了 3dB，与 Gold 和 Rader 滤波器相比提高了 6dB。高达 5kHz 时，Zölzer 滤波器会产生更好的结果（见图 6.41）。从 6kHz 开始，该滤波器中极点密度的降低会导致 SNR 的降低（见图 6.41）。

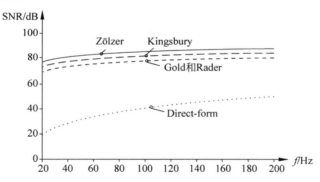

图 6.40　SNR 与截止频率——乘积量化（$f_c<200\mathrm{Hz}$）

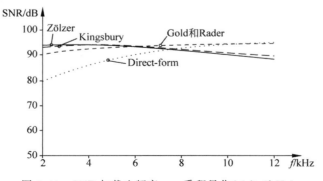

图 6.41　SNR 与截止频率——乘积量化（$f_c>2\mathrm{kHz}$）

用数字信号处理器实现这些滤波器，不需要在每次乘法之后进行量化。只有当累加器必须存储到内存中时，才需要进行量化。这可以在图 6.42～图 6.45 中看到，在真正需要的地方引入量化器，图中也显示了输出噪声方差。SNR 与截止频率的关系如图 6.46 和图 6.47 所示。在直接形式和Gold 和 Rader 滤波器的情况下，SNR 增加了 3dB，而 Kingsbury 滤波器的输出噪声方差保持不变。Kingsbury 滤波器以及Gold 和 Rader 滤波器在 200kHz 的频率范围内表现出相似的结果（见图 6.46）。对于高达 2kHz 的频率（见图 6.47），可以看出，极点密度的增加导致 SNR 的提高，并且系数的量化降低了效果。

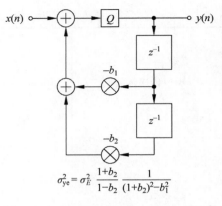

$$\sigma_{ye}^2 = \sigma_E^2 \frac{1+b_2}{1-b_2} \frac{1}{(1+b_2)^2 - b_1^2}$$

图 6.42 直接形式滤波器——累加后量化

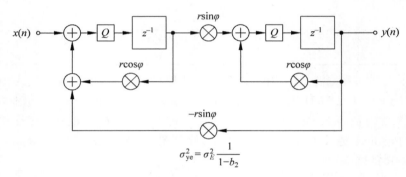

$$\sigma_{ye}^2 = \sigma_E^2 \frac{1}{1-b_2}$$

图 6.43 Gold 和 Rader 滤波器——累加后量化

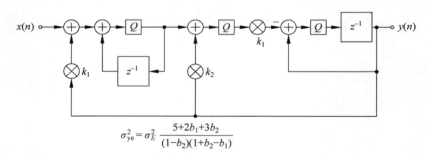

$$\sigma_{ye}^2 = \sigma_E^2 \frac{5+2b_1+3b_2}{(1-b_2)(1+b_2-b_1)}$$

图 6.44 Kingsbury 滤波器——累加后量化

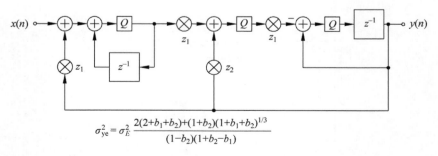

$$\sigma_{ye}^2 = \sigma_E^2 \frac{2(2+b_1+b_2)+(1+b_2)(1+b_1+b_2)^{1/3}}{(1-b_2)(1+b_2-b_1)}$$

图 6.45 Zölzer 滤波器——累加后量化

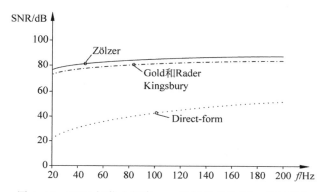

图 6.46　SNR 与截止频率——累加后量化($f_c < 200\text{Hz}$)

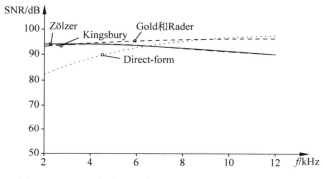

图 6.47　SNR 与截止频率——累加后量化($f_c > 2\text{kHz}$)

2. 递归滤波器中的噪声整形

对不同结构的噪声传递函数的分析可知,对于三种舍入噪声较低的结构,误差信号的传递函数 $G(z)$ 在 $z=1$ 处除复极点外还出现一个零点。极点附近的零点降低了极点的放大效应。如果可以在噪声传递函数中引入另一个零点,则可以在更大程度上补偿极点的影响。如第 2 章所述,量化误差的反馈过程在噪声传递函数中会产生额外的零点。量化误差的反馈首先通过直接形式结构得到,如图 6.48 所示。噪声传递函数如式(6.113)时,在 $z=1$ 处会产生零点。

$$G_{1.0}(z) = \frac{1 - z^{-1}}{1 + b_1 z^{-1} + b_2 z^{-2}} \tag{6.113}$$

滤波器输出处量化误差的方差 σ^2 如图 6.48 所示。为了在 $z=1$ 时产生两个 0,量化误差通过 2 和 -1 加权的两个通路进行延迟反馈[见图 6.48(b)]。因此,噪声传递函数可由式(6.114)给出:

$$G_{2.0}(z) = \frac{1 - 2z^{-1} + z^{-2}}{1 + b_1 z^{-1} + b_2 z^{-2}} \tag{6.114}$$

图 6.49 给出直接形式的信噪比与截止频率的关系,即使是一个零点也能显著提高直接形式的信噪比。随着截止频率的减小,系数 b_1 和 b_2 分别趋于 -2 和 1。这样,可以对误差进行二阶高通滤波。在噪声传递函数中引入附加零点仅影响滤波器的噪声信号,输入信号仅受传递函数 $H(z)$ 的影响。如果选择的反馈系数等于分母多项式中的系数 b_1 和 b_2,则产生与复数极点相同的复数零点,然后将噪声传递函数 $G(z)$ 简化为一个单位,在复极点的位置直接选择复零点就得到了双精度算法。

通过在极点附近放置额外的易于实现的复零点,可以改善 z 平面任何位置的直接形式的噪声性能。在用数字信号处理器实现滤波算法时,这类次优零点很容易实现。

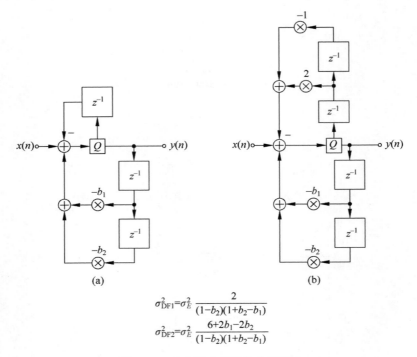

$$\sigma_{DF1}^2 = \sigma_E^2 \frac{2}{(1-b_2)(1+b_2-b_1)}$$

$$\sigma_{DF2}^2 = \sigma_E^2 \frac{6+2b_1-2b_2}{(1-b_2)(1+b_2-b_1)}$$

图 6.48　具有噪声整形的直接形式

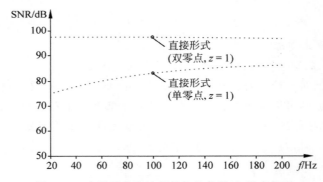

图 6.49　直接形式滤波器结构的信噪比-噪声整形

由于 Gold 和 Rader、Kingsbury 和 Zölzer 滤波器结构在各自的噪声传递函数中已经有了零点，对量化误差使用简单的反馈就足够了，通过这种扩展，得到图 6.50～图 6.52 的框图。

噪声整形对 SNR 的影响如图 6.53 和图 6.54 所示。在 16 位量化和非常小的截止频率时，可以观察到所有滤波器结构的几乎理想的噪声性能。这种噪声整形对截止频率的增加如图 6.54 所示，另外，$z=1$ 时的两个零点的补偿效果降低。

3. 缩放

在数字滤波器的定点实现中，必须确定从滤波器的输入到滤波器内节点的传递函数，并且要确定从输入到输出的传递函数。缩放输入信号时，必须保证信号保持在每个节点和输出的数字范围内。

为了计算缩放系数，可以使用不同的标准。L_p 范数定义为

$$L_p = \parallel H \parallel_p = \left[\frac{1}{2\pi}\int_{-\pi}^{\pi} \mid H(e^{j\Omega}) \mid^p d\Omega\right]^{1/p} \tag{6.115}$$

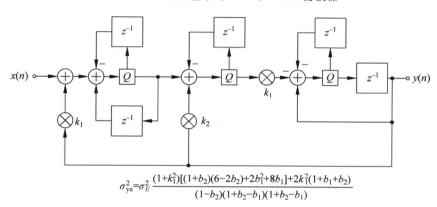

图 6.50 带噪声整形的 Gold 和 Rader 滤波器

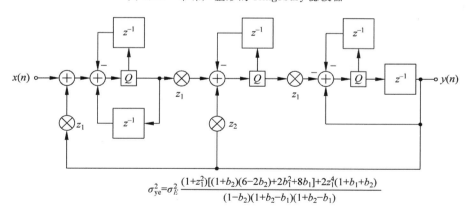

图 6.51 带噪声整形的 Kingsbury 滤波器

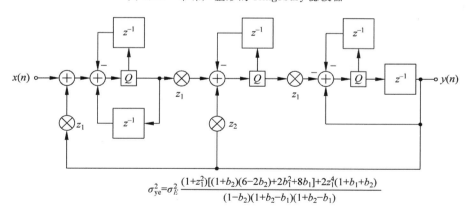

图 6.52 带噪声整形的 Zölzer 滤波器

当 $p=\infty$ 时，L_{∞} 范数的表达式如下：

$$L_{\infty} = \parallel H(\mathrm{e}^{\mathrm{j}\Omega}) \parallel_{\infty} = \max_{0 \leqslant \Omega \leqslant \pi} \mid H(\mathrm{e}^{\mathrm{j}\Omega}) \mid \qquad (6.116)$$

L_{∞} 范数表示幅频响应的最大值。通常，输出的绝对值为

$$\mid y(n) \mid \leqslant \parallel H \parallel_{p} \parallel X \parallel_{q} \qquad (6.117)$$

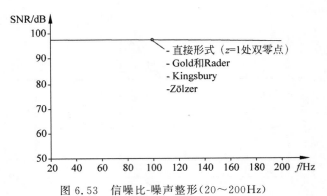

图 6.53　信噪比-噪声整形（20～200Hz）

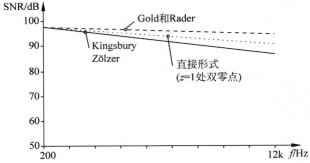

图 6.54　信噪比-噪声整形（200Hz～12kHz）

其中

$$\frac{1}{p} + \frac{1}{q} = 1 \quad p, q \geqslant 1 \tag{6.118}$$

对于 L_1、L_2 和 L_∞ 范数，可以使用表 6.10 进行解释。其中

$$|y_i(n)| \leqslant \| H_i(e^{j\Omega}) \|_\infty \| X(e^{j\Omega}) \|_1 \tag{6.119}$$

L_∞ 范数为

$$L_\infty = \| h_i \|_\infty = \max_{k=0}^{\infty} |h_i(k)| \tag{6.120}$$

对于振幅为 1 的正弦输入信号，有 $\| X(e^{j\Omega}) \|_1 = 1$。为了使 $y_i(n) \leqslant 1$ 有效，缩放因子必须为

$$S_i = \frac{1}{\| H_i(e^{j\Omega}) \|_\infty} \tag{6.121}$$

表 6.10　常用缩放

p	q	说　　明
1	∞	关于 $H(e^{j\Omega})$ 的 L_1 范数输入频谱最大值的缩放
∞	1	输入谱 $X(e^{j\Omega})$ 的 L_1 范数相对于 $H(e^{j\Omega})$ 的 L_∞ 范数的缩放
2	2	输入谱 $X(e^{j\Omega})$ 的 L_2 范数相对于 $H(e^{j\Omega})$ 的 L_2 范数的缩放

以 $|x(n)| \leqslant 1, y_i(n) \leqslant 1$ 为目标，以幅值频响的最大值对输入信号进行缩放。选择最高比例因子 S_i 作为输入信号的比例系数。求二阶系统 $H(z)$ 的传递函数的最大值如式（6.122）所示。

$$\| H(e^{j\Omega}) \|_\infty = \max_{0 \leqslant \Omega \leqslant \pi} |H(e^{j\Omega})| \tag{6.122}$$

其中二阶系统为

$$H(z) = \frac{a_0 + a_1 z^{-1} + a_2 z^{-1}}{1 + b_1 z^{-1} + b_2 z^{-1}} = \frac{a_0 z^2 + a_1 z + a_2}{z^2 + b_1 z + b_2}$$

则最大值为

$$|H(e^{j\Omega})|^2 = \frac{\overbrace{\dfrac{a_0 a_2}{b_2}}^{\alpha_0} \cos^2(\Omega) + \overbrace{\dfrac{a_1(a_0 + a_2)}{2b_2}}^{\alpha_1} \cos(\Omega) + \overbrace{\dfrac{(a_0 - a_2)^2 + a_1^2}{4b_2}}^{\alpha_2}}{\cos^2(\Omega) + \underbrace{\dfrac{b_1(1 + b_2)}{2b_2}}_{\beta_1} \cos(\Omega) + \underbrace{\dfrac{(1 - b_2)^2 + b_1^2}{4b_2}}_{\beta_2}} = S^2 \tag{6.123}$$

当 $x = \cos(\Omega)$ 时,结果如下

$$(S^2 - \alpha_0)x^2 + (\beta_1 S^2 - \alpha_1)x + (\beta_2 S^2 - \alpha_2) = 0 \tag{6.124}$$

由式(6.124)求解得到 $x = \cos(\Omega_{\max/\min})$,它必须为实数($-1 \leqslant x \leqslant 1$),才能使最大值/最小值以实频率出现。对于上述二次方程的一个单解(重根),判别式必须为 $D = (p/2)^2 - q = 0(x^2 + px + q = 0)$。因此有

$$D = \frac{(\beta_1 S^2 - \alpha_1)^2}{4(S^2 - \alpha_0)^2} - \frac{\beta_2 S^2 - \alpha_2}{S^2 - \alpha_0} = 0 \tag{6.125}$$

$$S^4(\beta_1^2 - 4\beta_2) + S^2(4\alpha_2 + 4\alpha_0\beta_2 - 2\alpha_1\beta_1) + (\alpha_1^2 - 4\alpha_0\alpha_2) = 0 \tag{6.126}$$

式(6.126)给出了 S^2 的两个解。选择数值较大的作为解,如果判别式 D 不大于零,则最大值位于 $x = 1(z = 1)$ 或 $x = -1(z = -1)$,如式(6.127)或式(6.128)所示。

$$S^2 = \frac{\alpha_0 + \alpha_1 + \alpha_2}{1 + \beta_1 + \beta_2} \tag{6.127}$$

$$S^2 = \frac{\alpha_0 - \alpha_1 + \alpha_2}{1 - \beta_1 + \beta_2} \tag{6.128}$$

4. 极限环

极限环是滤波器的周期过程,可以用正弦信号来测量,其是由状态变量的量化而产生的。下面简要列出不同类型的极限环和防止极限环的必要方法。

(1) 溢出极限环:饱和曲线、缩放比例。

(2) 消失输入的极限环:噪声整形、抖动。

(3) 与输入信号相关的极限环:噪声整形、抖动。

6.3　非递归音频滤波器

使用非递归滤波器可以实现线性相位音频滤波,而高效实现的基础是快速卷积

$$y(n) = x(n) * h(n) \ \bullet\!\!-\!\!\circ \ Y(k) = X(k) \cdot H(k) \tag{6.129}$$

其中,时域卷积是将信号和脉冲响应变换到频域,然后将相应的傅里叶变换相乘,并将傅里叶变换的乘积逆变换到时域信号来完成的(见图 6.55)。离散傅里叶变换的长度为 N,$N = N_1 + N_2 - 1$,避免了时域混叠。

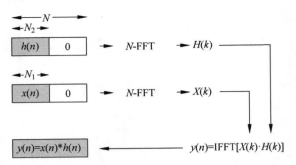

图 6.55　长度为 N_1 的信号 $x(n)$ 与长度为 N_2 的脉冲
响应 $h(n)$ 的快速卷积

6.3.1　快速卷积基础知识

用 DFT 算法实现 IDFT。离散傅里叶变换（DFT）为

$$X(k) = \sum_{n=0}^{N-1} x(n) W_N^{nk} = \mathrm{DFT}_k \big[x(n) \big] \tag{6.130}$$

$$W_N = \mathrm{e}^{-\frac{\mathrm{j}2\pi}{N}} \tag{6.131}$$

离散傅里叶反变换（IDFT）为

$$x(n) = \frac{1}{N} \sum_{k=0}^{N-1} X(k) W_N^{-nk} \tag{6.132}$$

去掉比例因子 $1/N$，可以写成

$$x'(n) = \sum_{k=0}^{N-1} X(k) W_N^{-nk} = \mathrm{IDFT}_n \big[X(k) \big] \tag{6.133}$$

因此，以下对称变换公式成立：

$$X'(k) = \frac{1}{\sqrt{N}} \sum_{n=0}^{N-1} x(n) W_N^{nk} \tag{6.134}$$

$$x(n) = \frac{1}{\sqrt{N}} \sum_{k=0}^{N-1} X'(k) W_N^{-nk} \tag{6.135}$$

IDFT 与 DFT 的区别仅在于指数项中的符号。

另一种借助 DFT 计算 IDFT 的方法如下：

$$x(n) = a(n) + \mathrm{j} \cdot b(n) \tag{6.136}$$

$$\mathrm{j} \cdot x^*(n) = b(n) + \mathrm{j} \cdot a(n) \tag{6.137}$$

式（6.133）的共轭为

$$x'^*(n) = \sum_{k=0}^{N-1} X^*(k) W_N^{nk} \tag{6.138}$$

上式乘以 j 得

$$\mathrm{j} \cdot x'^*(n) = \sum_{k=0}^{N-1} \mathrm{j} \cdot X^*(k) W_N^{nk} \tag{6.139}$$

对式（6.139）两边求共轭并乘以 j，得

$$x'(n) = \mathrm{j} \cdot \left[\sum_{k=0}^{N-1} (\mathrm{j} \cdot X^*(k) W_N^{nk}) \right]^* \tag{6.140}$$

对式(6.137)和式(6.140)的解释表明,用 DFT 算法执行 IDFT 的方法如下:

(1) 将谱序列的实部与虚部交换

$$Y(k) = Y_I(k) + \mathrm{j} Y_R(k)$$

(2) 用 DFT 算法进行变换

$$\mathrm{DFT}[Y(k)] = y_I(n) + \mathrm{j} y_R(n)$$

(3) 将时间序列的实部与虚部交换

$$y(n) = y_R(n) + \mathrm{j} y_I(n)$$

在数字信号处理器上的实现,使用 DFT 为 IDFT 节省了内存。

在许多应用中包含了处理由左右声道组成的立体声信号的过程。在 DFT 的帮助下,两个信道可以同时转换到频域。

$$X(k) = X^*(-k) \tag{6.141}$$

$$= X^*(N-k) \quad k = 0, 1, \cdots, N-1 \tag{6.142}$$

两个实序列 $x(n)$ 和 $y(n)$ 进行离散傅里叶变换时,首先根据式(6.143)形成复序列。

$$z(n) = x(n) + \mathrm{j} y(n) \tag{6.143}$$

由傅里叶变换得

$$\mathrm{DFT}[z(n)] = \mathrm{DFT}[x(n) + \mathrm{j} y(n)]$$

$$= Z_R(k) + \mathrm{j} Z_I(k) \tag{6.144}$$

$$= Z(k) \tag{6.145}$$

其中

$$Z(k) = Z_R(k) + \mathrm{j} Z_I(k) \tag{6.146}$$

$$= X_R(k) + \mathrm{j} X_I(k) + \mathrm{j} [Y_R(k) + \mathrm{j} Y_I(k)] \tag{6.147}$$

$$= X_R(k) - Y_I(k) + \mathrm{j} [X_I(k) + Y_R(k)] \tag{6.148}$$

由于 $x(n)$ 和 $y(n)$ 是实序列,由式(6.142)可得

$$Z(N-k) = Z_R(N-k) + \mathrm{j} Z_I(N-k) = Z^*(k) \tag{6.149}$$

$$= X_R(k) - \mathrm{j} X_I(k) + \mathrm{j} [Y_R(k) - \mathrm{j} Y_I(k)] \tag{6.150}$$

$$= X_R(k) + Y_I(k) - \mathrm{j} [X_I(k) - Y_R(k)] \tag{6.151}$$

计算 $z(k)$ 的实部,将式(6.148)和式(6.151)相加得

$$2X_R(k) = Z_R(k) + Z_R(N-k) \tag{6.152}$$

$$\rightarrow X_R(k) = \frac{1}{2}[Z_R(k) + Z_R(N-k)] \tag{6.153}$$

式(6.148)减去式(6.151)得

$$2Y_I(k) = Z_R(N-k) - Z_R(k) \tag{6.154}$$

$$\rightarrow Y_I(k) = \frac{1}{2}[Z_R(N-k) - Z_R(k)] \tag{6.155}$$

计算 $Z(k)$ 的虚部,将式(6.148)和式(6.151)相加得

$$2Y_R(k) = Z_I(k) + Z_I(N-k) \tag{6.156}$$

$$\rightarrow Y_R(k) = \frac{1}{2}[Z_I(k) + Z_I(N-k)] \tag{6.157}$$

式(6.148)减去式(6.151)得

$$2X_I(k) = Z_I(k) - Z_I(N-k) \tag{6.158}$$

$$\rightarrow X_I(k) = \frac{1}{2}[Z_I(k) - Z_I(N-k)] \tag{6.159}$$

因此,谱函数为

$$X(k) = \mathrm{DFT}[x(n)] = X_R(k) + jX_I(k) \tag{6.160}$$

$$= \frac{1}{2}[Z_R(k) + Z_R(N-k)] + j\frac{1}{2}[Z_I(k) - Z_I(N-k)]$$

$$k = 0, 1, \cdots, \frac{N}{2} \tag{6.161}$$

$$Y(k) = \mathrm{DFT}[y(n)] = Y_R(k) + jY_R(k) \tag{6.162}$$

$$= \frac{1}{2}[Z_I(k) + Z_I(N-k)] + j\frac{1}{2}[Z_R(N-k) - Z_R(k)]$$

$$k = 0, 1, \cdots, \frac{N}{2} \tag{6.163}$$

$$X_R(k) + jX_I(k) = X_R(N-k) - jX_I(N-k) \tag{6.164}$$

$$Y_R(k) + jY_I(k) = Y_R(N-k) - jY_I(N-k)$$

$$k = \frac{N}{2} + 1, \cdots, N-1 \tag{6.165}$$

若谱函数 $X(k)$、$Y(k)$ 和 $H(k)$ 是已知的,借助式(6.148),谱序列为

$$Z(k) = Z_R(k) + jZ_I(k) \tag{6.166}$$

$$= X_R(k) - Y_I(k) + j[X_I(k) + Y_R(k)]$$

$$k = 0, 1, \cdots, N-1 \tag{6.167}$$

通过频域中的乘法进行滤波

$$Z'(k) = [Z_R(k) + jZ_I(k)][H_R(k) + jH_I(k)]$$

$$= Z_R(k)H_R(k) - Z_I(k)H_I(k) + j[Z_R(k)H_I(k) + Z_I(k)H_R(k)] \tag{6.168}$$

逆变换可得

$$z'(n) = [x(n) + jy(n)] * h(n) = x(n) * h(n) + jy(n) * h(n) \tag{6.169}$$

$$= \mathrm{IDFT}[Z'(k)]$$

$$= z'_R(n) + jz'_I(n) \tag{6.170}$$

滤波后的输出序列为

$$x'(n) = z'_R(n) \tag{6.171}$$

$$y'(n) = z'_I(n) \tag{6.172}$$

因此,立体声信号的滤波可以通过频域变换、频谱函数的乘法以及左右通道的逆变换来实现。

6.3.2　长序列的快速卷积

将长度为 N_1 的两个实数输入序列 $x_l(n)$ 和 $x_{l+1}(n)$ 与长度为 N_2 的脉冲响应 $h(n)$ 进行快速卷积

得到长度为 N_1+N_2-1 的输出序列

$$y_l(n)=x_l(n)*h(n) \tag{6.173}$$

$$y_{l+1}(n)=x_{l+1}(n)*h(n) \tag{6.174}$$

对于长度为 $N>30$ 的滤波器,采用快速卷积的非递归滤波器比直接采用 FIR 滤波器更有效。

（1）形成复序列

$$z(n)=x_l(n)+\mathrm{j}x_{l+1}(n) \tag{6.175}$$

（2）用零填充 $h(n)$ 的傅里叶变换,长度 $N \geqslant N_1+N_2-1$

$$H(k)=\mathrm{DFT}[h(n)] \quad (\mathrm{FFT\text{-}长度}\ N) \tag{6.176}$$

（3）用零填充序列 $z(n)$ 的傅里叶变换,长度 $N \geqslant N_1+N_2-1$

$$Z(k)=\mathrm{DFT}[z(n)] \quad (\mathrm{FFT\text{-}长度}\ N) \tag{6.177}$$

（4）得到复输出序列

$$e(n)=\mathrm{IDFT}\left[Z(k)H(k)\right] \tag{6.178}$$

$$=z(n)*h(n) \tag{6.179}$$

$$=x_l(n)*h(n)+\mathrm{j}x_{l+1}(n)*h(n) \tag{6.180}$$

（5）得到实输出序列

$$y_l(n)=\mathrm{Re}\{e(n)\} \tag{6.181}$$

$$y_{l+1}(n)=\mathrm{Im}\{e(n)\} \tag{6.182}$$

对于无限长输入序列(见图 6.56)与脉冲响应 $h(n)$ 的卷积,输入序列被划分为长度为 L 的序列 $x_m(n)$

$$x_m(n)=\begin{cases}x(n), & (m-1)L \leqslant n \leqslant mL-1 \\ 0, & 其他\end{cases} \tag{6.183}$$

输入序列由有限长度序列叠加而成

$$x(n)=\sum_{m=1}^{\infty}x_m(n) \tag{6.184}$$

输入序列与长度为 M 的脉冲响应 $h(n)$ 卷积得

$$y(n)=\sum_{k=0}^{M-1}h(k)x(n-k) \tag{6.185}$$

$$=\sum_{k=0}^{M-1}h(k)\sum_{m=1}^{\infty}x_m(n-k) \tag{6.186}$$

$$=\sum_{m=1}^{\infty}\left[\sum_{k=0}^{M-1}h(k)x_m(n-k)\right] \tag{6.187}$$

方括号中的项对应于长度为 L 的有限长度序列 $x_m(n)$ 与长度为 M 的脉冲响应的卷积,输出信号是长度为 $L+M-1$ 的各部分卷积乘积的叠加。利用这些部分卷积的积,有

$$y_m(n)=\begin{cases}\displaystyle\sum_{k=0}^{M-1}h(k)x_m(n-k), & (m-1)L \leqslant n \leqslant mL+M-2 \\ 0, & 其他\end{cases} \tag{6.188}$$

输出信号可以写为

$$y(n)=\sum_{m=1}^{\infty}y_m(n) \tag{6.189}$$

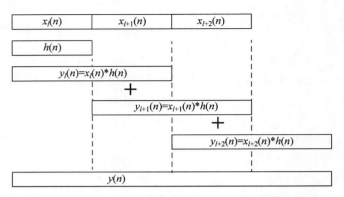

图 6.56 将输入信号 $x(n)$ 划分为长度为 L 的"块"的快速卷积

如果脉冲响应的长度 M 很长,可以类似地分成 P 个长度 M/P 的部分(见图 6.57)。

$$h_p\left[n-(p-1)\frac{M}{P}\right]=\begin{cases}h(n), & (p-1)\dfrac{M}{P}\leqslant n\leqslant p\dfrac{M}{P}-1 \\ 0, & 其他\end{cases} \tag{6.190}$$

由此可得

$$h(n)=\sum_{p=1}^{P}h_p\left[n-(p-1)\frac{M}{P}\right] \tag{6.191}$$

利用 $M_p=pM/P$ 和式(6.189),可以得到

$$y(n)=\sum_{m=1}^{\infty}\left[\underbrace{\sum_{k=0}^{M-1}h(k)x_m(n-k)}_{y_m(n)}\right] \tag{6.192}$$

$$=\sum_{m=1}^{\infty}\left[\sum_{k=0}^{M_1-1}h(k)x_m(n-k)+\sum_{k=M_1}^{M_2-1}h(k)x_m(n-k)+\cdots+\sum_{k=M_{P-1}}^{M-1}h(k)x_m(n-k)\right] \tag{6.193}$$

还可以写成

$$y(n)=\sum_{m=1}^{\infty}\left[\underbrace{\sum_{k=0}^{M_1-1}h_1(k)x_m(n-k)}_{y_{m1}}+\underbrace{\sum_{k=0}^{M_1-1}h_2(k)x_m(n-M_1-k)}_{y_{m2}}+\underbrace{\sum_{k=0}^{M_1-1}h_3(k)x_m(n-2M_1-k)}_{y_{m3}}+\cdots\right.$$

$$\left.+\underbrace{\sum_{k=0}^{M_1-1}h_P(k)x_m[n-(P-1)M_1-k]}_{y_{mP}}\right]$$

$$=\sum_{m=1}^{\infty}\left[\underbrace{y_{m1}(n)+y_{m2}(n-M_1)+\cdots+y_{mP}[n-(P-1)M_1]}_{y_m(n)}\right] \tag{6.194}$$

将脉冲响应划分为 4 段($P=4$),如图 6.58 所示,有

$$y(n)=\sum_{m=1}^{\infty}\left[\underbrace{\sum_{k=0}^{M_1-1}h_1(k)x_m(n-k)}_{y_{m1}}+\underbrace{\sum_{k=0}^{M_1-1}h_2(k)x_m(n-M_1-k)}_{y_{m2}}+\right.$$

$$\left.\underbrace{\sum_{k=0}^{M_1-1}h_3(k)x_m(n-2M_1-k)}_{y_{m3}}+\underbrace{\sum_{k=0}^{M_1-1}h_4(k)x_m(n-3M_1-k)}_{y_{m4}}\right]$$

$$=\sum_{m=1}^{\infty}\left[\underbrace{y_{m1}(n)+y_{m2}(n-M_1)+y_{m3}(n-2M_1)+y_{m4}(n-3M_1)}_{y_m(n)}\right] \tag{6.195}$$

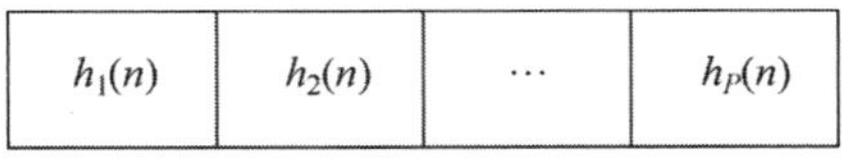

$h_1(n)$	$h_2(n)$	⋯	$h_P(n)$

图 6.57 脉冲响应 $h(n)$ 的划分

划分输入序列 $x(n)$ 并与脉冲响应 $h(n)$ 进行快速卷积的过程如图 6.58 所示。

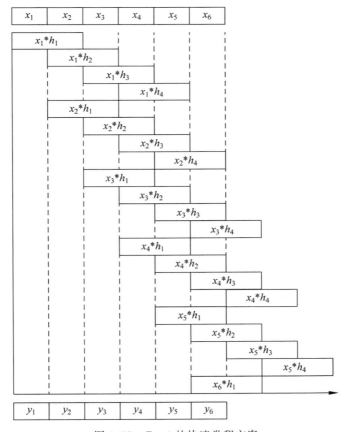

图 6.58 $P=4$ 的快速卷积方案

（1）长度为 $4M$ 的脉冲响应 $h(n)$ 的分解。

$$h_1(n)=h(n),\quad 0\leqslant n\leqslant M-1 \tag{6.196}$$

$$h_2(n-M)=h(n), \quad M \leqslant n \leqslant 2M-1 \tag{6.197}$$

$$h_3(n-2M)=h(n), \quad 2M \leqslant n \leqslant 3M-1 \tag{6.198}$$

$$h_4(n-3M)=h(n), \quad 3M \leqslant n \leqslant 4M-1 \tag{6.199}$$

（2）长度为 $2M$ 的部分脉冲响应的零填充。

$$h_1(n)=\begin{cases}h_1(n), & 0 \leqslant n \leqslant M-1 \\ 0, & M \leqslant n \leqslant 2M-1\end{cases} \tag{6.200}$$

$$h_2(n)=\begin{cases}h_2(n), & 0 \leqslant n \leqslant M-1 \\ 0, & M \leqslant n \leqslant 2M-1\end{cases} \tag{6.201}$$

$$h_3(n)=\begin{cases}h_3(n), & 0 \leqslant n \leqslant M-1 \\ 0, & M \leqslant n \leqslant 2M-1\end{cases} \tag{6.202}$$

$$h_4(n)=\begin{cases}h_4(n), & 0 \leqslant n \leqslant M-1 \\ 0, & M \leqslant n \leqslant 2M-1\end{cases} \tag{6.203}$$

（3）计算和存储。

$$H_i(k)=\mathrm{DFT}[h_i(n)] \quad i=1,2,3,4 \quad (\text{FFT-长度 } 2M) \tag{6.204}$$

（4）将输入序列 $x(n)$ 分解为长度为 M 的部分序列 $x_l(n)$。

$$x_l(n)=x(n) \quad (l-1)M \leqslant n \leqslant lM-1, \quad l=1,2,\cdots,\infty \tag{6.205}$$

（5）嵌套部分的序列。

$$z_m(n)=x_l(n)+\mathrm{j}x_{l+1}(n) \quad m=1,2,\cdots,\infty \tag{6.206}$$

（6）填充零后长度为 $2M$ 的复序列 $z_m(n)$。

$$z_m(n)=\begin{cases}z_m(n), & (l-1)M \leqslant n \leqslant lM-1 \\ 0, & lM \leqslant n \leqslant (l+1)M-1\end{cases} \tag{6.207}$$

（7）复序列 $z_m(n)$ 的傅里叶变换。

$$Z_m(k)=\mathrm{DFT}[z_m(n)]=Z_{mR}(k)+\mathrm{j}Z_{mI}(k) \quad (\text{FFT-长度 } 2M) \tag{6.208}$$

（8）频域乘法。

$$[Z_R(k)+\mathrm{j}Z_I(k)][H_R(k)+\mathrm{j}H_I(k)]$$
$$=Z_R(k)H_R(k)-Z_I(k)H_I(k)+$$
$$\mathrm{j}[Z_R(k)H_I(k)+Z_I(k)H_R(k)] \tag{6.209}$$

$$E_{m1}(k)=Z_m(k)H_1(k) \quad k=0,1,\cdots,2M-1 \tag{6.210}$$

$$E_{m2}(k)=Z_m(k)H_2(k) \quad k=0,1,\cdots,2M-1 \tag{6.211}$$

$$E_{m3}(k)=Z_m(k)H_3(k) \quad k=0,1,\cdots,2M-1 \tag{6.212}$$

$$E_{m4}(k)=Z_m(k)H_4(k) \quad k=0,1,\cdots,2M-1 \tag{6.213}$$

（9）逆变换。

$$e_{m1}(n)=\mathrm{IDFT}[Z_m(k)H_1(k)] \quad n=0,1,\cdots,2M-1 \tag{6.214}$$

$$e_{m2}(n)=\mathrm{IDFT}[Z_m(k)H_2(k)] \quad n=0,1,\cdots,2M-1 \tag{6.215}$$

$$e_{m3}(n)=\mathrm{IDFT}[Z_m(k)H_3(k)] \quad n=0,1,\cdots,2M-1 \tag{6.216}$$

$$e_{m4}(n)=\mathrm{IDFT}[Z_m(k)H_4(k)] \quad n=0,1,\cdots,2M-1 \tag{6.217}$$

（10）确定部分卷积。

$$\mathrm{Re}\{e_{m1}(n)\}=x_l * h_1 \tag{6.218}$$

$$\text{Im}\{e_{m1}(n)\} = x_{l+1} * h_1 \tag{6.219}$$

$$\text{Re}\{e_{m2}(n)\} = x_l * h_2 \tag{6.220}$$

$$\text{Im}\{e_{m2}(n)\} = x_{l+1} * h_2 \tag{6.221}$$

$$\text{Re}\{e_{m3}(n)\} = x_l * h_3 \tag{6.222}$$

$$\text{Im}\{e_{m3}(n)\} = x_{l+1} * h_3 \tag{6.223}$$

$$\text{Re}\{e_{m4}(n)\} = x_l * h_4 \tag{6.224}$$

$$\text{Im}\{e_{m4}(n)\} = x_{l+1} * h_4 \tag{6.225}$$

（11）部分序列的重叠相加，增量 $l=l+2$ 和 $m=m+1$，然后返回步骤（5）。

根据输入信号和脉冲响应的分割以及接下来的傅里叶变换，每个卷积的结果只有在一个样本块的延迟后才能得到。人们提出了不同的方法来降低计算复杂度或克服块延迟，这些方法利用了一种混合方法，其中脉冲响应的第一部分用于时域卷积，其他部分用于频域的快速卷积。图 6.59(a) 和图 6.59(b) 展示了混合卷积方案的简单推导，它可以通过传递函数 $H(z)$ 根据式(6.226)的分解来描述。

$$H(z) = \sum_{i=0}^{M-1} z^{-iN} H_i(z) \tag{6.226}$$

其中，脉冲响应的长度为 $M \cdot N$，M 是长度为 N 的分区数量。图 6.59(c) 和图 6.59(d) 显示了整个传递函数式(6.226)分解出的两个不同信号流程框图。特别地，图 6.59(d)（灰色背景）强调了在每个分支 $i=1,2,\cdots,M-1$ 中，时延为 $i \cdot N$，且每个滤波器 $H_i(z)$ 长度相同，使用的状态变量相同。这意味着它们可以在频域用 $2N$ 个 FFT/IFFT 并行计算，并且输出必须按照 $(i-1) \cdot N$ 进行延迟，如图 6.59(e) 所示。进一步简化如图 6.59(f) 所示，可以看到在频率向量有 $2N$-FFT 输入和 z^{-1} 块延迟。然后，对长度为 $2N$ 的 $H_i(k)$ 进行并行乘法，并对所有中间积求和，然后再进行一次 $2N$-IFFT 输出，用于时域内的重叠和相加操作。脉冲响应的第一部分用 $H_0(z)$ 表示，在时域中通过直接卷积来实现，然后将频域和时域部分重叠并叠加。快速卷积的另一种实现基于重叠和保存操作。

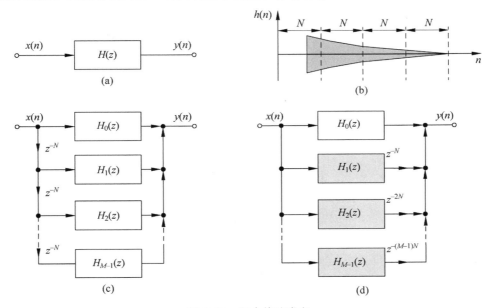

图 6.59 混合快速卷积

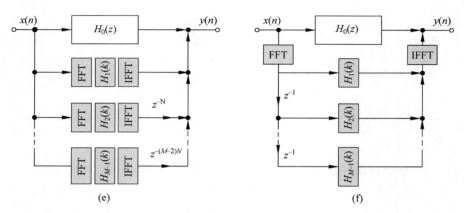

图 6.59 （续）

6.3.3 频率采样滤波器设计

借助频率采样方法可通过快速卷积实现非递归的音频滤波。对于线性相位系统,有

$$H(e^{j\Omega}) = A(e^{j\Omega}) e^{-j\frac{N_F-1}{2}\Omega} \tag{6.227}$$

其中,$A(e^{j\Omega})$是实数振幅响应,N_F是脉冲响应的长度。幅值$|H(e^{j\Omega})|$通过等距离位置的频域采样来计算,如式(6.228)和式(6.229)所示。

$$\frac{f}{f_S} = \frac{k}{N_F}, \quad k = 0, 1, \cdots, N_F - 1 \tag{6.228}$$

$$|H(e^{j\Omega})| = A(e^{\frac{j2\pi k}{N_F}}), \quad k = 0, 1, \cdots, \frac{N_F}{2} - 1 \tag{6.229}$$

因此,可以通过满足频域中的条件来设计滤波器。线性相位确定为

$$e^{-j\frac{N_F-1}{2}\Omega} = e^{-j2\pi\frac{N_F-1}{2}\frac{k}{N_F}} \tag{6.230}$$

$$= \cos\left(2\pi\frac{N_F-1}{2}\frac{k}{N_F}\right) - j\sin\left(2\pi\frac{N_F-1}{2}\frac{k}{N_F}\right)$$

$$k = 0, 1, \cdots, \frac{N_F}{2} - 1 \tag{6.231}$$

实际传递函数 $H(z)$ 为偶数滤波器长度时,必须满足

$$H\left(k = \frac{N_F}{2}\right) = 0 \wedge H(k) = H^*(N_F - k) \quad k = 0, 1, \cdots, \frac{N_F}{2} - 1 \tag{6.232}$$

脉冲响应 $h(n)$ 是通过频谱序列 $H(k)$ 的 N_F 点 IDFT 得到的。该脉冲响应通过零填充扩展到长度 N,然后通过 N 点 DFT 进行转换,从而得到滤波器的频谱序列 $H(k)$。

例如,对于 $N_F = 8$,$|H(k)| = 1(k = 0, 1, 2, 3, 5, 6, 7)$,$|H(4)| = 0$,则组延迟 $t_G = 3.5$。图 6.60 显示了传递函数的幅值、实部、虚部及脉冲响应 $h(n)$。

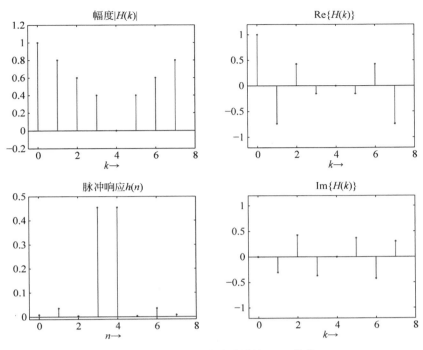

图 6.60　频率采样滤波器设计（N_F 偶数）

6.4　多互补滤波器组

音频信号的子带处理主要用于源编码应用，以实现高效传输和存储。子带分解的基础是临界采样滤波器组，如果在子频带内没有进行其他处理，这些滤波器组可以完美重建输入信号。它们包括用于在临界采样子带中分解信号的分析滤波器组和用于重构宽带输出的合成滤波器组。合成滤波器组消除了子带中的混叠。非线性方法用于对子带信号进行编码。与编码/解码过程中产生的误差相比，滤波器组的重构误差可以忽略不计。使用临界采样滤波器组作为多频带均衡器、多频带动态范围控制或多频带房间模拟，子频带中的处理会导致输出混叠。为了避免混叠，出现了一种多互补滤波器组，该滤波器组能够在子带中无混叠处理信号，并实现输出的完美重建，它可以分解成与人耳匹配的倍频带。

6.4.1　原则

图 6.61 显示了具有临界采样的倍频带滤波器组，它将连续的低通/高通分解为半带，然后进行 2 倍的降采样，分解频带为子带 Y_1 到 Y_N（见图 6.62）。该分解的过渡频率由式（6.233）给出

$$\Omega_{Ck} = \frac{\pi}{2}2^{-k+1}, \quad k = 1, 2, \cdots, N-1 \tag{6.233}$$

为了避免子频带中的混叠，考虑一种改进的倍频带滤波器组，如图 6.63 所示的双频带分解。将修改后滤波器组的截止频率从 π/2 移至更低的频率，这意味着在低通分支进行下采样时，在过渡频段（例如截止频率 π/3）不会发生混叠。更广泛的高通分支不能向下采样。以此类推，修改的倍频带滤波器组框图如图 6.64 所示。频带如图 6.65 所示，其中除截止频率外，子频带的带宽减少了 1/2，高通子带 Y_1 例外。

$$\Omega_{Ck} = \frac{\pi}{3}2^{-k+1}, \quad k=1,2,\cdots,N-1 \tag{6.234}$$

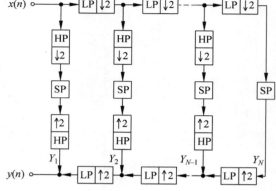

图 6.61　倍频带滤波器组

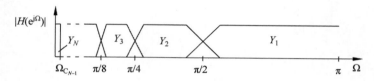

图 6.62　倍频带滤波器

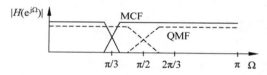

图 6.63　双频带分解

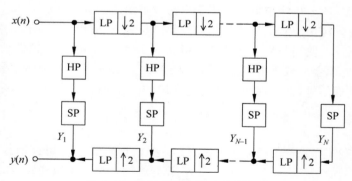

图 6.64　改进的倍频带滤波器框图

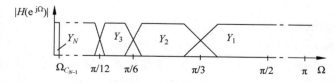

图 6.65　改进的倍频带滤波器

特殊的低通/高通分解通过一个双频段互补滤波器组进行,如图 6.66 所示。抽取滤波器 $H_D(z)$、插值滤波器 $H_1(z)$ 和核滤波器 $H_K(z)$ 的频率响应如图 6.67 所示。

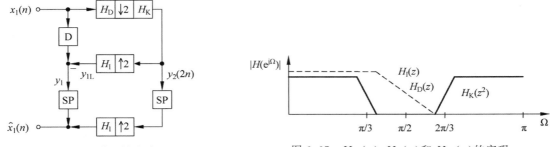

图 6.66　双频带互补滤波器组　　　　图 6.67　$H_D(z)$、$H_1(z)$ 和 $H_K(z)$ 的实现

信号 $x_1(n)$ 的低通滤波借助于抽取滤波器 $H_D(z)$、2 倍的下采样器和核滤波器 $H_K(z)$ 来完成,得到信号 $y_2(2n)$。$y_2(2n)$ 的 Z 变换由式(6.235)给出。

$$Y_2(z) = \frac{1}{2}\left[H_D(z^{\frac{1}{2}})X_1(z^{\frac{1}{2}})H_K(z) + H_D(-z^{\frac{1}{2}})X_1(-z^{\frac{1}{2}})H_K(z) \right] \tag{6.235}$$

内插低通信号 $y_{1L}(n)$ 是经过 2 倍的上采样和内插滤波 $H_1(z)$ 得到的,$y_{1L}(n)$ 的 Z 变换由式(6.236)给出

$$Y_{1L}(z) = Y_2(z^2)H_1(z) \tag{6.236}$$

$$= \underbrace{\frac{1}{2}H_D(z)H_1(z)H_K(z^2)X_1(z)}_{G_1(z)} + \underbrace{\frac{1}{2}H_D(-z)H_1(z)H_K(z^2)X_1(-z)}_{G_2(z)} \tag{6.237}$$

高通信号 $y_1(n)$ 通过从延迟的输入信号 $x_1(n-D)$ 中减去内插的低通信号 $y_{1L}(n)$ 而获得。高通信号的 Z 变换由式(6.238)给出

$$Y_1(z) = z^{-D}X_1(z) - Y_{1L}(z) \tag{6.238}$$

$$= \left[z^{-D} - G_1(z) \right]X_1(z) - G_2(z)X_1(-z) \tag{6.239}$$

低通和高通信号被单独处理,将高通信号与经上采样和低通滤波后的信号相加,从而得到输出信号 $\hat{x}_1(n)$。利用式(6.237)和式(6.239),可以将 $\hat{x}_1(n)$ 的 Z 变换写成

$$\hat{X}_1(z) = Y_{1L}(z) + Y_1(z) = z^{-D}X_1(z) \tag{6.240}$$

由式(6.240)可以看出,延迟 D 个采样单元后的输入信号被完美重构。

扩展到 N 个子频带并使用互补技术实现内核滤波器,可以形成多互补滤波器组,如图 6.68 所示。集成高通(Y_1)和带通子带($Y_2 \sim Y_{N-2}$)中的延迟可以补偿群延迟。滤波器结构由 N 个水平级组成,内核滤波器则为 S 个垂直级中的互补滤波器,后者的设计将在后面讨论。扩展核滤波器(EKF$_1 \sim$ EKF$_{N-1}$)中的垂直延迟补偿了由形成分量引起的群延迟。在这些垂直级中,每个末端是内核滤波器 H_K,其中

$$z_k = z^{2^{-(k-1)}}, \quad k = 1, 2, \cdots, N \tag{6.241}$$

信号 $\hat{X}_k(z_k)$ 可以写成信号 $X_k(z_k)$ 的函数

$$\hat{X} = \mathrm{diag}\left[z_1^{-D_1} \quad z_2^{-D_2} \quad \cdots \quad z_N^{-D_N} \right]X \tag{6.242}$$

$$\hat{X} = \left[\hat{X}_1(z_1) \quad \hat{X}_2(z_2) \quad \cdots \quad \hat{X}_N(z_N) \right]^{\mathrm{T}}$$

$$X = \begin{bmatrix} X_1(z_1) & X_2(z_2) & \cdots & X_N(z_N) \end{bmatrix}^{\mathrm{T}}$$

其中，$k = N-1$，而延迟由式(6.243)给出

$$D_{k=N} = 0 \tag{6.243}$$

$$D_{k=N-l} = 2D_{N-l+1} + D, \quad l = 1,2,\cdots,N-1 \tag{6.244}$$

如果水平延迟 $D_{\mathrm{H}k}$ 由下式给出，则可以实现输入信号的完美重构。

$$D_{H_{k=N}} = 0$$

$$D_{H_{k=N-1}} = 0$$

$$D_{H_{k=N-l}} = 2D_{N-l+1}, \quad l = 2,3,\cdots,N-1$$

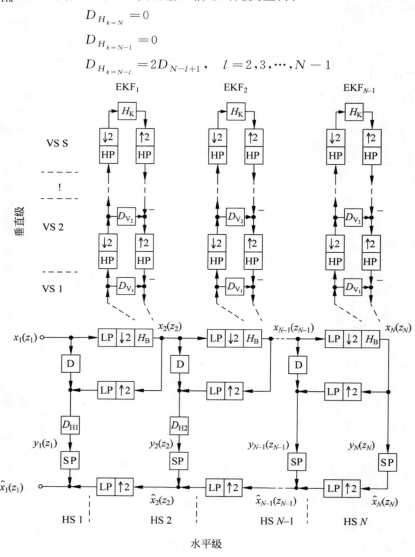

图 6.68　多互补滤波器组

扩展的垂直核滤波器通过计算互补分量实现，如图 6.69 所示。经过上采样、高通插值[图 6.69(b)]，形成互补分量后，具有图 6.69(a)中频响的核滤波器 H_{K} 变成了具有图 6.69(c)中频响的低通滤波器。滤波器特性的斜率保持恒定，而截止频率翻倍。随后上采样插值高通滤波器[图 6.69(d)]并结合补码滤波可以得到图 6.69(e)中的频率响应。借助该技术，核滤波器可以在降低的采样率下实现。使用具有补码滤波的抽取/内插，将截止频率移动到期望的截止频率。

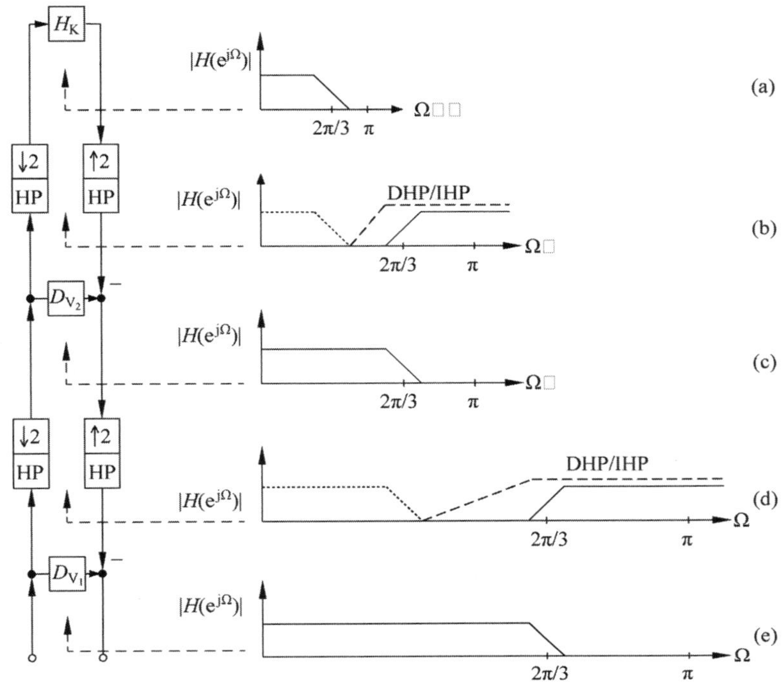

图 6.69 多速率互补滤波器

计算复杂度。对于具有 $N-1$ 分解滤波器的 N 段多互补滤波器组,每个滤波器由具有 S 级的核滤波器实现,水平复杂度由式(6.245)给出

$$\mathrm{HC} = \mathrm{HC}_1 + \mathrm{HC}_2 \left(\frac{1}{2} + \frac{1}{4} + \cdots + \frac{1}{2^N} \right) \tag{6.245}$$

其中,HC_1 表示在输入采样率下执行的操作的数量,对应水平级 HS_1(见图 6.68)。此外,HC_2 表示以采样率的一半执行的操作(水平级 HS_2)的数量。从 HS_2 到 HS_N 阶段的操作数量大致相同,但采样率依次减半。

垂直核滤波器 $\mathrm{EKF}_1 \sim \mathrm{EKF}_{N-1}$ 的复杂度 $\mathrm{VC}_1 \sim \mathrm{VC}_{N-1}$ 计算如下:

$$\mathrm{VC}_1 = \frac{1}{2}\mathrm{V}_1 + \mathrm{V}_2 \left(\frac{1}{4} + \frac{1}{8} + \cdots + \frac{1}{2^{S+1}} \right)$$

$$\mathrm{VC}_2 = \frac{1}{4}\mathrm{V}_1 + \mathrm{V}_2 \left(\frac{1}{8} + \frac{1}{16} + \cdots + \frac{1}{2^{S+2}} \right) = \frac{1}{2}\mathrm{VC}_1$$

$$\mathrm{VC}_3 = \frac{1}{8}\mathrm{V}_1 + \mathrm{V}_2 \left(\frac{1}{16} + \frac{1}{32} + \cdots + \frac{1}{2^{S+3}} \right) = \frac{1}{4}\mathrm{VC}_1$$

$$\mathrm{VC}_{N-1} = \frac{1}{2^{N-1}}\mathrm{V}_1 + \mathrm{V}_2 \left(\frac{1}{2^N} + \cdots + \frac{1}{2^{S+N-1}} \right) = \frac{1}{2^{N-1}}\mathrm{VC}_1$$

其中,V_1 表示第一阶段 VS_1 的复杂度,V_2 表示第二阶段 VS_2 的复杂度(见图 6.68)。可以看出,总垂直复杂度为

$$\mathrm{VC} = \mathrm{VC}_1 \left(1 + \frac{1}{2} + \frac{1}{4} + \cdots + \frac{1}{2^{N-1}} \right) \tag{6.246}$$

总复杂度结果的上限是水平复杂度和垂直复杂度之和,可以写成

$$C_{tot} = HC_1 + HC_2 + 2VC_1 \tag{6.247}$$

总复杂度 C_{tot} 与频带 N 和垂直级 S 的数量无关。这意味着,对于具有有限计算能力的实时实现,可以实现任何数量的具有窄过渡带的子带滤波器。

6.4.2 示例：八段多互补滤波器组

为了实现如图 6.70 所示的 8 个频带的频率分解,采用图 6.71 的多速率滤波器结构。系统的各个部分包括:下行采样（D＝抽取）,上采样（I＝插值）,核滤波（K）,信号处理（SP）,延迟（N_1＝延迟 1,N_2＝延迟 2)和第 i 波段的组延迟补偿 M_i。频率分解从最高频段到最低频段依次进行。在两个最低频段,不需要对群延迟进行补偿。

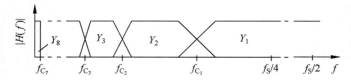

图 6.70 改进的倍频频带分解

滤波器响应的斜率可以通过图 6.72 所示的核互补滤波器结构进行调整。8 频带均衡器的参数如表 6.11 所示,子带滤波器的阻带衰减为 100dB。

表 6.11 8 频带均衡器中的过渡频率 f_{C_i} 和过渡带宽 TB

f_S/kHz	f_{C_1}/Hz	f_{C_2}/Hz	f_{C_3}/Hz	f_{C_4}/Hz	f_{C_5}/Hz	f_{C_6}/Hz	f_{C_7}/Hz
44.1	7350	3675	1837.5	918.75	459.375	≈230	≈115
TB［Hz］	1280	640	320	160	80	40	20

不同抽取和内插滤波器的设计主要取决于低频带的过渡带宽和阻带衰减。以 8 频带均衡器设计为例,两个低频带的核互补滤波器结构如图 6.72 所示,核低通、抽取和插值滤波器如图 6.73 所示。

1. 核滤波器设计

如果给出较低频段的过渡带宽,则核滤波器的过渡带宽是已知的。该核滤波器必须为 $f'' = 44100/(2^8)$。对于频率 $f'' = f''_S/3$ 的给定过渡带宽 f_{TB},归一化通带频率为

$$\frac{\Omega''_{Pb}}{2\pi} = \frac{f'' - f_{TB}/2}{f''_S} \tag{6.248}$$

归一化阻带频率为

$$\frac{\Omega''_{Sb}}{2\pi} = \frac{f'' + f_{TB}/2}{f''_S} \tag{6.249}$$

借助这些参数,可以进行滤波器的设计。利用 Parks-McClellan 程序,在 $f_{TB} = 20Hz$ 的过渡带宽下,得到如图 6.74 所示的频率响应,100dB 阻带衰减所需的滤波器长度为 53 抽头。

2. 抽取和插值高通滤波器

这些滤波器的设计采样率为 $f'_S = 44100/(2^7)$,为半带滤波器,如图 6.73 所示。首先设计低通滤波器,然后进行高通到低通变换。对于给定的过渡带宽 f_{TB},归一化通带频率为

$$\frac{\Omega'_{Pb}}{2\pi} = \frac{f'' + f_{TB}/2}{f'_S} \tag{6.250}$$

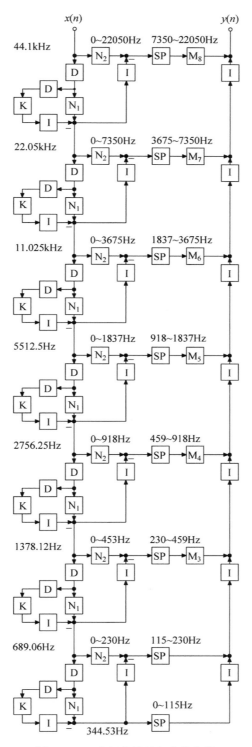

图 6.71 8个频带线性相位均衡器

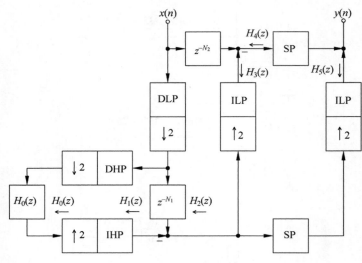

图 6.72　核互补滤波器结构

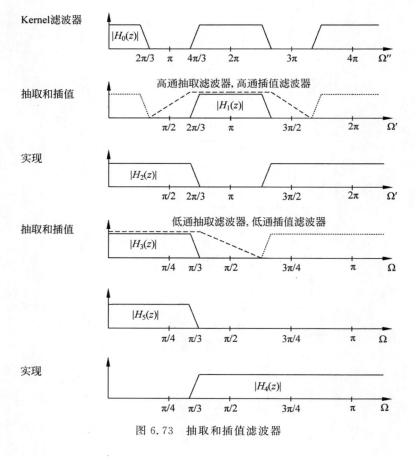

图 6.73　抽取和插值滤波器

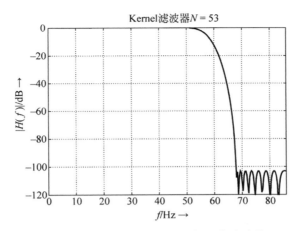

图 6.74　过渡带宽为 20Hz 的低通核滤波器

归一化阻带频率由式(6.251)给出

$$\frac{\Omega'_{\text{Sb}}}{2\pi} = \frac{2f'' - f_{\text{TB}}/2}{f'_{\text{S}}} \tag{6.251}$$

利用这些参数,进行半带滤波器的设计。图 6.75 显示了频率响应。100dB 阻带衰减所需的滤波器长度为 55 抽头。

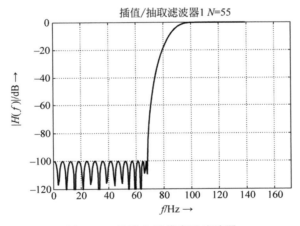

图 6.75　抽取和插值高通滤波器

3. 抽取和插值低通滤波器

这些滤波器的采样率为 $f_{\text{S}} = 44100/(2^6)$,也是半带滤波器。对于给定的过渡带宽 f_{TB},归一化通带频率为

$$\frac{\Omega_{\text{Pb}}}{2\pi} = \frac{2f'' + f_{\text{TB}}/2}{f_{\text{S}}} \tag{6.252}$$

归一化的阻带频率为

$$\frac{\Omega_{\text{Sb}}}{2\pi} = \frac{4f'' - f_{\text{TB}}/2}{f_{\text{S}}} \tag{6.253}$$

利用这些参数,进行半带滤波器的设计。图 6.76 显示了频率响应。100dB 阻带衰减所需的滤波器长度为 43 抽头。这些滤波器设计被用于每个分解阶段,从而获得如表 6.11 所列的过渡频率和带宽。

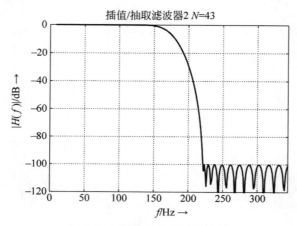

图 6.76　抽取插值低通滤波器

4. 内存要求和延迟时间

内存需求直接取决于过渡带宽和阻带衰减，在这里，对于实际的核、抽取和插值滤波器的内存操作必须与频段中的组延迟补偿区分开。补偿群时延 N_1 的计算公式如下（O_{KF} 为核滤波器阶数，$O_{DHP/IHP}$ 为抽取和插值高通滤波器阶数）：

$$N_1 = O_{KF} + O_{DHP/IHP} \tag{6.254}$$

抽取和插值低通滤波器 $O_{DLP/ILP}$ 阶的群延迟补偿 N_2 由式（6.255）给出：

$$N_2 = 2N_1 + O_{DLP/ILP} \tag{6.255}$$

从两个最低频带开始递归计算各个频带中的延迟 $M_3 \sim M_8$：

$$M_3 = 2N_2$$
$$M_4 = 6N_2$$
$$M_5 = 14N_2$$
$$M_6 = 30N_2$$
$$M_7 = 62N_2$$
$$M_8 = 126N_2$$

每个分解阶段的内存需求如表 6.12 所示。延迟的内存可以通过 $\sum_i M_i = 240N_2$ 计算，等待时间（延迟）由 $t_D = \dfrac{M_8}{44100} 10^3$（$t_D = 725\text{ms}$）得到。

表 6.12　内存要求

Kernel 滤波器	O_{KF}		N_1	$O_{KF} + O_{DHP/IHP}$
DHP/IHP	$2 \cdot O_{DHP/IHP}$		N_2	$2 \cdot N_1 + O_{DLP/ILP}$
DLP/ILP	$3 \cdot O_{DLP/ILP}$			

注：O_{KF}——KF 滤波器的阶数；$O_{DHP/IHP}$——高通抽取/插值滤波器的阶数；$O_{DLP/ILP}$——低通抽取/插值滤波器的阶数。

6.5　基于延迟的音频效果

前面讨论了使用固定系数的 FIR 和 IIR 系统的线性时不变滤波过程。接下来介绍时变系统，延迟的长度由控制信号 $m(n) = M(n) + \text{frac}(n)$ 来控制，如图 6.77 所示。这种延迟的改进可以实现输入的时

变延迟,具体如下:

$$y(n) = x(n) * \delta(n - m(n)) \tag{6.256}$$

$$Y(e^{j\Omega}) = X(e^{j\Omega}) \cdot e^{-j\Omega m(n)} \tag{6.257}$$

$$y(n) = (1 - \text{frac}) \cdot x(n - M) + \text{frac} \cdot x[n - (M+1)] \tag{6.258}$$

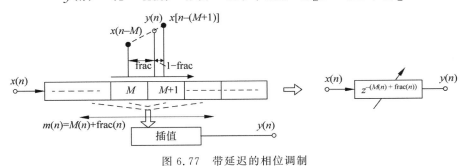

图 6.77 带延迟的相位调制

式(6.256)的时变延迟导致输入 $x(n)$ 的相位调制,如式(6.257)中给出的傅里叶变换所示。这种延迟线调制可以通过连续样本之间的线性插值来实现,如式(6.258)所示,即对输出 $y(n)$ 进行分数样本计算。振幅和相位调制用于以下四种音频效果。

颤音是音乐术语中一个音符的快速重复或两个或多个音符之间的快速交替(弦乐器、曼陀林、长笛、钢琴、羽管键琴、小型拨弦琴、吉他)。颤音是一种快速重复的音量增减,这种效果是基于修改信号的时域包络线(振幅)得到的,如图 6.78(a)所示。

震音是在一个音符(弦乐器、吉他、歌声)的持续时间内基音的快速重复变化。可以看出,这是通过延迟调制(相位调制)来改变信号的基音,如图 6.78(b)所示。

合唱是模拟音乐家(歌手、小提琴)合奏的结果,基音和幅度略有不同。合唱效果提高了响度。通过幅度调制和延迟线调制(相位调制)模拟这些幅度和基音差,并将所有信号相加得到输出信号,如图 6.78(c)所示。

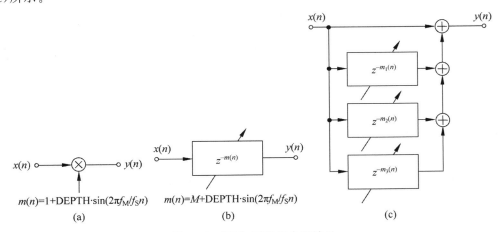

图 6.78 颤音、震音和合唱效果

Flanger 模拟了一种特殊的滤波效果,如果在直接信号中加入一个缓慢时变的单一反射(喷气式飞机效应),就会发生这种效果。这种效果可以通过从两台磁带机播放同一信号的两个副本来实现,同时将手指放在一台磁带卷的边缘上,从而减慢一台磁带机的重放速度。

6.6　JS 小程序——音频过滤器

图 6.79 所示的小程序演示了音频过滤器，它是为深入了解过滤音频信号的感知效果而设计的。除了不同的滤波器类型及其声学效果，小程序还首次深入分析了人类声学感知的响度和频率分辨率的对数性能。

在图形用户界面的右下方，可以选择以下滤波功能。

1）带控制参数的低通/高通滤波器（LP/HP）

（1）截止频率 f_c，单位为 Hz（下水平滑块）。

（2）高于（LP）或低于（HP——截止频率根据所示频率响应衰减）的所有频率。

2）带控制参数的低/高频搁架滤波器（LFS/HFS）

（1）截止频率 f_c，单位为 Hz（下水平滑块）。

（2）以 dB 为单位提升/降低（左侧垂直滑块，+表示提升，－表示降低）。

（3）根据所选的提升/降低，对低于（LFS）或高于（HFS）截止频率的所有频率进行提高/降低。

3）带控制参数的峰值滤波器

（1）中心频率 f_c（Hz）（下水平滑块）。

（2）以 dB 为单位提升/削减（左侧垂直滑块，+表示提升，－表示降低）。

（3）Q 因子 $Q = f_c/f_b$（右垂直滑块），它控制调整后的中心频率 f_c 周围的提升/削减带宽 f_b。较低的 Q 因子意味着更宽的带宽。

（4）峰值滤波器由 Q 因子调整带宽来提高/降低中心频率。

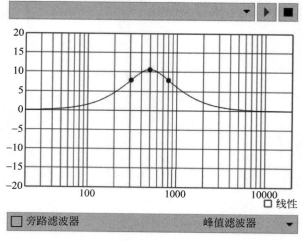

图 6.79　JS 小程序——音频过滤器

中心窗口显示所选滤波器函数的频率响应（滤波器增益与频率的关系），可以选择线性频率轴或者对数频率轴。可以从服务器中选择两个预定义的音频文件（audio1. wav 或 audio2. wav）或自己的本地 WAV 文件进行处理。

6.7 习题

递归音频滤波器设计

1. 如何设计低频搁置滤波器？哪些参数定义滤波器？说明控制参数。

2. 如何推导高频搁置滤波器？哪些参数定义滤波器？

3. 一阶和二阶搁置滤波器的区别是什么？

4. 如何设计峰值滤波器？使用哪些参数确定滤波器？过滤器的阶数是什么？描述控制参数和 Q 因子。

5. 如何推导数字传递函数？

6. 推导一阶置位滤波器的数字传递函数。

参数音频滤波器

1. 参数滤波器的基本思想是什么？

2. Regalia 和 Zölzer 过滤器结构之间的区别是什么？计算两种滤波器结构的乘法和加法的数量。

3. 通过全通滤波器的直接形式实现，导出一阶和二阶参数 Zölzer 滤波器的信号流程图。

4. 提升/降低情况下的所有控制参数是否完全解耦？哪些参数是解耦的？

搁置过滤器：直接形式

从纯限带一阶低通滤波器推导出一阶低阶搁置滤波器，利用双线性变换，给出低阶搁置滤波器的传递函数。

1. 简述滤波器系数并计算极点/零点(作为 V_0 和 T 函数)，如果 $z = \pm 1$，增益系数是多少？

2. 纯限带滤波器和搁置滤波器的区别是什么？

3. 描述与滤波器极点/零点相关的提升和降低效果。

4. 如何从降低情况中得到提升情况时的传递函数？

5. 如何从一个低搁置过滤器得到一个高搁置过滤器？

搁置过滤器：全通形式

实现一阶高通搁置滤波器，参数为：采样率 $f_S = 44.1\text{kHz}$，截止频率 $f_c = 10\text{kHz}$，增益 $G = 12\text{dB}$。

1. 定义提升和降低情况下的全通参数和系数。

2. 由全通分解得到搁置滤波器的完整传递函数。

3. 利用 MATLAB，给出提升和降低时的幅值频响(显示结果适用于提升和降低时滤波器串联的情况)。

4. 如果系统的输入信号是单位脉冲，给出提升和降低情况下输入和输出信号的频谱。在这种情况下，当提升和降低再次级联时，会有什么结果？

滤波器系数的量化

对于滤波器系数的量化，已经提出了不同的方法：直接形式、Gold、Rader、Kingsbury、Zölzer。

1. 这背后的动机是什么？

2. 使用二阶 IIR 滤波器(如下式所示)的量化极性绘制极性分布情况。

$$H(z) = \frac{N(z)}{1 - 2r\cos\varphi z^{-1} + r^2 z^{-2}}$$

音频滤波器内部的信号量化

1. 设计一个数字高通滤波器(二级 IIR)，截止频率 $f_c = 50\text{Hz}$(使用 MATLAB 中实现的巴特沃斯、切比雪夫或椭圆设计方法)。

2. 只有当信号离开累加器时(在它被保存在任何状态变量之前)才量化信号。

3. 量化系数（直接形式）。

4. 将量化扩展到每个算术操作（在每个加法/乘法之后）。

递归音频滤波器中的量化效应

1. 为什么在递归滤波器内对信号进行量化具有特殊意义？

2. 导出二阶直接形式滤波器的噪声传递函数。将一阶和二阶噪声整形应用于直接形式结构内的量化器，并讨论其影响。二阶噪声整形和双精度算法之间的区别是什么？

3. 编写用于量化和噪声整形的二阶滤波器结构的 MATLAB 实现。

快速卷积

对于长度 $N_1 = 500$ 的输入序列 $x(n)$ 和长度 $N_2 = 31$ 的脉冲响应 $h(n)$，进行离散时间卷积。

1. 给出离散时间卷积求和公式。

2. 用 MATLAB 定义 $x(n)$ 为两个正弦信号的和，用 MATLAB 函数 firpm(..) 推导 $h(n)$。

3. 使用以下 MATLAB 功能来实现滤波器操作：

(1) 函数 conv(x, h)。

(2) 采用样本卷积和法得到样本点。

(3) FFT 方法。

(4) 采用重叠加法的 FFT。

4. 描述用快速卷积技术进行 FIR 滤波。如果用等效频域处理卷积，输入信号和脉冲响应必须满足哪些条件？

5. 如果输入信号、脉冲响应和 FFT 变换长度一样长会发生什么？

6. 如何用 FFT 算法进行 IFFT？

7. 给出下列操作的步骤：

(1) 如何将输入信号分割成块，并进行快速卷积；

(2) 如何对立体声信号进行快速卷积；

(3) 如何对脉冲响应进行分割。

8. 快速卷积技术的处理延迟是多少？

9. 编写快速卷积的 MATLAB 程序。

10. 信号的量化如何影响 FIR 滤波器的舍入噪声？

基于频率采样的 FIR 滤波器设计

1. 为什么频率采样是音频均衡器的重要设计方法？如何对幅值和相位响应进行采样？

2. 什么是系统的线性相位频率响应？输入信号通过这样的系统会有什么影响？

3. 解释线性相位 FIR 滤波器的幅值和相位响应的推导。

4. 长度为偶数 N 的实值脉冲响应的条件是什么？什么是群延迟？

5. 编写 FIR 滤波器设计的 MATLAB 程序，并验证本章的示例。

6. 设计频率响应是长度 $N_F = 31$、截止频率 $\Omega_C = \pi/2$ 的理想低通滤波器，推导出该系统的脉冲响应。在 $N_F = 32$ 和 $\Omega_C = \pi$ 时脉冲响应又是什么情况？

多互补滤波器组

1. 什么是倍频程频率间隔，如何为该任务设计滤波器组？

2. 如何执行无混叠子带处理？如何实现滤波器组的窄过渡带？倍频程间隔滤波器组的计算复杂度是多少？

第 7 章

房 间 模 拟

房间模拟是人为再现房间音响效果的一种技术,主要是对放置在乐器或声音附近的麦克风收集到的信号进行处理。未经房间模拟信号作用的直接信号被映射到某个声学房间,例如音乐厅或教堂。在信号处理方面,对音频信号进行房间模拟对应音频信号与房间脉冲响应的卷积。

7.1 基础知识

7.1.1 房间声学

房间内两点之间的房间脉冲响应可按图 7.1 进行分类,脉冲响应包括直接信号、早期反射(来自墙壁)和后续的混响。早期反射的数量随时间不断增加,并导致具有指数衰减的随机信号,称为后续混响。混响时间(声压级降低 60dB)可以根据式(7.1)使用房间的几何结构和房间中吸收声音的区域来计算

$$T_{60} = 0.163 \frac{V}{\alpha S} = \frac{0.163}{[\text{m/s}]} \frac{V}{\sum_n \alpha_n S_n} \tag{7.1}$$

式中,T_{60} 为延迟时间(s),V 为房间大小(m^3),S_n 为区域面积(m^2),α_n 为 S_n 区域的吸收系数。

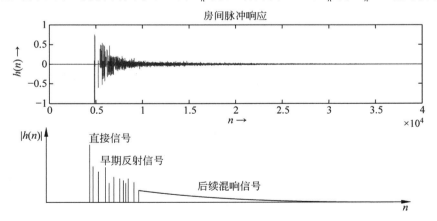

图 7.1 房间脉冲响应 $h(n)$ 与简化分解后的直接信号、早期反射和后续的混响

房间的几何形状决定了三维矩形房间的本征频率:

$$f_e = \frac{c}{2} \sqrt{\left(\frac{n_x}{l_x}\right)^2 + \left(\frac{n_y}{l_y}\right)^2 + \left(\frac{n_z}{l_z}\right)^2} \tag{7.2}$$

式中，n_x、n_y、n_z为整数个半波（$n=0,1,2,\cdots$），l_x、l_y、l_z为矩形房间的尺寸，c为声速。

对于较大的房间，本征频率从非常低的频率开始。较小房间的最低本征频率向较高频率偏移。大房间的频率响应的两个极值之间的平均频率近似与混响时间成反比：

$$\Delta f \sim 1/T_{60} \tag{7.3}$$

两个本征频率之间的距离随着半波数量的增加而减小，高于临界频率

$$f_c > 4000\sqrt{T_{60}/V} \tag{7.4}$$

本征频率的密度变得很大，以至于它们彼此重叠。

7.1.2　基于模型的房间脉冲响应

分析确定房间脉冲响应的方法是基于射线跟踪模型或图像模型。在射线追踪模型中，假设点源是径向发射，射线的路径长度以及墙壁、屋顶和地板的吸收系数则被用来确定房间脉冲响应（见图7.2）；对于图像模型，形成具有二级图像源的图像室，该图像室又有更多的图像室和图像源，所有具有相应延迟和衰减的图像源的总和提供了待估计的房间脉冲响应。这两种方法都应用于室内声学，以便在规划音乐厅、剧院等时深入了解声学特性。

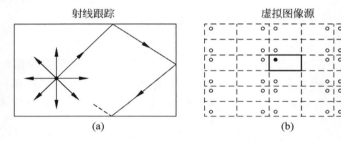

图 7.2　基于模型的房间脉冲响应计算方法

图像源模型方法简单、快速且易于使用，可模拟矩形房间内两点之间的房间脉冲响应。基本原理是：原始房间的镜像，包括房间墙壁上的源，在所有房间维度上实现无限次镜像，通过这种方式，将创建包含图像源的图像室。图7.3以二维方式说明这一原理，侧重一阶和二阶图像室。

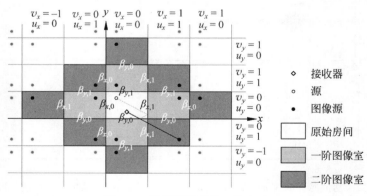

图 7.3　图像源模型的二维表示

将所有图像源$A(\boldsymbol{u},\boldsymbol{v})$在相应延迟$\tau(\boldsymbol{u},\boldsymbol{v})$处的衰减求和，即用式（7.5）来估计房间脉冲响应

$$h(t) = \sum_{u=0}^{1} \sum_{v=-\infty}^{\infty} A(\boldsymbol{u},\boldsymbol{v}) \cdot \delta(t-\tau(\boldsymbol{u},\boldsymbol{v})) \tag{7.5}$$

其中

$$\boldsymbol{u} = (u_x, u_y, u_z)^T \quad u_x, u_y, u_z \in \{0, 1\} \tag{7.6}$$

$$\boldsymbol{v} = (v_x, v_y, v_z)^T \quad v_x, v_y, v_z \in \mathbb{N} \tag{7.7}$$

表示不同的图像室,如图 7.3 所示。这里,原始房间的特征是 $\boldsymbol{u} = (0,0,0)^T$ 和 $\boldsymbol{v} = (0,0,0)^T$。

下面详细说明衰减 $A(\boldsymbol{u}, \boldsymbol{v})$ 和延迟 $\tau(\boldsymbol{u}, \boldsymbol{v})$ 的计算。首先,房间尺寸定义为

$$\boldsymbol{l}_{\text{room}} = (l_x, l_y, l_z)^T \tag{7.8}$$

坐标系的原点位于房间的一个角落,如图 7.3 所示。然后,原始房间内的接收器和源位置分别定义为

$$\boldsymbol{p}_r = (x_r, y_r, z_r)^T \tag{7.9}$$

$$\boldsymbol{p}_s = (x_s, y_s, z_s)^T \tag{7.10}$$

由此,可以通过式(7.11)计算图像源的位置:

$$\boldsymbol{p}_{\text{is}}(\boldsymbol{u}, \boldsymbol{v}) = -\text{diag}(2u_x - 1, 2u_y - 1, 2u_z - 1) \cdot \boldsymbol{p}_s + \text{diag}(v_x, v_y, v_z) \cdot 2\boldsymbol{l}_{\text{room}} \tag{7.11}$$

其中,diag(•)表示参数为对角元素的对角矩阵。从这些图像源到接收器的距离为

$$d(\boldsymbol{u}, \boldsymbol{v}) = \| \boldsymbol{p}_r - \boldsymbol{p}_{\text{is}}(\boldsymbol{u}, \boldsymbol{v}) \| \tag{7.12}$$

$\| \cdot \|$ 是欧几里得范数。$d(u,v)$ 是图像源和接收器之间的距离,该距离等于从原始源到接收器的相应反射路径的长度,反射路径的到达时间可由下式计算:

$$\tau(\boldsymbol{u}, \boldsymbol{v}) = \frac{d(\boldsymbol{u}, \boldsymbol{v})}{c} \tag{7.13}$$

其中,c 为声速。为了在计算反射路径衰减时保持简单,我们做了两个假设,首先,将仅适用于刚性墙体的点像模型应用于非刚性墙体;其次,假设反射系数 β 与频率和方向无关。这样,反射路径的衰减为

$$A(\boldsymbol{u}, \boldsymbol{v}) = \frac{\beta_{x,0}^{|v_x - u_x|} \beta_{x,1}^{|v_x|} \beta_{y,0}^{|v_y - u_y|} \beta_{y,1}^{|v_y|} \beta_{z,0}^{|v_z - u_z|} \beta_{z,1}^{|v_z|}}{4\pi d(\boldsymbol{u}, \boldsymbol{v})} \tag{7.14}$$

其中,不同的墙对应不同的反射系数 β,如图 7.3 所示。反射路径的衰减取决于两个因素:由反射路径的长度 $d(\boldsymbol{u}, \boldsymbol{v})$ 引起的传播损耗和被反射路径碰撞墙面时的能量吸收。墙的吸收系数 α 与反射系数 β 的关系为

$$\beta = -\sqrt{(1 - \alpha)} \tag{7.15}$$

其中,负号是为了确保模拟混响尾部与真实声学测量结果近似。为了根据式(7.5)在时域内实现图像源模型,需要通过采样将连续时间房间脉冲响应 $h(t)$ 转换为离散时间房间脉冲响应 $h(n)$,然而,在采样操作之前,来自式(7.5)的单位脉冲 $\delta(t)$ 的频带必须限制在 $f_s/2$,这就产生了类正弦脉冲。这样,离散时间的房间脉冲响应为

$$h(n) = \sum_{u=0}^{1} \sum_{v=-\infty}^{\infty} A(\boldsymbol{u}, \boldsymbol{v}) \cdot \text{sinc}(n - \tau(\boldsymbol{u}, \boldsymbol{v}) \cdot f_s) \tag{7.16}$$

其中

$$\text{sinc}(n) = \frac{\sin(\pi n)}{\pi n} \tag{7.17}$$

图 7.4 显示了通过图像源模型计算的房间脉冲响应示例。

在这里,房间的尺寸为 $\boldsymbol{l}_{\text{room}} = (6\text{m}, 4\text{m}, 2.5\text{m})^T$,接收器和源的位置分别为 $\boldsymbol{p}_r = (1.5\text{m}, 3\text{m}, 1.5\text{m})^T$ 和 $\boldsymbol{p}_s = (3\text{m}, 1\text{m}, 1.5\text{m})^T$。此外,所有墙壁的吸收系数设置为 $\alpha = 0.6$。图 7.4(a)绘制了长度为 $L_h = 8192$ 的房间脉冲响应,图 7.4(b)侧重直接路径和第一次反射,这也说明了单个反射的类正弦特性。

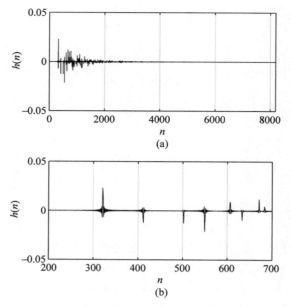

图 7.4　通过图像源模型模拟的房间脉冲响应

最后，反射路径的阶数 k 可以由式(7.18)确定：

$$k(\boldsymbol{u},\boldsymbol{v}) = |\, v_x - u_x \,| + |\, v_x \,| + |\, v_y - u_y \,| + |\, v_y \,| + |\, v_z - u_z \,| + |\, v_z \,| \tag{7.18}$$

虽然图像源模型能够计算任意阶的反射，但实际上，由于图像源的数量随着反射阶数的增加而急剧增加，因此通常仅计算低阶反射。

7.1.3　房间脉冲响应的测量

直接测量房间脉冲响应可通过脉冲激励来实现，如果采用伪随机序列作为激励信号，对房间脉冲响应进行相关测量，可得到较好的测量结果。而伪随机序列可以由反馈移位寄存器产生，伪随机序列周期为 $L = 2^N - 1$，其中 N 为移位寄存器的状态数。这种随机序列的自相关函数（ACF）由式(7.19)给出

$$r_{XX}(n) = \begin{cases} a^2, & n = 0, L, 2L, \cdots \\ \dfrac{-a^2}{L}, & \text{其他} \end{cases} \tag{7.19}$$

式中，a 为伪随机序列的最大值，ACF 的周期是 L。经过 DA 转换器后，伪随机信号通过扬声器馈送到房间（见图 7.5）。

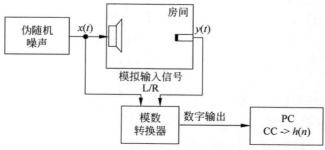

图 7.5　伪随机信号 $x(t)$ 测量房间脉冲响应

同时,由麦克风捕获的伪随机信号和房间信号被记录在个人计算机上,脉冲响应可通过循环互相关式(7.20)获得:

$$r_{XY}(n) = r_{XX}(n) * h(n) \approx \tilde{h}(n) \tag{7.20}$$

对于房间脉冲响应的测量,伪随机序列的周期长度必须大于房间脉冲响应的长度。否则,在周期互相关 $r_{XY}(n)$ 中就会出现混叠(见图7.6)。可以计算互相关函数多个周期的平均值来提高测量的信噪比。

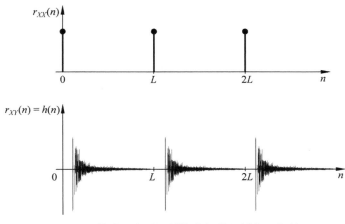

图7.6　伪随机序列的周期自相关和周期互相关

有时使用指数正弦扫描作为测量脉冲响应的激励信号,与其他信号相比,使用指数正弦扫描有两个主要优势。首先,由于频率呈指数级增长,低频会产生更多的能量,从而在低频时产生更高的信噪比,这在音频应用中尤其需要。其次,利用指数正弦扫描法可从线性脉冲响应中分离出来被测系统的非线性特性。

连续时间指数正弦扫描定义为

$$x(t) = \sin \left[\frac{\omega_1 \cdot T}{\ln\left(\frac{\omega_2}{\omega_1}\right)} \cdot \left(e^{\frac{t}{T} \cdot \ln\left(\frac{\omega_2}{\omega_1}\right)} - 1 \right) \right] \tag{7.21}$$

式中,T 是以秒为单位的扫描持续时间,$\omega_1 = 2\pi f_1$ 和 $\omega_2 = 2\pi f_2$ 分别定义扫描开始时($t = 0\text{s}$)和扫描结束时($t = T$)的瞬时角频率。图7.7说明了 $T = 3\text{s}$、$f_1 = 20\text{Hz}$ 和 $f_2 = 20\text{kHz}$ 的指数正弦扫描 $x(t)$ 的前半秒,对时间周期的评估清楚地表明了正弦波频率的增加。

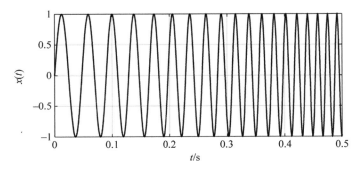

图7.7　$T = 3\text{s}, f_1 = 20\text{Hz}, f_2 = 20\text{kHz}$ 的指数正弦扫描

通过计算 $\arg[x(t)]$ 对时间 t 的导数，瞬时角频率确定为

$$\omega(t) = \frac{d\arg[x(t)]}{dt} = \omega_1 \cdot e^{\frac{t}{T} \cdot \ln\left(\frac{\omega_2}{\omega_1}\right)} \tag{7.22}$$

由此，可以确定扫描起始点（$\omega(0) = \omega_1$）和结束点（$\omega(T) = \omega_2$）瞬时角频率的定义。此外，频率随时间呈指数级增长，这种增长在图 7.8 所示的正弦扫描频谱图中也可见。

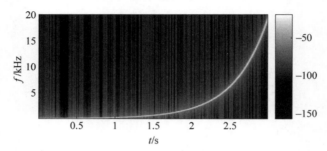

图 7.8 $T = 3\mathrm{s}$，$f_1 = 20\mathrm{Hz}$，$f_2 = 20\mathrm{kHz}$ 的指数正弦扫描频谱图

采样率为 f_s 时的数字实现，采用离散时间指数正弦扫描 $x(n)$，如式（7.23）所示

$$x(n) = \sin\left[\frac{\Omega_1 \cdot (L-1)}{\ln\left(\frac{\Omega_2}{\Omega_1}\right)} \cdot \left(e^{\frac{n}{L-1} \cdot \ln\left(\frac{\Omega_2}{\Omega_1}\right)} - 1\right)\right] \tag{7.23}$$

式中，$L = Tf_\mathrm{S} + 1$ 指定扫描在样本中的长度，$\Omega_1 = 2\pi f_1 / f_\mathrm{S}$ 和 $\Omega_2 = 2\pi f_2 / f_\mathrm{S}$ 定义扫描开始（$n = 0$）和结束（$n = L-1$）的瞬时归一化角频率。此外，逆正弦扫描 $x_\mathrm{inv}(n)$ 可以定义为

$$x_\mathrm{inv}(n) = x(L-1-n) \cdot \left(\frac{\Omega_2}{\Omega_1}\right)^{\frac{-n}{L-1}} \tag{7.24}$$

式中，第一因子在时间上翻转正弦扫描，第二因子是校正因子，用于平衡正弦扫描的幅度。如图 7.9 所示，正弦扫描 $x(n)$ 中频率的指数级增加导致低频的幅度更高。由于正弦扫描在时间上的简单翻转不会改变幅度响应，因此采用一个修正因子来改变逆扫描的幅度。其中幅度响应按 $1/\sqrt{C}$ 进行缩放。

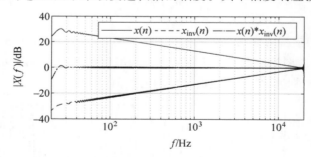

图 7.9   指数正弦扫描 $x(n)$、反正弦扫描 $x_\mathrm{inv}(n)$ 和
卷积 $x(n) * x_\mathrm{inv}(n)$ 的幅度响应

指数正弦扫描 $x(n)$ 和反正弦扫描 $x_\mathrm{inv}(n)$ 的卷积产生一个缩放和时移的单位脉冲

$$x(n) * x_\mathrm{inv}(n) \approx C \cdot \delta(n - n_0) \tag{7.25}$$

式中，$n_0 = L-1$ 取决于逆扫描的长度，相关因子 C 为

$$C = \frac{\pi L \cdot \left(\dfrac{\Omega_1}{\Omega_2} - 1\right)}{2(\Omega_2 - \Omega_1)\ln\left(\dfrac{\Omega_1}{\Omega_2}\right)} \tag{7.26}$$

单位脉冲 $\delta(n)$ 的近似值来自指数正弦扫描 $x(n)$ 在 Ω_1 到 Ω_2 范围内的频带限制信号。使用式(7.25)校正时移和缩放产生图 7.10 所示的带限单位脉冲。此外,带限单位脉冲的幅度响应如图 7.9 所示。在幅度响应中还可以看到频带限制过冲和通带波纹,这可以通过在时域中对正弦扫描使用淡入和淡出而相应地减少。

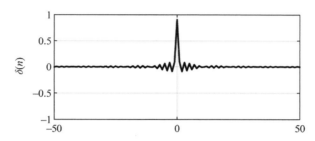

图 7.10 指数正弦扫描 $x(n)$ 和反正弦扫描 $x_{\text{inv}}(n)$ 的卷积结果

当在脉冲响应测量期间使用指数正弦扫描作为激励信号时,信号 $y(n)$ 为

$$y(n) = x(n) * h(n) \tag{7.27}$$

式中,$h(n)$ 为被测系统的脉冲响应,$y(n)$ 和反正弦扫描 $x_{\text{inv}}(n)$ 的卷积可确定测量的脉冲响应 $\hat{h}(n)$,即

$$y(n) * x_{\text{inv}}(n) = C \cdot \hat{h}(n - L + 1) \tag{7.28}$$

式中,C 是式(7.26)中定义的相关因子。由于指数正弦扫描的特性,该卷积在时间上分离了非线性系统的线性脉冲响应和谐波脉冲响应。在这里,第 k 次谐波内的给定频率在激励信号达到该频率之前达到 Δn_k 个样本

$$\Delta n_k = (L - 1) \cdot \frac{\ln(k + 1)}{\ln\left(\dfrac{\omega_2}{\omega_1}\right)} \tag{7.29}$$

因此,在 $n = -\Delta n_k$ 处的被测脉冲响应的反因果部分中可见第 k 次谐波脉冲响应。图 7.11 给出了一个测量房间的脉冲响应范例 $\hat{h}(n)$,包括反因果部分中 $n = -\Delta n_k$ 时的一次和二次谐波脉冲响应扫描的参数为 $T = 3\text{s}$,$f_\text{S} = 44.1\text{kHz}$,$f_1 = 55\text{Hz}$,$f_2 = f_\text{S}/2$。为了更好地表示,将脉冲响应的最大绝对振幅设置为 1,由卷积得到时移 $n_0 = L - 1$,反转 n_0 就可以将线性脉冲响应移动到 $n = 0$ 处。此外,脉冲响应以分

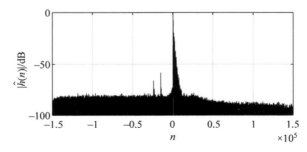

图 7.11 测量的房间脉冲响应示例

贝而不是线性刻度绘制。除了在 $n=0$ 处的线性脉冲响应外，在 $n_1=-15300$ 处和 $n_2=-24250$ 处还分别出现一次和二次谐波脉冲响应。

7.1.4　模拟房间脉冲响应

以上提供了计算一个房间的脉冲响应和测量一个真实房间的脉冲响应的方法。在第 6 章所述的快速卷积方法的帮助下，这种脉冲响应的重现基本上是可能的。在房间内某个位置所听到的信号可由式（7.30）和式（7.31）给出

$$y_{\mathrm{L}}(n)=\sum_{k=0}^{N-1}x(k)\cdot h_{\mathrm{L}}(n-k) \tag{7.30}$$

$$y_{\mathrm{R}}(n)=\sum_{k=0}^{N-1}x(k)\cdot h_{\mathrm{R}}(n-k) \tag{7.31}$$

式中，$h_{\mathrm{L}}(n)$ 和 $h_{\mathrm{R}}(n)$ 是房间内产生信号 $x(n)$ 的源与带有两个耳式麦克风的虚拟头之间的测量脉冲响应。

7.2 节和 7.3 节将分别考虑早期反射和后续混响的特殊方法，这些方法允许对房间脉冲响应的所有相关参数进行调整。用这种方法，想得到精确的房间脉冲响应是不可能的，但在计算复杂度适中的情况下，可以从声学角度获得令人满意的解决方案，如 7.4 节所示。7.5 节将讨论如何用多速率信号处理方法来有效实现卷积式（7.30）和式（7.31）。

7.2　早期反射

早期的反射决定性地影响房间的感知。空间印象是由早期反射横向到达听者而产生的。Barron 研究了横向反射在创造空间印象中的作用；Ando 的文献则描述了音乐厅及其不同音响效果下的基本情况。

7.2.1　Ando 的调查

Ando 的调查结果总结如下：

（1）单个反射的优选延迟时间：对于信号的 ACF，延迟由 $|r_{xx}(\Delta_{t_1})=0.1\cdot r_{xx}(0)|$ 确定。

（2）单个反射的优选方向：$\pm(55°\pm20°)$。

（3）单个反射的优选振幅：$A_1=\pm5\mathrm{dB}$。

（4）单个反射的首选光谱：无光谱整形。

（5）第二次反射的优选延迟时间：$\Delta_{t_2}=1.8\cdot\Delta_{t_1}$。

（6）首选混响时间：$T_{60}=23\cdot\Delta_{t_1}$。

这些结果表明，在感知方面，首选的反射模式及混响时间决定性地依赖于音频信号。因此，对于不同的音频信号，如古典音乐、流行音乐、演讲或乐器，对早期反射和混响时间是完全不同的要求。

7.2.2　Gerzon 算法

常用的模拟早期反射的方法如图 7.12 和图 7.13 所示，对信号进行加权并输入到早期反射系统中，然后与输入信号进行叠加。前 M 个反射可通过延迟及其相应的 g_i 加权而实现（见图 7.13）。下面将描述 Gerzon 的模拟早期反射的系统。

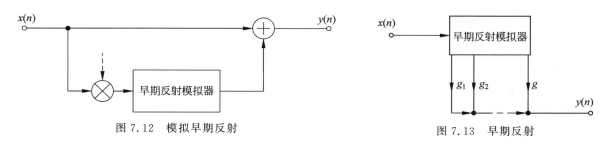

图 7.12 模拟早期反射   图 7.13 早期反射

1. Craven 假说

Craven 假说指出,人类对声源距离的感知是通过直接信号和早期反射的振幅和延迟时间比来评估的

$$g = \frac{d}{d'} \tag{7.32}$$

$$T_D = \frac{d' - d}{c} \tag{7.33}$$

$$\Rightarrow d = \frac{cT_D}{g^{-1} - 1} \tag{7.34}$$

式中:d——源距离;

d'——第一次反射的像源距离;

g——直接信号相对于第一反射的相对幅度;

c——声速;

T_D——第一次反射到直接信号的相对延迟时间。

如果没有反射,人类无法确定到声源的距离 d。扩展的 Craven 假说包括吸收系数 r,可用于确定以下参数

$$g = \frac{d}{d'}\exp(-rT_D) \tag{7.35}$$

$$T_D = \frac{d' - d}{c} \tag{7.36}$$

$$\rightarrow d = \frac{cT_D}{g^{-1}\exp(-rT_D) - 1} \tag{7.37}$$

$$\rightarrow g = \frac{\exp(-rT_D)}{1 + \dfrac{cT_D}{d}} \tag{7.38}$$

对于给定混响时间 T_{60},吸收系数可以用 $\exp(-rT_{60}) = 1/1000$ 计算得到,其中,

$$r = (\ln 1000)/T_{60} \tag{7.39}$$

根据式(7.36)和式(7.38),可确定早期反射模拟器的参数,如图 7.12 所示。

2. Gerzon 距离算法

如果想要模拟多个声源产生的早期反射系统,可以使用 Gerzon 的距离算法,其中几个声源以不同的距离放置在立体声声场中,该技术主要应用于多通道调音台。

将声源移动 $-\delta$(减少相对延迟时间),可以得到第一次反射的相对延迟时间为 $T_D - \delta/c =$

$\dfrac{d'-(d+\delta)}{c}$，而相对振幅可根据式(7.38)得到

$$g_\delta = \frac{1}{1+\dfrac{c(T_D-\delta/c)}{d+\delta}}\exp\left(-r(T_D-\delta/c)\right) = \left[\frac{d+\delta}{d}\exp\left(r\delta/c\right)\right]\frac{\exp(-rT_D)}{1+cT_D/d} \tag{7.40}$$

这会得到直接信号的延迟和增益因子（见图7.14）

$$d_2 = d+\delta \tag{7.41}$$

$$t_D = \delta/c \tag{7.42}$$

$$g_D = \frac{d}{d+\delta}\exp(-r\delta/c) \tag{7.43}$$

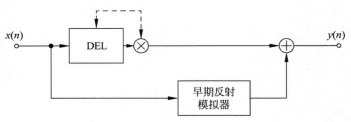

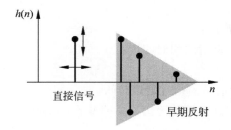

图 7.14　直接信号的延迟和加权

将声源移动 $+\delta$（增加相对延迟时间），得到第一次反射的相对延迟时间为 $T_D-\delta/c = \dfrac{d'-(d-\delta)}{c}$，因此效应信号的延迟和增益因子（见图7.15）由下式给出

$$d_2 = d-\delta \tag{7.44}$$

$$t_E = \delta/c \tag{7.45}$$

$$g_E = \frac{d}{d+\delta}\exp(-r\delta/c) \tag{7.46}$$

在直接信号和反射路径中使用两个延迟系统，可以获得两个耦合加权因子和延迟长度（见图7.16）。对于数字调音台等多通道应用，建议采用图7.17中的方案。

3. 立体声实现

在许多应用中，必须对立体声信号进行处理（见图7.18）。为此，从正角度和负角度进行反射，以避免立体声的位移。加权可用下式完成

$$g_i = \frac{\exp(-rT_i)}{1+cT_i/d}$$

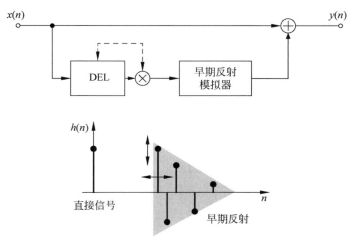

图 7.15 效应信号的延迟和加权

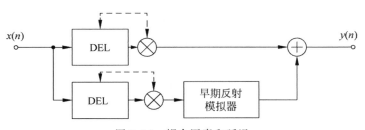

图 7.16 耦合因素和延迟

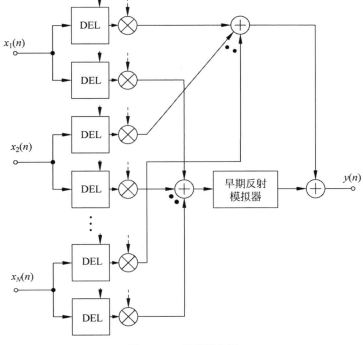

图 7.17 多通道应用

$$G_i = g_i \begin{pmatrix} \cos\Theta_i & -\sin\Theta_i \\ \sin\Theta_i & \cos\Theta_i \end{pmatrix} \tag{7.47}$$

对于每个反射，必须考虑加权因子和角度。

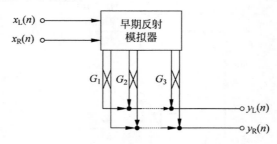

图 7.18　立体反射

4. 随着时间密度的增加而产生早期反射

反射的时间密度与时间的平方成正比：

$$每秒反射的次数 = (4\pi c^3/V) \cdot t^2 \tag{7.48}$$

经过时间 t_C 后，反射具有衰减行为。当脉冲宽度为 Δt 时，经过式(7.49)后各个反射会重叠

$$t_C = 5 \cdot 10^{-5} \sqrt{V/\Delta t} \tag{7.49}$$

为了避免反射重叠，建议随着 t^p 来增加反射密度（例如，$p=1, 0.5$），则为 t 或 $t^{0.5}$。在 $(0,1]$ 区间中，初始值为 x_0，k 在 $0.5 \sim 1$，执行以下步骤：

$$y_i = x_0 + ik \pmod 1 \quad i = 0, 1, \cdots, M-1 \tag{7.50}$$

区间 $(0,1]$ 中的 y_i 通过下列公式转换为区间 $[T_{\min}, T_{\min} + T_{\max}]$ 中的时间延迟 T_i

$$b = T_{\min}^{1+p} \tag{7.51}$$

$$a = (T_{\max} + T_{\min})^{1+p} - b \tag{7.52}$$

$$T_i = (ay_i + b)^{\frac{1}{1+p}} \tag{7.53}$$

反射密度的增加如图 7.19 所示。

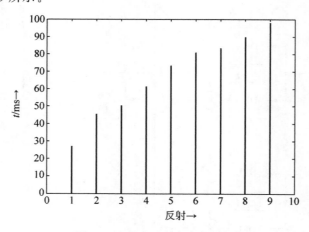

图 7.19　九次反射密度的增加

7.3　后续混响

本节讨论后续混响的重建技术,首先介绍 Schroeder 方法及 Moorer 对其方法的改进;进一步的改进后得到一般反馈网络,它是具有指数衰减的随机脉冲响应。后续混响中除了回声密度,还有一个重要参数,即频率密度

$$频率密度 = \frac{4\pi V}{c^3} \cdot f^2 \qquad (7.54)$$

以下系统介绍频率密度与频率的二次增长关系。

7.3.1　Schroeder 算法

房间模拟算法的第一个软件是在 1961 年由施罗德开发的。用指数衰减模拟脉冲响应的基础是递归梳状滤波器,如图 7.20 所示,其中 g 是反馈因子,M 是延迟长度。

传递函数为

$$H(z) = \frac{z^{-M}}{1 - gz^{-M}} \qquad (7.55)$$

$$= \sum_{k=0}^{M-1} \frac{A_k}{z - z_k} \qquad (7.56)$$

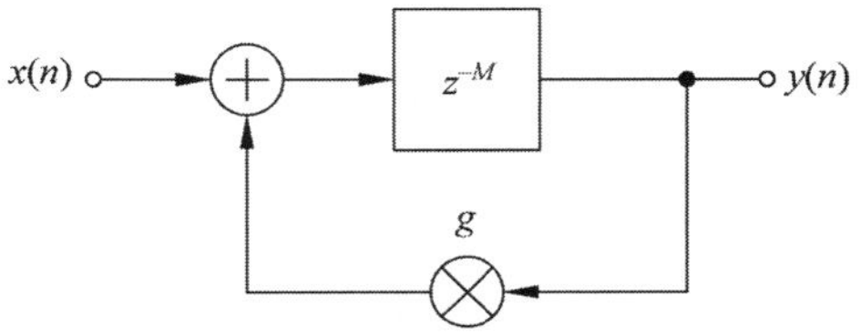

图 7.20　递归梳状滤波器

其中

$$A_k = \frac{z_k}{Mg} \quad 留数 \qquad (7.57)$$

$$z_k = r e^{\frac{j2\pi k}{M}} \quad 极点 \qquad (7.58)$$

$$r = g^{\frac{1}{M}} \quad 极半径 \qquad (7.59)$$

利用 Z 变换 $a/(z-a) \multimap\!\bullet\, \varepsilon(n-1)a^n$,脉冲响应为

$$H(z) \multimap\!\bullet\, h(n) = \frac{\varepsilon(n-1)}{Mg} \sum_{k=0}^{M-1} z_k^n$$

$$h(n) = \frac{\varepsilon(n-1)}{Mg} r^n \sum_{k=0}^{M-1} e^{j\Omega_k n} \qquad (7.60)$$

复数极点成对组合,因此脉冲响应可以写成

$$h(n) = \frac{\varepsilon(n-1)}{Mg} r^n \sum_{k=1}^{\frac{M}{2}-1} \cos\Omega_k n \quad M \text{ 偶数} \qquad (7.61)$$

$$= \frac{\varepsilon(n-1)}{Mg} r^n \left[1 + \sum_{k=1}^{\frac{M+1}{2}-1} \cos\Omega_k n \right] \quad M \text{ 非偶数} \qquad (7.62)$$

脉冲响应表示频率为 Ω_k 的余弦振荡的总和,这些频率对应房间的特征频率。它们以指数包络 r^n 衰减,其中 r 是阻尼常数[见图 7.22(a)]。总的脉冲响应 $\frac{1}{Mg}$ 进行加权。梳状滤波器的频率响应如图 7.22(c)所示,$|H(e^{j\Omega})|$ 由式(7.63)给出

$$|H(e^{j\Omega})| = \sqrt{\frac{1}{1 - 2g\cos(\Omega M) + g^2}} \qquad (7.63)$$

g 为正数时，在 $\Omega = 2\pi k/M(k=0,1,\cdots,M-1)$ 得到幅度最大值，如式（7.64）所示。

$$|H(e^{j\Omega})|_{max} = \frac{1}{1-g} \tag{7.64}$$

在 $\Omega = (2k+1)\pi/M(k=0,1,\cdots,M-1)$ 得到幅度最小值，如式（7.65）所示。

$$|H(e^{j\Omega})|_{min} = \frac{1}{1+g} \tag{7.65}$$

Schroeder 算法的另一个基础是全通滤波器，如图 7.21 所示，传递函数为

$$H(z) = \frac{z^{-M}-g}{1-gz^{-M}} \tag{7.66}$$

$$= \frac{z^{-M}}{1-gz^{-M}} - \frac{g}{1-gz^{-M}} \tag{7.67}$$

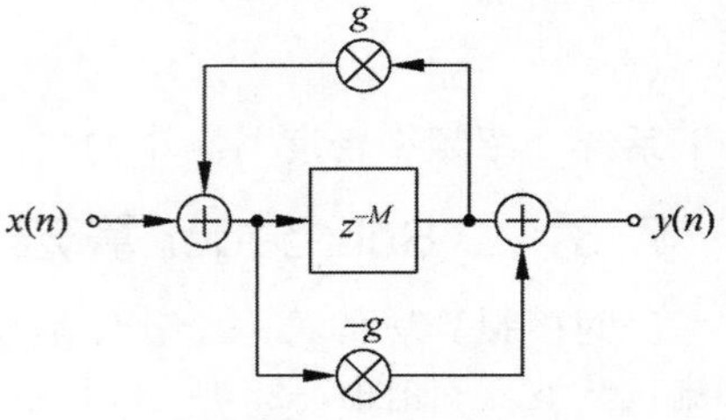

由式（7.67）可以看出，脉冲响应也可以表示为余弦振荡的求和。

图 7.21　全通滤波器

梳状滤波器和全通滤波器的脉冲响应和频率响应如图 7.22 所示，g 均为负数。两种脉冲响应均呈现指数衰减。

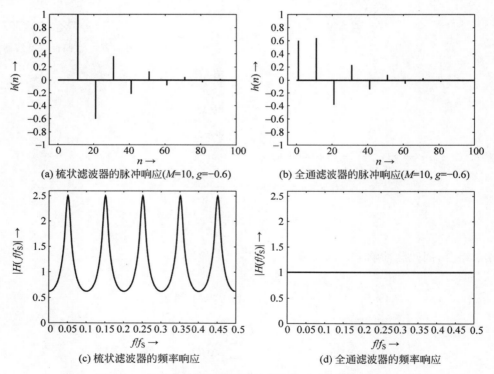

(a) 梳状滤波器的脉冲响应($M=10, g=-0.6$)

(b) 全通滤波器的脉冲响应($M=10, g=-0.6$)

(c) 梳状滤波器的频率响应

(d) 全通滤波器的频率响应

图 7.22　梳状滤波器和全通滤波器的脉冲响应和频率响应

脉冲响应中每 M 个采样周期出现一个样本。脉冲响应样本的密度不随时间增加。对于递归梳状滤波器，根据在传递函数的相应极点处的最大值，可以观察到频谱整形。

1. 频率密度

频率密度描述了每赫兹特征频率的数量，对于梳状滤波器有

$$D_f = M \cdot T_S [1/\text{Hz}] \tag{7.68}$$

在区间$[0, 2\pi]$上,单个梳状滤波器中有 M 个共振,它们之间的频率间隔为 $\Delta f = \dfrac{f_s}{M}$。为了增加频率密度,采用 P 个梳状滤波器的并联电路(见图 7.23),从而得到

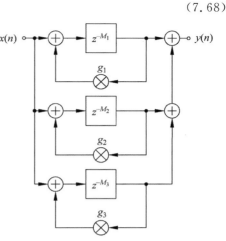

$$H(z) = \sum_{p=1}^{P} \frac{z^{-M_p}}{1 - g_p z^{-M_p}} = \left[\frac{z^{-M_1}}{1 - g_1 z^{-M_1}} + \frac{z^{-M_2}}{1 - g_2 z^{-M_2}} + \cdots \right] \tag{7.69}$$

延迟系统参数如下

$$M_1 : M_P = 1 : 1.5 \tag{7.70}$$

从而得到频率密度为

$$D_f = \sum_{p=1}^{P} M_p \cdot T_S = P \cdot \overline{M} \cdot T_S \tag{7.71}$$

图 7.23 梳状滤波器的并联电路

2. 回声密度

回波密度是每秒反射的数量,对于梳状滤波器,有

$$D_t = \frac{1}{M \cdot T_S} [1/\text{s}] \tag{7.72}$$

对于梳状滤波器的并联电路,回波密度由式(7.73)给出

$$D_t = \sum_{p=1}^{P} \frac{1}{M_p \cdot T_S} = P \frac{1}{\overline{M} \cdot T_S} \tag{7.73}$$

利用式(7.71)和式(7.73),可获得并联梳状滤波器的数量 P 和平均延迟长度 M:

$$P = \sqrt{D_f \cdot D_t} \tag{7.74}$$

$$\overline{M} T_S = \sqrt{\frac{D_f}{D_t}} \tag{7.75}$$

当频率密度 $D_f = 0.15$,回波密度 $D_t = 1000$ 时,可以得出并行梳状滤波器的数量 $P = 12$,平均延迟长度 $\overline{M} T_S = 12\text{ms}$。由于频率密度与混响时间成正比,并联梳状滤波器的数量必须相应地增加。

通过具有传递函数 $H(z)$ 的全通滤波器级联电路(见图 7.24),可以进一步增加回波密度。

$$H(z) = \prod_{p=1}^{P_A} \frac{z^{-M_p} - g_p}{1 - g_p z^{-M_p}} \tag{7.76}$$

这些全通部分与梳状滤波器的并联电路进行串联。为了获得足够的回波密度,每秒需要 10000 次反射。

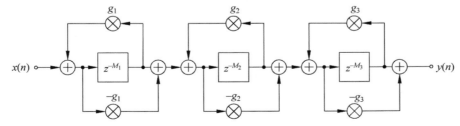

图 7.24 全通滤波器的级联电路

3. 避免不自然共振

由于单个梳状滤波器的脉冲响应可以描述为 M（延迟长度）个衰减正弦振荡的总和,因此该脉冲响应的连续部分的短时 FFT 的时频域频率响应如图 7.25 所示,这里只呈现了极大值。在式(7.70)条件下,梳状滤波器的并联电路会得到极点分布的半径,其公式为 $r_p = g_p^{1/M_p}$（$p=1,2,\cdots,P$）。为了避免不自然的共振,梳状滤波器并联电路的极点半径必须满足以下条件：

$$r_p = \text{const.} = g_p^{1/M_p}, \quad p=1,2,\cdots,P \tag{7.77}$$

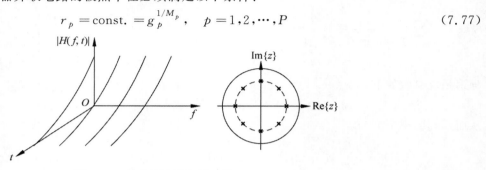

图 7.25　梳状滤波器的短时谱（$M=8$）

这样就得到如图 7.26 所示的短时谱和极点分布。图 7.27 显示了具有等极半径和不等极半径的梳状滤波器并联电路的脉冲响应和回波图（脉冲响应振幅的对数表示）。对于不相等的极点半径,可以看到特征频率的不同衰减时间。

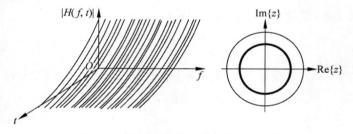

图 7.26　梳状滤波器并联电路的短时谱

4. 混响时间

递归梳状滤波器的混响时间可以用反馈因子 g 来调节。反馈因子 g 描述了由 M 个采样周期隔开的两个不同的非零样本的脉冲响应的比值,如式(7.78)所示

$$g = \frac{h(n)}{h(n-M)} \tag{7.78}$$

因子 g 描述了每 M 个样点的衰减常数,每个采样周期的衰减常数可由极半径 $r = g^{1/M}$ 计算得出,并定义

$$r = \frac{h(n)}{h(n-1)} \tag{7.79}$$

反馈因子 g 与极点半径 r 的关系也可以通过式(7.78)和式(7.79)推导如下：

$$g = \frac{h(n)}{h(n-M)} = \frac{h(n)}{h(n-1)} \cdot \frac{h(n-1)}{h(n-2)} \cdots \frac{h(n-(M-1))}{h(n-M)} = r \cdot r \cdot r \cdots r = r^M \tag{7.80}$$

在恒定半径 $r = g_p^{1/M_p}$、对数参数 $R = 20\lg r$ 和 $G_p = 20\lg g_p$ 的情况下,每个采样周期的衰减由式(7.81)给出

$$R = \frac{G_p}{M_p} \tag{7.81}$$

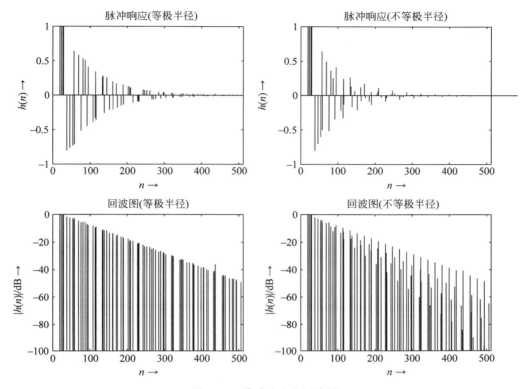

图 7.27 脉冲响应和回波图

混响时间定义为脉冲响应衰减到-60dB的时间。当$-60/T_{60}=R/T_{\text{S}}$时,混响时间可以写成

$$T_{60}=-60\frac{T_{\text{S}}}{R}=-60\frac{T_{\text{S}}M_{p}}{G_{p}}=\frac{3}{\lg|1/g_{p}|}M_{p}\cdot T_{\text{S}} \tag{7.82}$$

混响时间可以通过反馈因子g或延迟参数M来控制。混响时间随反馈因子g的增加使得极点半径接近单位圆,因此导致频率响应最大值的变大[见式(7.64)],从而导致对声音感受的变化。然而,延迟参数M的增加导致脉冲响应的非零样本彼此远离,从而可以听到单个回波。在一定混响时间内,回声密度和频率密度之间的差异可以通过足够数量的并行梳状滤波器来解决。

5. 频率相关混响时间

房间的本征频率在高频处会快速衰减。在梳状滤波器的反馈环路中,可以使用低通滤波器$H_{1}(z)$实现频率相关混响时间

$$H_{1}(z)=\frac{1}{1-az^{-1}} \tag{7.83}$$

图 7.28 中改进的梳状滤波器传递函数如下:

$$H(z)=\frac{z^{-M}}{1-gH_{1}(z)z^{-M}} \tag{7.84}$$

符合稳定性标准为

$$\frac{g}{1-a}<1 \tag{7.85}$$

带有低通梳状滤波器的并联电路的短时谱和极点分布如图 7.29 所示。低本征频率比高本征频率衰减得慢。圆形极点分布变为椭圆分布，其中低频极点向单位圆移动。

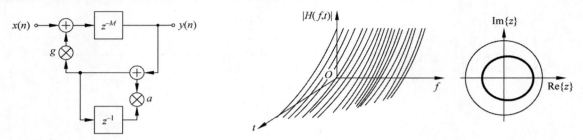

图 7.28　改进的低通梳状滤波器　　　　图 7.29　低通梳状滤波器并联电路的短时谱图和极点分布

6. 立体声房间模拟

Moorer 提出了对 Schroeder 算法的扩展。除了并联的梳状滤波器与级联的全通滤波器，还得到了早期反射的模式。图 7.30 显示了立体声信号的房间模拟系统，将生成的房间信号 $e_L(n)$ 和 $e_R(n)$ 加到直接信号 $x_L(n)$ 和 $x_R(n)$ 上。房间模拟的输入是单声道信号 $x_M(n) = x_L(n) + x_R(n)$（和信号），这个单声道信号经过延迟线 DEL1 后被加到左房间和右房间信号上。所有反射的总和经由另一延迟线 DEL2 馈送到梳状滤波器的并行电路，该梳状滤波器实现后续的混响。为了获得高质量的空间印象，有必要对房间信号 $e_L(n)$ 和 $e_R(n)$ 进行去相关操作，可通过从梳状滤波器的并联电路中提取出不同位置处的左右房间信号来实现。然后，这些房间信号被馈送到全通部分以增加回波密度。

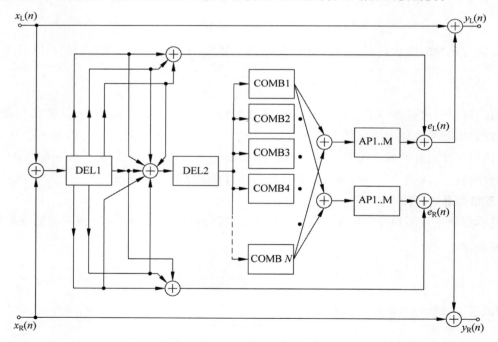

图 7.30　立体声房间模拟

立体声房间模拟的系统除了可以对单声道信号进行处理，还可以对 $x_L(n)$ 和 $x_R(n)$ 的立体声信号进行处理，或者分别单独处理单声道 $x_M(n) = x_L(n) + x_R(n)$ 和边（差）信号 $x_S(n) = x_L(n) - x_R(n)$。

7.3.2　一般反馈系统

Schroeder 进一步发展了梳状滤波方法,试图提高混响的声学质量,尤其是回声密度的增加。我们接着考虑图 7.31 中的一般反馈系统。为简化起见,只显示了三个延迟系统。输出信号的反馈借助于矩阵 $\boldsymbol{A}$ 进行,矩阵 $\boldsymbol{A}$ 将三个输出都反馈到三个输入中。

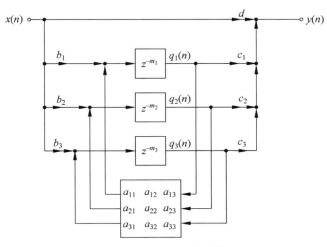

图 7.31　一般反馈系统

通常,对于延迟为 N 的系统,有

$$y(n) = \sum_{i=1}^{N} c_i q_i(n) + dx(n) \tag{7.86}$$

$$q_j(n + m_j) = \sum_{i=1}^{N} a_{ij} q_i(n) + b_j x(n) \quad 1 \leqslant j \leqslant N \tag{7.87}$$

经 Z 变换有

$$Y(z) = \boldsymbol{c}^{\mathrm{T}} \boldsymbol{Q}(z) + d \cdot X(z) \tag{7.88}$$

$$\boldsymbol{D}(z) \cdot \boldsymbol{Q}(z) = \boldsymbol{A} \cdot \boldsymbol{Q}(z) + \boldsymbol{b} \cdot X(z)$$

$$\rightarrow \boldsymbol{Q}(z) = [\boldsymbol{D}(z) - \boldsymbol{A}]^{-1} \boldsymbol{b} \cdot X(z) \tag{7.89}$$

其中

$$\boldsymbol{Q}(z) = \begin{bmatrix} Q_1(z) \\ \vdots \\ Q_N(z) \end{bmatrix}, \quad \boldsymbol{b} = \begin{bmatrix} b_1 \\ \vdots \\ b_N \end{bmatrix}, \quad \boldsymbol{c} = \begin{bmatrix} c_1 \\ \vdots \\ c_N \end{bmatrix} \tag{7.90}$$

对角延迟矩阵

$$\boldsymbol{D}(z) = \mathrm{diag} \begin{bmatrix} z^{-m_1} & \cdots & z^{-m_N} \end{bmatrix} \tag{7.91}$$

利用式(7.89),输出的 Z 变换由式(7.92)给出

$$Y(z) = \boldsymbol{c}^{\mathrm{T}} [\boldsymbol{D}(z) - \boldsymbol{A}]^{-1} \boldsymbol{b} \cdot X(z) + d \cdot X(z) \tag{7.92}$$

传递函数为

$$H(z) = \boldsymbol{c}^{\mathrm{T}} [\boldsymbol{D}(z) - \boldsymbol{A}]^{-1} \boldsymbol{b} + d \tag{7.93}$$

如果反馈矩阵 A 可以表示为酉矩阵 $U(U^{-1}=\bar{U}^T)$ 和一个 $g_{ii}<1$ 的对角矩阵的乘积，则系统是稳定的。图 7.32 显示了一个一般的反馈系统，包括输入向量 $X(z)$，输出向量 $Y(z)$，一个由纯延迟系统 z^{-m_i} 组成的对角矩阵 $D(z)$ 和一个反馈矩阵 A。这个反馈矩阵由一个正交矩阵 U 乘以矩阵 G 组成，结果就是反馈矩阵 A。

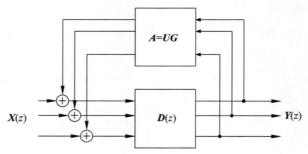

图 7.32　反馈系统

如果选择正交矩阵 U，且加权矩阵等于单位矩阵 $G=I$，在输入端输入脉冲激励时，图 7.32 中的系统实现了高斯分布的白噪声随机信号。这个信号的时间密度随着时间慢慢增加。如果加权矩阵 G 的对角线元素小于 1，则产生振幅指数衰减的随机信号。借助于加权矩阵 G，可以调整混响时间。这种反馈系统实现了音频输入信号与指数衰减的脉冲响应的卷积。

正交矩阵 U 对后续混响声音主观感知的影响尤其令人感兴趣。由于反馈系统的高阶性，矩阵 U 的特征值在单位圆上的分布与系统传递函数的极点之间的关系无法解析地描述。实验表明，右侧或左侧复平面内的特征值分布，使得系统传递函数极点呈均匀分布。这样的反馈矩阵导致声学混响的改善。当特征值分布均匀时，回波密度在每个采样周期内迅速增加到一个样本的最大值。除了反馈矩阵，还需要额外的数字滤波来对后续混响进行频谱整形，并实现依赖频率的衰减时间。下面的例子说明了回波密度的增加。

考虑每个梳状滤波器只有一个反馈路径的系统。反馈矩阵由式（7.94）给出

$$A = \frac{g}{\sqrt{2}}I \tag{7.94}$$

得到图 7.33，它显示了脉冲响应和幅频响应。

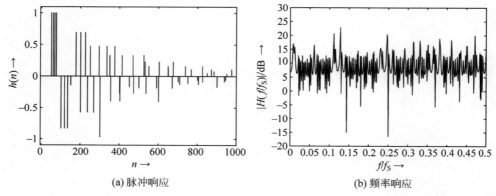

(a) 脉冲响应　　　　　　　　　　(b) 频率响应

图 7.33　以单位矩阵为酉反馈矩阵的 4-延迟系统的脉冲响应和频率响应（$g=0.83$）

利用反馈矩阵 A，获得图 7.34 所示的脉冲响应和相应的频率响应。与图 7.33 相反，脉冲响应的回波密度增加。

$$A = \frac{g}{\sqrt{2}} \begin{bmatrix} 0 & 1 & 1 & 0 \\ -1 & 0 & 0 & -1 \\ 1 & 0 & 0 & -1 \\ 0 & 1 & -1 & 0 \end{bmatrix} \qquad (7.95)$$

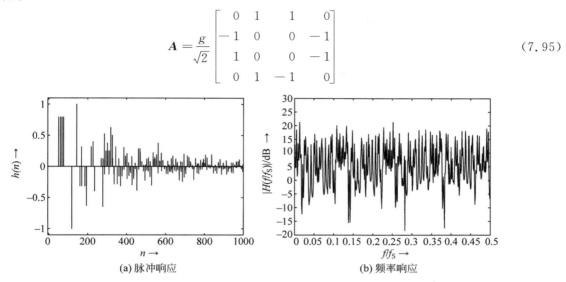

(a) 脉冲响应　　　　　　　(b) 频率响应

图 7.34　具有酉反馈矩阵（$g=0.63$）的 4-延迟系统的脉冲响应和频率响应

7.3.3　反馈全通系统

除一般的反馈系统外，房间模拟还使用了简单的带反馈的延迟系统（见图 7.35）。这些模拟器基于延迟线，其中单个延迟用 L 个反馈系数反馈到输入。输入信号与反馈信号之和通过低频搁置滤波器进行低通滤波或频谱加权，然后再次进入延迟线。根据模拟房间的反射模式，从延迟线中提取出前 N 个反射，它们被加权并加到输出信号中。直接信号与房间信号之间的混合由因子 g_{MIX} 调节。内部系统可以用有理传递函数 $H(z)=Y(z)/X(z)$ 来描述。为了避免低的频率密度，反馈延迟长度可以是时变的。

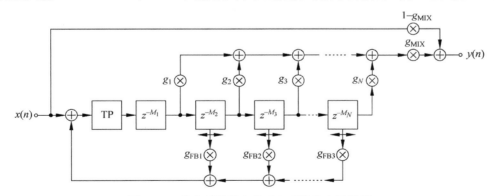

图 7.35　带有延迟线和前后向系数的房间模拟

采用依赖于频率的全通系统 $A(z^{-M_i})$ 代替延迟 z^{-M_i}，可以提高回波密度。这个扩展最早是由 Gardner 提出的。除了替换 $z^{-M_i} \to A(z^{-M_i})$ 外，全通系统还可以通过嵌入式全通系统进行扩展。图 7.36 显示了一个全通系统[图 7.36(a)]，其中延迟 z^{-M} 被另一个的全通和单位延迟 z^{-1} 所取代[图 7.36(b)]。单元延迟的集成避免了无延迟回路。在图 7.36(c) 中，内部全通由两个全通系统的级联和另一个的延

迟 z^{-M_3} 代替，所得到的系统也是全通系统。通用全通系统的进一步改进如图 7.36(d) 所示。这里，使用延迟 z^{-M}，然后是低通和加权系数，由此生成的系统称为吸收全通系统。通过这些嵌入式全通系统，将图 7.35 所示的房间模拟器扩展为图 7.37 所示的反馈全通系统。反馈由低通滤波器和反馈系数 g 实现，这样可以调节衰减行为。立体声房间模拟器的扩展如图 7.38 所示。左通道和右通道中的级联全通系统 $A_i(z)$ 可以是嵌入式和吸收式全通系统的组合。全通链的两个输出信号都反馈到输入端并相加。在两个全通链的前面，使用加权和、差对两个通道进行耦合，通过各通道的反馈系数可以精确调整混响时间和控制回波密度。频率密度由内部全通系统延迟长度的缩放来控制。将全通滤波器变成 K 个全通 $A_K(z)$ 和延迟 z^{-D_k} 的并联，进一步改进最初的 Schroeder 梳状和全通混响器，原理结构如图 7.39 所示。

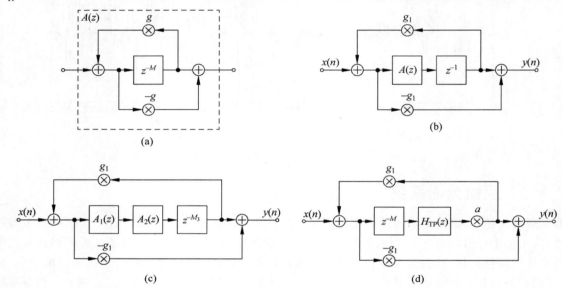

图 7.36　嵌入式吸收全通系统

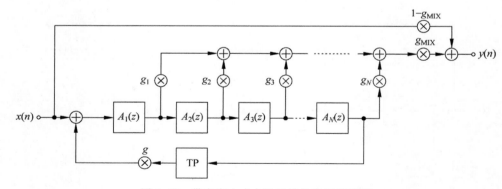

图 7.37　带有嵌入式全通系统的房间模拟器

每个全通/延迟分支反馈到下一个并行全通/延迟分支，并通过反馈系数 g 将最后一个全通/延迟反馈回第一个分支，从而得到一个具有稀疏反馈矩阵的简化反馈延迟网络。各个通路的输入变量为

$$x_k(n) = \begin{cases} x(n) + g \cdot y_K(n - D_k), & k = 1 \\ x(n) + y_{k-1}(n - D_{k-1}), & 2 \leqslant k \leqslant K \end{cases} \tag{7.96}$$

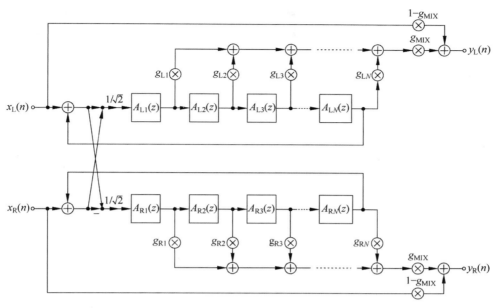

图 7.38　带有吸收全通系统的立体声房间模拟器

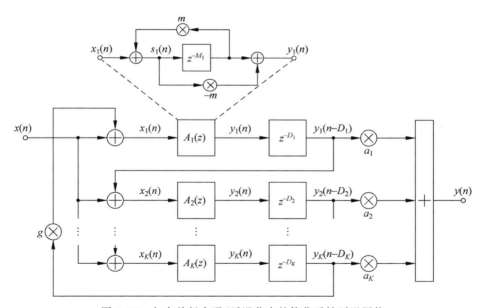

图 7.39　包含并行全通/延迟分支的简化反馈延迟网络

根据下式可以得到各个通路的输出

$$y_k(n) = -m_k \cdot x_k(n) + x_k(n - M_k) + m_k \cdot y_k(n - M_k) \tag{7.97}$$

式中，M_k 和 m_k 分别定义第 k 个全通内的延迟和系数。它实际上是一个具有衰减系数的几个全通/延迟的环路和一个用于模拟空气阻尼的可能额外附加的 HF 搁置滤波器。输入被馈送到每个并行部分，输出是所有并行部分的加权和，如式(7.98)所示。

$$y(n) = \sum_{k=1}^{K} a_k \cdot y_k(n - D_k) \tag{7.98}$$

对于立体声输出,可以应用具有正交系数的二次加权和。反馈系数和 HF 搁置滤波器调节混响时间。房间大小可以通过缩放所有通道内的延迟和相应的延迟来调整。

7.4 房间脉冲响应的近似

与迄今为止讨论的模拟房间脉冲响应的系统相比,现在提出一种方法,可以一步近似逼近房间脉冲响应(见图 7.40)。此外,它还得到了房间脉冲响应的参数化表示。由于房间脉冲响应在高频时衰减时间减少,因此采用多速率信号处理的方法。

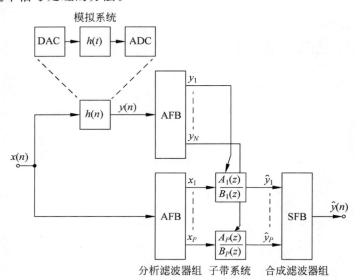

图 7.40 系统测量和近似房间脉冲响应

待测量和逼近的模拟系统可以通过二进制伪随机序列 $x(n)$ 经过 DA 转换器作为激励而得。由此产生的房间信号在 AD 转换后得到一个数字序列 $y(n)$,离散时间序列 $y(n)$ 和伪随机序列 $x(n)$ 分别被分析滤波器组分解为子带信号 $y_1, y_2, \cdots, y_p$ 和 $x_1, x_2, \cdots, x_p$。采样率根据信号的带宽而降低。子带信号 $y_1, y_2, \cdots, y_p$ 可通过调整子带系统 $H_1(z) = A_1(z)/B_1(z), \cdots, H_p(z) = A_p(z)/B_p(z)$ 来近似。这些子带系统的输出 $\hat{y}_1, \hat{y}_2, \cdots, \hat{y}_p$ 给出了测量子带信号的近似值。利用该方法,脉冲响应以参数形式(子带参数)给出,并可直接在数字域中进行模拟。

通过适当调整分析滤波器组,直接从互相关函数获得子带脉冲响应

$$h_i \approx r_{x_i y_i} \tag{7.99}$$

子带脉冲响应由非递归滤波器和递归梳状滤波器近似。两个滤波器的级联构成如式(7.100)所示的传递函数 $H_i(z)$,它等于第 i 个子带中的脉冲响应。

$$H_i(z) = \frac{b_0 + \cdots + b_{M_i} z^{-M_i}}{1 - g_i z^{-N_i}} = \sum_{n_i = 0}^{\infty} h_i(n_i) z^{-n_i} \tag{7.100}$$

等式两边乘以 $1 - g_i z^{-N_i}$ 得

$$(b_0 + \cdots + b_{M_i} z^{-M_i}) = \left(\sum_{n_i = 0}^{\infty} h_i(n_i) z^{-n_i} \right)(1 - g_i z^{-N_i}) \tag{7.101}$$

将每个子带的脉冲响应截断为 K 个样本,并比较方程两边 z 的幂系数,得到以下方程组:

$$\begin{bmatrix} b_0 \\ b_1 \\ \vdots \\ b_M \\ 0 \\ \vdots \\ 0 \end{bmatrix} = \begin{bmatrix} h_0 & 0 & 0 & \cdots & 0 \\ h_1 & h_0 & 0 & \cdots & 0 \\ \vdots & \vdots & \vdots & & \vdots \\ h_M & h_{M-1} & h_{M-2} & \cdots & h_{M-N} \\ h_{M+1} & h_M & h_{M-1} & \cdots & h_{M-N+1} \\ \vdots & \vdots & \vdots & & \vdots \\ h_K & h_{K-1} & h_{K-2} & \cdots & h_{K-N} \end{bmatrix} \begin{bmatrix} 1 \\ 0 \\ \vdots \\ -g \end{bmatrix} \tag{7.102}$$

上述方程中的系数 $b_0, b_1, \cdots, b_M$ 和 g 分两步确定。第一梳状滤波器的系数 g 由测量的子带脉冲响应的指数衰减包络计算,然后使用向量 $[1, 0, \cdots, g]^T$ 来确定系数 $[b_0, b_1, \cdots, b_M]^T$。

对于系数 g 的计算,从梳状滤波器的脉冲响应 $H(z) = 1/(1 - gz^{-N})$ 开始,由式(7.103)给出

$$h(l = Nn) = g^l \tag{7.103}$$

进一步利用定义的积分脉冲响应

$$h_e(k) = \sum_{n=k}^{\infty} h(n)^2 \tag{7.104}$$

它描述了脉冲响应 k 时刻的剩余能量。对 $h_e(k)$ 取对数,可以得到一条随时间索引 k 变化的直线。根据直线的斜率,使用式(7.105)来确定系数 g

$$\ln g = N \cdot \frac{\ln h_e(n_1) - \ln h_e(n_2)}{n_1 - n_2}, \quad n_1 < n_2 \tag{7.105}$$

当 $M = N$ 时,式(7.102)中的系数直接由式(7.106)中的脉冲响应得到

$$b_n = h_n, \quad n = 0, 1, \cdots, M-1$$
$$b_M = h_M - gh_0 \tag{7.106}$$

因此,式(7.100)的分子多项式是脉冲响应的前 M 个样本的直接再现(见图 7.41)。分母多项式近似于进一步指数衰减的脉冲响应。此方法适用于每个子带。与宽带脉冲响应的直接实现相比,实现复杂性可降低 10 倍。然而,由于滤波器组引起的群时延,这种方法不适合实时应用。

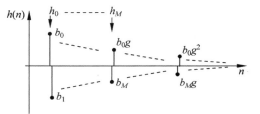

图 7.41 根据测量的脉冲响应确定模型参数

7.5 JS 小程序——快速卷积

图 7.42 所示的小程序演示了由快速卷积算法产生的音频效果。它是为第一次洞察脉冲响应与音频信号卷积的感知效果而设计的。该小程序通过调制随机信号的振幅来产生脉冲响应。图形界面显示了调幅曲线,可通过三个控制点进行操作。两个控制点用于调制振幅的初始状态。第三个控制点用于脉冲响应的指数衰减。可以从 Web 服务器中选择两个预定义的音频文件(audio1.wav 或 audio2.wav)或对自己的本地 WAV 文件进行处理。

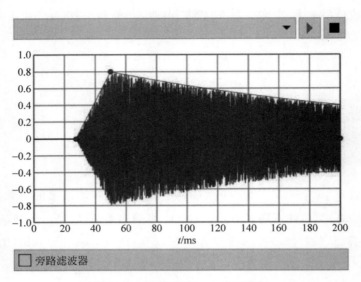

图 7.42 JS 小程序——快速卷积

7.6 习题

房间脉冲响应

1. 如何测量房间的脉冲响应？

2. 需要什么样的测试信号？

3. 脉冲响应的长度如何影响测试信号的长度？

第一次反射

对于给定的声音(语音)，计算单个第一次反射的延迟时间。编写 MATLAB 程序进行以下计算。

1. 为什么要选择这个延迟时间？这个延迟时间应该用什么系数？

2. 编写一个算法，用两个脉冲响应对输入单频信号进行卷积，模拟左输出 $y_L(n)$ 的反射和右输出 $y_R(n)$ 的第二次反射。通过听输出声音来检查结果。

3. 改进你的算法来模拟两个反射，这两个反射可以定位到立体声混合内的任何角度。

梳状和全通滤波器

1. 梳状滤波器：基于 Schroeder 算法，绘制梳状滤波器的信号流图，该梳状滤波器由 M 个样本的单个延迟线和包含衰减因子 g 的反馈环路组成。

（a）推导梳状滤波器的传递函数。

（b）此时，衰减因子 g 在前馈路径中，在反馈回路中没有施加衰减。为什么可以认为这个模型的脉冲响应与前一个模型相似？

（c）在这两种情况下，应如何选择增益因子？如果不考虑这一点，会发生什么？

（d）计算 $f_s = 44.1\mathrm{kHz}$、$M = 8$ 和之前规定的 g 时梳状滤波器的混响时间。

（e）给定滤波器系数，并绘制滤波器的极点/零点位置和频率响应。

2. 全通滤波器：实现 Schroeder 建议的全通结构。

（a）为什么可以期望全通滤波器比梳状滤波器获得更好的结果？为 $M = 8,16$ 的梳状和全通滤波器编写 MATLAB 函数。

（b）导出传递函数，并显示极/零位置、脉冲、幅值和相位响应。

（c）使用两个滤波器对音频信号进行滤波，并估计延迟长度 M，从而感知房间印象。

反馈延迟网络

编写一个实现 FDN 系统的 MATLAB 程序。

1. 什么是酉反馈矩阵？

2. 使用酉循环反馈矩阵的优点是什么？

3. 如何控制混响时间？

第 8 章

动态范围控制

信号的动态范围定义为信号振幅的最大值与最小值的对数比,单位为分贝(dB)。音频信号的动态范围为 40~120dB。在许多应用中,音频信号的动态范围控制都是为了使音频信号的动态性能与实际需求相匹配。录音时,动态范围控制可防止 AD 转换器过载。动态范围控制也可以用于信号路径,以最佳地利用录音系统的全幅度范围。噪声门限仅允许特定电平的音频信号通过,这样可以抑制低电平噪声。在汽车、购物中心、餐厅或舞厅内重建音乐和语音时,动态特征必须与环境特殊噪声的特征相匹配。因此,可以通过音频信号测量信号电平并从中提取控制信号,该控制信号随后可以通过改变信号电平来控制音频信号的响度。响度控制会随着输入电平而调整。电平测量和自适应信号电平调整的组合称为动态范围控制。

8.1 基本原理

一个动态范围控制系统的框图如图 8.1 所示。输入信号的测量电平为 $X_{dB}(n)$,由式(8.1)可知,输出电平 $Y_{dB}(n)$ 为输入信号 $x(n)$ 的延迟与系数 $g(n)$ 的乘积:

$$y(n) = g(n) \cdot x(n - D) \tag{8.1}$$

与控制信号 $g(n)$ 相比,信号 $x(n)$ 的延迟允许对输出信号电平进行预测控制。不同的攻击和释放时间状态对应不同的乘法加权计算。由于信号表示为对数形式,因此输出电平表示为输入电平 $X_{dB}(n)$ 与加权电平 $G_{dB}(n)$ 的和,如式(8.2)所示

$$Y_{dB}(n) = X_{dB}(n) + G_{dB}(n) \tag{8.2}$$

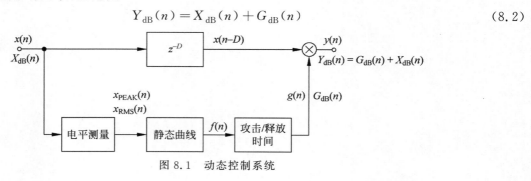

图 8.1 动态控制系统

8.2 静态曲线

输入电平与加权电平的函数关系可以定义为 $G_{dB}(n) = f(X_{dB}(n))$。图 8.2 为静态曲线的一个例子。其中,输出电平和加权电平都是输入电平的函数。

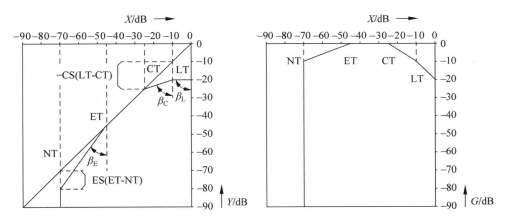

图 8.2 静态曲线与参数

LT—限幅器阈值 CT—压缩器阈值 ET—扩展器阈值 NT—噪声门限阈值

由于限幅器的作用,当输入电平超过限幅器阈值(LT)时,输出电平就被限制在一定范围内。所有高于该阈值的输入电平都会使得输出电平恒定。输入电平的变化被压缩映射到输出电平的某个较小变化上。与限幅器不同,压缩器扩大了音频信号的响度。扩展器将输入电平的变化扩大为输出电平的较大变化。因此,低电平的动态范围就增加了。噪声门限用于抑制低电平信号和降低噪声,也用于音效,如截断室内混响衰减等。静态曲线特定部分中使用的每个阈值都定义为限幅器和压缩器的下限及扩展器和噪声门限的上限。

在静态曲线的对数表示中,压缩因子 R 定义为输入电平的变化值 ΔP_I 与输出电平的变化值 ΔP_O 的比值,如式(8.3)所示

$$R = \frac{\Delta P_I}{\Delta P_O} \tag{8.3}$$

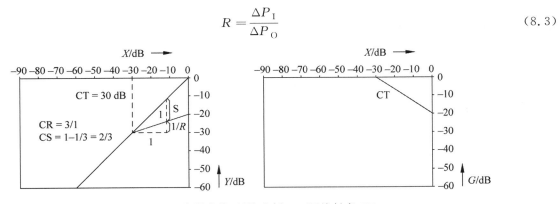

图 8.3 压缩器曲线(压缩比例 CR/压缩斜率 CS)

从图 8.3 可知,直线方程为 $Y_{dB}(n) = CT + \frac{1}{R}(X_{dB}(n) - CT)$,压缩因子如式(8.4)所示,其中 $\angle\beta$ 的定义如图 8.2 所示

$$R = \frac{X_{dB}(n) - CT}{Y_{dB}(n) - CT} = \tan\beta_C \tag{8.4}$$

比值 R 与斜率 S 的关系也可以从图 8.3 得到,如式(8.5)和式(8.6)所示

$$S = 1 - \frac{1}{R} \tag{8.5}$$

$$R = \frac{1}{1-S} \tag{8.6}$$

典型的压缩器因子如式(8.7)所示

$$\begin{aligned}
&R = \infty \quad \text{限幅器} \\
&R > 1 \quad \text{压缩器（CR 为压缩比例）} \\
&0 < R < 1 \quad \text{扩展器（ER 为扩展比例）} \\
&R = 0 \quad \text{噪声门限}
\end{aligned} \tag{8.7}$$

将式(8.4)从线性域变换到对数域，得式(8.8)

$$R = \frac{\lg \dfrac{\hat{x}(n)}{c_{\mathrm{T}}}}{\lg \dfrac{\hat{y}(n)}{c_{\mathrm{T}}}} \tag{8.8}$$

式中，$\hat{x}(n)$ 和 $\hat{y}(n)$ 是线性电平，c_{T} 是线性压缩阈值。将式(8.8)变形，得到线性输出电平与输入电平的函数关系式，如式(8.9)所示

$$\frac{\hat{y}(n)}{c_{\mathrm{T}}} = 10^{\frac{1}{R}\lg\left(\frac{\hat{x}(n)}{c_{\mathrm{T}}}\right)} = \left(\frac{\hat{x}(n)}{c_{\mathrm{T}}}\right)^{\frac{1}{R}}$$

$$\hat{y}(n) = c_{\mathrm{T}}^{1-\frac{1}{R}} \cdot \hat{x}^{\frac{1}{R}}(n) \tag{8.9}$$

控制因子 $g(n)$ 可由式(8.10)计算得到：

$$g(n) = \frac{\hat{y}(n)}{\hat{x}(n)} = \left(\frac{\hat{x}(n)}{c_{\mathrm{T}}}\right)^{\frac{1}{R}-1} \tag{8.10}$$

借助表格和插值方法，可以在不取对数和反对数的情况下确定控制因子。具体计算过程为：将输入电平映射到对数域，利用直线方程计算出控制电平 $G_{\mathrm{dB}}(n)$，再通过反对数计算出 $f(n)$ 的值，通过这个值可以确定控制因子 $g(n)$，以及相应的攻击和释放时间。

为了在阈值水平上进一步平滑静态曲线压缩（或扩展）部分与未压缩部分之间的过渡，可以调整拐点的宽度 W（角阈值）。当宽度被定义为 0 时，称之为硬拐点；当宽度被定义为一个较大值时，称之为软拐点。如图 8.4 所示，阈值范围以阈值电平为中心且宽度可变，这样动态范围控制的操作效果会更明

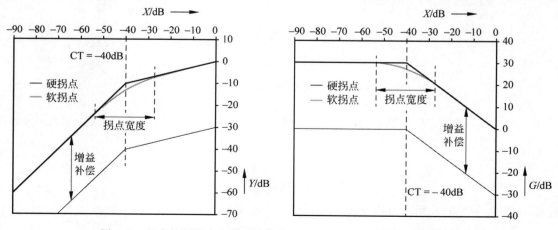

图 8.4　具有软硬拐点和增益补偿的压缩器静态曲线及增益映射曲线

显。静态曲线拐点部分由式(8.11)的分段连续函数代替：

$$Y_{dB} = \begin{cases} X_{dB}, & 2(X_{dB} - CT) < -W \\ X_{dB} + \dfrac{1-R}{2WR}\left(X_{dB} - CT + \dfrac{W}{2}\right)^2, & 2\,|\,(X_{dB} - CT)\,| \leqslant W \\ CT + R^{-1}(X_{dB} - CT), & 2(X_{dB} - CT) > W \end{cases} \tag{8.11}$$

增益补偿是为了补偿压缩操作时产生的电平损失的附加增益。这种补偿是为了避免因音频信号的削波而引起失真,从而会产生更响亮的声音。

8.3 动态特性

除了动态范围控制的静态曲线,在攻击和释放时间方面的动态行为也对音质起着重要作用。动态范围控制的速度还取决于峰值(PEAK)和均方根值(RMS)的测量值。

8.3.1 电平测量

电平测量流程如图 8.5 和图 8.9 所示。在峰值测量时,将输入的绝对值与峰值 $x_{PEAK}(n)$ 相比较,若绝对值大于峰值,将差值与系数 AT(攻击时间)加权并与 $(1-AT) \cdot x_{PEAK}(n-1)$ 相加。当 $|x(n)| > x_{PEAK}(n-1)$ 时,差分方程如式(8.12)所示(图 8.5)

$$x_{PEAK}(n) = (1 - AT) \cdot x_{PEAK}(n-1) + AT \cdot |\,x(n)\,| \tag{8.12}$$

其传递函数可表示为

$$H(z) = \frac{AT}{1 - (1 - AT)z^{-1}} \tag{8.13}$$

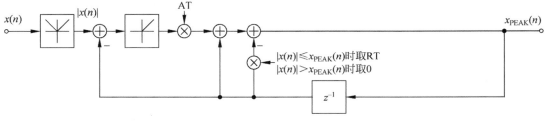

图 8.5 峰值测量

释放是指绝对值小于峰值的情况,即 $|x(n)| \leqslant x_{PEAK}(n-1)$。此时由式(8.14)定义新的峰值,其中 RT 为释放时间系数

$$x_{PEAK}(n) = (1 - RT) \cdot x_{PEAK}(n-1) \tag{8.14}$$

输入的差值信号将被非线性抵消,因此峰值的差分方程如式(8.14)所示。对于释放情况,传递函数可表示为

$$H(z) = \frac{1}{1 - (1 - RT)z^{-1}} \tag{8.15}$$

攻击情况时,传递函数式(8.13)中的系数为 AT,释放情况时,传递函数式(8.15)中的系数为 RT,AT 与 RT 可由式(8.16)和式(8.17)定义。攻击时间 t_a 和释放时间 t_r 单位为 ms,T_S 为采样间隔

$$AT = 1 - \exp\left(\frac{-2.2 T_S}{\dfrac{t_a}{1000}}\right) \tag{8.16}$$

$$RT = 1 - \exp\left(\frac{-2.2 T_S}{\dfrac{t_r}{1000}}\right) \tag{8.17}$$

在滤波器结构之间的切换，可以实现增加输入信号幅度的快速攻击响应和降低输入信号幅度的缓慢衰减响应。

如图 8.6 所示，峰值检测器的第一个变化是具有两个不同操作分支。当 $|x(n)| > x_{PEAK}(n-1)$ 时为攻击情况（AC），当 $|x(n)| \leqslant x_{PEAK}(n-1)$ 时为释放情况（RC），如式（8.18）所示

$$x_{PEAK}(n) = \begin{cases} (1-AT) \cdot x_{PEAK}(n-1) + AT \cdot |x(n)|, & AC \\ (1-RT) \cdot x_{PEAK}(n-1), & RC \end{cases} \tag{8.18}$$

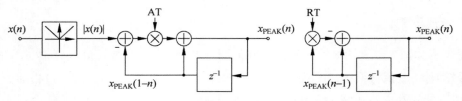

图 8.6　峰值分支电平检测器的攻击和释放部分框图

峰值检测器的另一个变化被称为解耦峰值电平检测器，如图 8.7 所示。

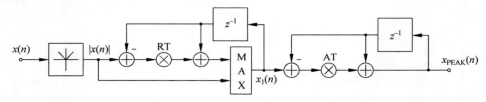

图 8.7　解耦峰值电平检测器框图

基于释放时间计算辅助信号 $x_1(n)$，然后将此信号反馈至攻击滤波器，如式（8.19）和式（8.20）所示

$$x_1(n) = \max(|x(n)|, \quad (1-RT) \cdot x_1(n-1) + RT \cdot |x(n)|) \tag{8.19}$$

$$x_{PEAK}(n) = (1-AT) \cdot x_{PEAK}(n-1) + AT \cdot x_1(n) \tag{8.20}$$

该检测器为释放时间增加了一小段起始时间，如图 8.8 所示。这样会使得释放时间约等于 $t_{AT} + t_{RT}$，因此总是大于攻击时间的，可以有效避免因释放时间过短出现的伪影。

RMS 值可由式（8.21）得到，通过递归公式可以得到 N 个以上的输入样本。

$$x_{RMS}(n) = \sqrt{\frac{1}{N} \sum_{i=0}^{N-1} x^2(n-i)} \tag{8.21}$$

RMS 测量值的获取如图 8.9 所示，其中使用到了输入的平方，通过一阶低通滤波器进行平均，平均系数的求法由 8.3.3 节中讨论的时间常数计算来确定，如式（8.22）所示，其中 t_M 是以 ms 为单位的平均时间。差分方程如式（8.23）所示，传递函数如式（8.24）所示

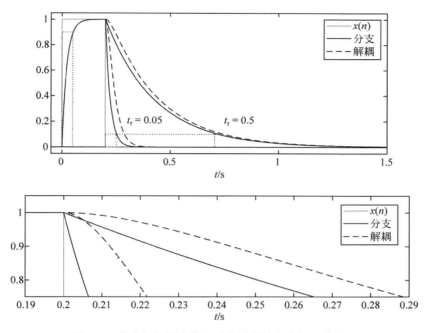

图 8.8 分支与解耦峰值电平检测器的攻击与释放时间

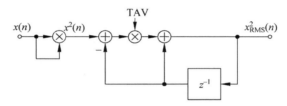

图 8.9 RMS 的测量

$$\mathrm{TAV} = 1 - \exp\left(\frac{-2.2 T_{\mathrm{A}}}{\dfrac{t_{\mathrm{M}}}{1000}}\right) \tag{8.22}$$

$$x_{\mathrm{RMS}}^2(n) = (1 - \mathrm{TAV}) \cdot x_{\mathrm{RMS}}^2(n-1) + \mathrm{TAV} \cdot x^2(n) \tag{8.23}$$

$$H(z) = \frac{\mathrm{TAV}}{1 - (1 - \mathrm{TAV})z^{-1}} \tag{8.24}$$

8.3.2 增益因子平滑

攻击和释放时间可由图 8.10 所示的系统实现。将输入控制因子与前一个控制因子进行比较,获得攻击系数 AT 或释放系数 RT。控制因子处于攻击或释放状态由一小段滞后曲线确定,从而确定 AT 或 RT 系数。该系统也可以用于平滑控制信号。差分方程由式(8.25)给出,其中 $k = \mathrm{AT}$ 或 $k = \mathrm{RT}$,相应的传递函数如式(8.26)所示

$$g(n) = (1 - k) \cdot g(n-1) + k \cdot f(n) \tag{8.25}$$

$$H(z) = \frac{k}{1 - (1 - k)z^{-1}} \tag{8.26}$$

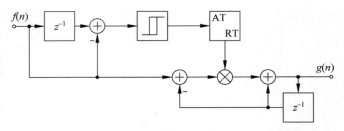

图 8.10　攻击时间、释放时间及增益因子平滑的实现

8.3.3　时间常数

如果连续时间系统的阶跃响应为

$$g(t) = 1 - e^{-t/\tau}, \quad \tau = \text{时间常数} \tag{8.27}$$

则对阶跃响应进行采样（阶跃响应不变法），得到离散时间阶跃响应，如式（8.28）所示

$$g(nT_S) = \varepsilon(nT_S) - e^{-nT_S/\tau} = 1 - z_\infty^n, \quad z_\infty = e^{-T_S/\tau} \tag{8.28}$$

$\mathcal{Z}$ 变换得式（8.29）

$$G(z) = \frac{z}{z-1} - \frac{1}{1 - z_\infty z^{-1}} = \frac{1 - z_\infty}{(z-1)(1 - z_\infty z^{-1})} \tag{8.29}$$

定义攻击时间为 $t_a = t_{90} - t_{10}$，得式（8.30）和式（8.31）

$$0.1 = 1 - e^{-\frac{t_{10}}{\tau}} \quad \leftarrow t_{10} = 0.1\tau \tag{8.30}$$

$$0.9 = 1 - e^{-\frac{t_{90}}{\tau}} \quad \leftarrow t_{90} = 0.9\tau \tag{8.31}$$

由式（8.32）可以到攻击时间 t_a 与阶跃响应时间常数 τ 之间的关系为

$$0.9/0.1 = e^{(t_{90} - t_{10})/\tau}$$

$$\ln(0.9/0.1) = (t_{90} - t_{10})/\tau$$

$$t_a = t_{90} - t_{10} = 2.2\tau \tag{8.32}$$

因此可由式（8.33）计算极点：

$$z_\infty = e^{-2.2T_S/t_a} \tag{8.33}$$

通过脉冲响应的 $\mathcal{Z}$ 变换和阶跃响应的 $\mathcal{Z}$ 变换之间的关系，可以得到给定的阶跃响应系统，如式（8.34）所示

$$H(z) = \frac{z-1}{z} G(z) \tag{8.34}$$

传递函数如式（8.35）所示

$$H(z) = \frac{(1 - z_\infty)z^{-1}}{(1 - z_\infty z^{-1})} \tag{8.35}$$

其中，极点 $z_\infty = e^{-2.2T_S/t_a}$ 用于调整攻击、释放或平均时间。攻击情况时，时间常数滤波器的系数如式（8.16），释放情况如式（8.17），平均情况如式（8.22）。在图 8.11 的示例中，点状线为 t_{10} 和 t_{90} 时刻标记。

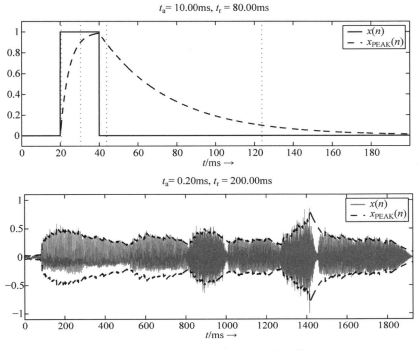

图 8.11 时间常数的攻击和释放性能

8.4 执行过程

接下来描述动态范围控制系统的执行过程。

8.4.1 限幅器

限幅器的框图如图 8.12 所示。信号 $x_{\text{PEAK}}(n)$ 由具有可变的攻击和释放时间的输入确定。对该峰值信号取以 2 为底的对数,并与限幅器阈值进行比较。如果信号高于阈值,则差值乘以限幅器 LS 的负斜率,然后对结果取反对数。接着使用一阶低通滤波器去平滑控制因子 $f(n)$。如果信号 $x_{\text{PEAK}}(n)$ 低于限幅器阈值,则将信号 $f(n)$ 设置为 $f(n)=1$。延迟输入 $x(n-D_1)$ 乘以平滑控制因子 $g(n)$,得到输出 $y(n)$。

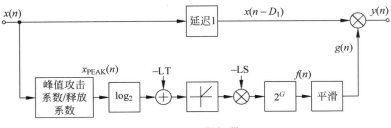

图 8.12 限幅器

8.4.2 压缩器

1. 反馈的实现

DRC 系统可以以反馈形式实现，如图 8.13 所示，对输出信号 $y(n)$ 进行电平检测，并在反馈侧链中引入延迟，然后将增益与输入信号 $x(n)$ 相乘。

2. Ducking

在 Ducking 系统中，输入端将第二信号 $x_D(n)$ 引入 DRC 系统的侧链中，如图 8.14 所示。Ducking 的应用很广泛，如播放背景音乐或播放通知等。感测说话人的音量对音乐施加负增益（压缩），可以自动降低音乐的声音。这种效果也被广泛用于现代音乐制作中，如给鼓点更强烈的能量感。在这种情况下，鼓声被用作侧链信号，这样可以周期性地削弱其他乐器的作用。

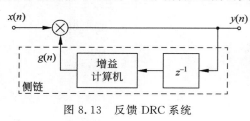

图 8.13 反馈 DRC 系统

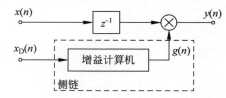

图 8.14 Ducking DRC 系统

3. 先行工作

为了在应用前感测电平，先行在直接路径中引入延迟，如图 8.15 所示。这种方法对于瞬变或快速变化的信号非常有用，因为它可以预测变化并减少（或避免）对信号动态变化做出反应所需的时间。当离线实现时，引入的延迟可以被补偿，但在实时情况下，延迟等于超前时间。若先行时间为 $t_{LH}(\text{ms})$，样本数就可以表示为 $N = \dfrac{t_{LH} \cdot f_S}{1000}$。

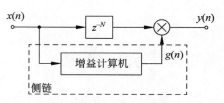

图 8.15 有 N 个先行样点的 DRC 系统

8.4.3 压缩器、扩展器和噪声门

压缩器、扩展器、噪声门的框图如图 8.16 所示，基本结构与限幅器相似，与限幅器相反，取信号 $x_{RMS}(n)$ 的对数并乘以 0.5，将获得的值与三个阈值进行比较，以确定静态曲线的工作范围。如果超过三个阈值中的一个，则将差值乘以相应的斜率（CS、ES、NS），并取结果的反对数。攻击和释放时间由接下来的一阶低通滤波器确定。

8.4.4 组合系统

图 8.17 给出了使用峰值测量的限幅器和基于 RMS 测量的压缩器、扩展器、噪声门的组合。峰值和 RMS 值可以同时测量。如果超过限幅器的线性阈值，则取峰值信号 $x_{PEAK}(n)$ 的对数，并使用限幅器上方路径来计算特性曲线。如果未超过限幅器阈值，则取 RMS 值的对数，并使用下方三条路径中的一条。限幅器和噪声门路径中的加法项来自静态曲线。经过距离检测器后，取反对数。在限幅器里，序列 $f(n)$ 使用平滑滤波器进行平滑，或使用相关操作（压缩器、扩展器或噪声门）所对应攻击和释放时间进行加权。限制最大值，动态范围会被减小。因此，整个静态曲线可以通过增益因子向上移动。图 8.18 用 10dB 的增益因子证明了这一点。该静态参数值直接包含在控制因子 $g(n)$ 中。

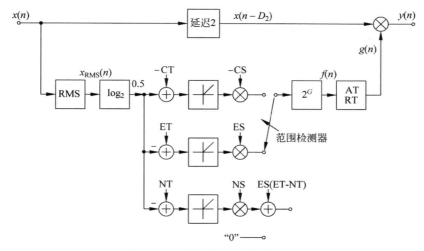

图 8.16　压缩器、扩展器、噪声门

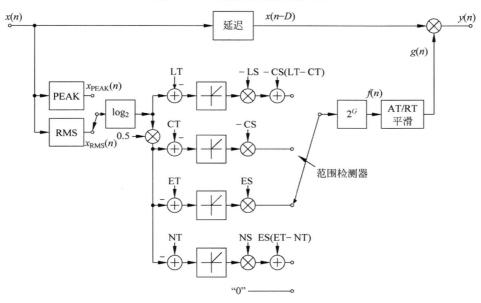

图 8.17　限幅器、压缩器、扩展器、噪声门

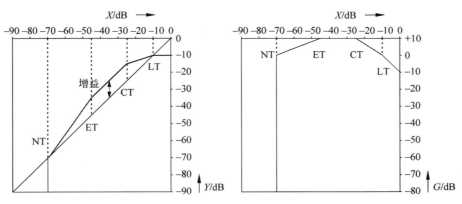

图 8.18　通过增益因子移动静态曲线

图 8.19 举例说明了压缩器、扩展器系统的输入 $x(n)$、输出 $y(n)$ 和控制因子 $g(n)$。可以看出，高振幅的信号被压缩，低振幅的信号则被扩展。12dB 的附加增益表示控制因子 $g(n)$ 的最大值是 4。如果控制因子等于 4，则压缩器、扩展器系统在静态曲线的线性区域中运行。如果控制系数在 1～4，则系统作为压缩机工作。当控制因子小于 1 时，系统作为扩展器（$3500 < n < 4500$ 和 $6800 < n < 7900$）工作。压缩器负责增加信号的响度，而扩展器增加小幅度信号的动态范围。

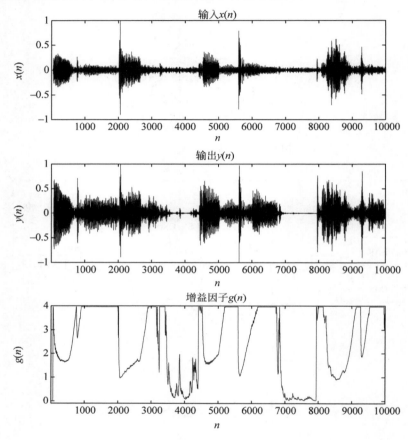

图 8.19 动态范围控制的 $x(n)$、$y(n)$ 和 $g(n)$ 信号

8.5 实现

8.5.1 采样率降低

为了降低计算复杂度，可以在计算 PEAK/RMS 值后进行下采样（见图 8.20）。由于信号 $x_{PEAK}(n)$ 和 $x_{RMS}(n)$ 已经受到频带限制，因此可以通过取序列的第二个值或第四个值来直接下采样，然后对该下采样信号进行处理，取其对数，计算静态曲线，取反对数，并在降低采样率的情况下用相应的攻击和释放时间进行滤波。通过重复输出值 4 次来实现 4 倍的后续上采样。此过程相当于以系数 4 进行上采样，然后执行采样保持传递函数。

在 4 个采样周期内，部分程序模块的嵌套和扩展如图 8.21 所示。模块 PEAK/RMS（即 PEAK/RRMS 计算）和 MULT（输入延迟和与 $g(n)$ 相乘）在每个输入采样周期都运行。PEAK/RMS 和

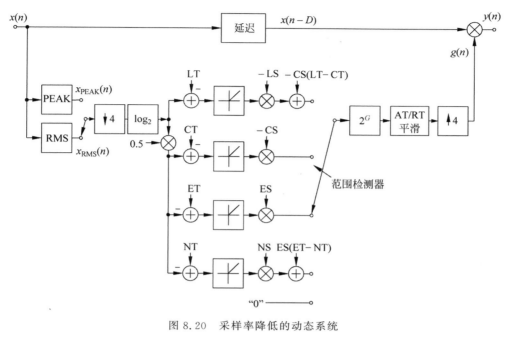

图 8.20　采样率降低的动态系统

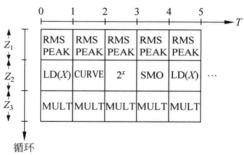

图 8.21　嵌套技术

MULT 的处理器周期数分别用 Z_1 和 Z_3 表示。模块 LD(x)、CURVE、2^x 和 SMO 的最大处理器周期数为 Z_2，并按给定顺序连续处理。每 4 个采样周期重复此步骤。完整动态算法每个采样周期的处理器周期总数为所有 3 个模块的总和。

8.5.2　曲线近似值

除了取对数和反对数，在计算静态曲线时还会进行其他简单操作，如比较和加法/乘法。PEAK/RMS 值的对数如式(8.36)和式(8.37)所示

$$x = M \cdot 2^E \tag{8.36}$$

$$\mathrm{ld}(x) = \mathrm{ld}(M) + E \tag{8.37}$$

首先对尾数归一化并确定指数，然后通过级数展开计算函数 ld(M)，并将指数添加到结果中。对数加权因子 G 和反对数 2^G 由式(8.38)和式(8.39)给出

$$G = -E - M \tag{8.38}$$

$$2^G = 2^{-E} \cdot 2^{-M} \tag{8.39}$$

式中，E 是自然数，M 是分数。反对数 2^G 是通过将函数 2^{-M} 展开并乘以 2^{-E} 来计算的。直接使用对数和反对数表可以降低计算复杂度。

8.5.3 立体声处理

在立体声处理中，需要知道共有的控制因子 $g(n)$。如果两个声道使用不同的控制因子，则会限制或压缩两个立体声信号中的一个，这将导致立体声平衡的位移。图 8.22 显示了一个立体声动态系统，其中两个信号的和用于计算共有的控制因子 $g(n)$。测量 PEAK/RMS 值、下采样、取对数、计算静态曲线、取对数、取攻击及释放时间的反对数、用采样保持函数进行上采样等过程的处理步骤保持不变。对于两个信道，直接路径中的延迟（DEL）必须相同。

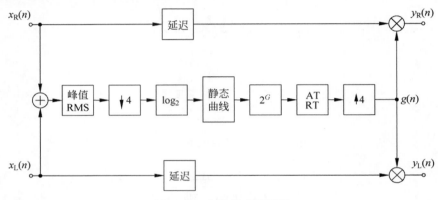

图 8.22　立体声动态系统

8.6　多频带 DRC

多频带 DRC 系统由频率范围不同的若干个 DRC 设备组成。信号用互补滤波器组分成多个频带（通常为 3~5 个），每个频带都用自己的 DRC 设备（通常为压缩器）单独处理，如图 8.23 所示。多频带压缩器用于处理信号的特定频率区域。特别是在混音已经完成的母带制作阶段，每种乐器都不能再单独处理了。它还可以防止在更宽的频率范围内出现常见的 DRC 伪影。通过使用在相应每个频带上测量的电平值可以计算 DRC 器件的增益。多频带压缩器的一个问题是，即使设备不运行，信号也会被分成多个频带。这可能会导致相位抵消或偏移等滤波问题，使得即使设备在停止运行时，依然不能够明显呈现效果。同样需要注意的是，此类系统的计算成本相对较高，如果在过薄弱的系统上大量使用，可能会导致 CPU 过载。

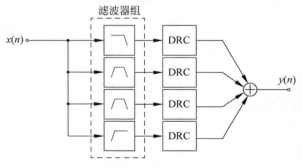

图 8.23　多频段 DRC 系统

8.7　动态均衡器

动态均衡器与多频带 DRC 系统非常相似,但更容易理解。动态均衡器的滤波器与常规均衡器一样串联放置,但检测可以并行执行,如图 8.24 所示。用测量不同通带信号电平值的方法控制峰值(或搁置)滤波器的增益。正向控制时当作扩展器(滤波器的增益与超过阈值的增益成正比)使用,负向控制时当作压缩器(滤波器的增益与超出阈值的增益成反比)使用。图 8.25 显示了特定时刻 n 的相应频率响应。另一种方法如图 8.26 和图 8.27 所示,是一种基于参数均衡的全通滤波器分解的动态斜坡和峰值滤波器。该方法利用在第一级生成的低通和带通信号来计算后端 DRC 的电平。

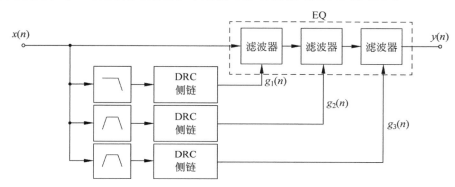

图 8.24　动态 EQ 系统

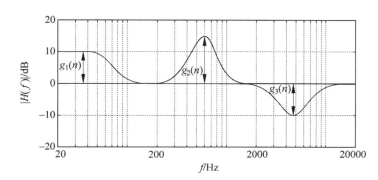

图 8.25　动态均衡器在样本 n 处的频率响应

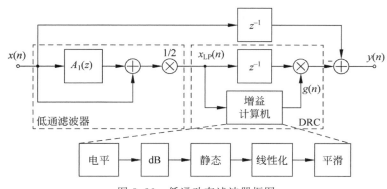

图 8.26　低通动态滤波器框图

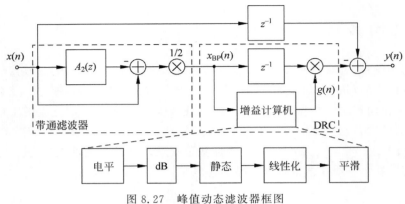

图 8.27　峰值动态滤波器框图

8.8　源滤波器 DRC

8.8.1　概述

源滤波器分离和处理已被广泛应用于从音频信号中提取频谱包络（滤波器系数）和源信号。当再次将频谱包络应用于源信号时，滤波操作将完美地重建原始信号。在语音信号中，频谱包络可以表示共振峰。利用提取的共振峰来重新合成语音的思想由来已久，并且现在已经在如 Vocoder 或人工语音模型中得到应用。

本书所提出的系统将对误差信号（源信号）进行动态处理，从而对重新合成的结果产生影响。然而，过多修改源信号会在重新合成阶段产生伪影。这里介绍的应用之一旨在减少背景噪声，当应用于语音记录时尤其有效。

如图 8.28 所示，源滤波器分离使用线性预测编码（LPC）和解码，通过使用 p 阶自适应 FIR 滤波器 $P(z)$，生成输入信号 $x(n)$ 的预测信号 $\hat{x}(n)$。这个滤波器的作用是对输入 $x(n)$ 的频谱包络进行估计。预测信号和输入信号之间的差称为预测误差 $e(n)=x(n)-\hat{x}(n)$，这个值表示源信号。预测误差 $e(n)$ 可以视为白化的 $x(n)$。对于语音信号，预测误差（源信号）表示类似于声带发出的声音的激励信号，该信号通过声道的滤波作用后产生语音信号的频谱形状。预测误差的进一步动态范围处理将会对 $\tilde{e}(n)$ 产生影响，如图 8.28 所示，$\tilde{e}(n)$ 输入到 LPC 解码端，以重构处理后的输出 $y(n)$。

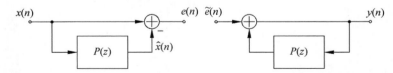

图 8.28　使用线性预测编码（分析）和解码（合成）的源滤波器分离和处理

当输入新的样本后，p 阶预测滤波器 $P(z)$ 更新一次，$x(n)$ 的 p 个过去样本存储在缓冲器中。根据式（8.40）给出的最小均方（LMS）方法更新滤波器系数 a_k：

$$a_k(n+1)=a_k(n)+\mu e(n)x(n-k) \tag{8.40}$$

式中，$k=1,2,\cdots,p$，其中 k 是滤波器系数编号，μ 对应自适应的步长。预测信号 $\hat{x}(n)$ 由滤波器系数和过去信号来决定，如式（8.41）所示

$$\hat{x}(n) = \sum_{k=1}^{p} a_k x(n-k) \tag{8.41}$$

编码(分析)的传递函数由式(8.42)给出:

$$H_C(z) = \frac{E(z)}{X(z)} = 1 - P(z) \tag{8.42}$$

用于重新合成的解码器的传递函数由编码器传递函数的反函数得到,如式(8.43)所示

$$H_D(z) = \frac{Y(z)}{\hat{E}(z)} = \frac{1}{1 - P(z)} \tag{8.43}$$

该滤波器是全极点滤波器,系数由预测滤波器 $P(z)$ 计算得到。从实现的角度来看,只需要在反馈回路中使用滤波器,如图 8.28 所示。

8.8.2　与 DRC 组合

在该特定系统中,由 DRC 系统处理误差信号,并会对重新合成的信号 $y(n)$ 产生影响,如图 8.29 所示。DRC 会产生很明显的效果。因此,经处理的误差信号不会受到太大的影响,重建后的信号所产生的伪影现象也会减小。

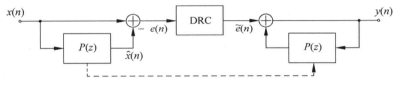

图 8.29　LPC 与 DRC 组合系统框图

8.8.3　应用

1. 去噪

DRC 是最早用于音频信号去噪的工具之一。例如,当输入信号的电平低于定义的阈值时,噪声门或扩展器会使输入信号衰减。将阈值设置为高于背景噪声电平,不重要的信号部分电平会降低,从而达到去噪的效果。根据定义,这种去噪方法仅在输入信号的能量低时有效,如说话者不说话或在单词之间有停顿时。

在这种去噪方法的应用中,扩展器被用作 DRC 模块,因为与噪声门相比,它的伪影效应更小。本应用中选择的扩展器由峰值电平检测器组成。由于误差信号携带了大部分背景噪声,所以扩展器阈值参数可以设置为比噪声电平高几分贝(见图 8.30)。脉冲串保持不变,而脉冲之间的噪声略有降低。此外,由于无声部分电平位于扩展器阈值以下,因此背景噪声也降低了。在这个应用中,为了保持瞬态和脉冲不受影响,扩展器的时间常数设置为攻击时间 AT=0.1ms,若为了避免伪影,则设置释放时间 RT=1ms。为了降低背景噪声,令 ER=40。在特定情况下,可以根据噪声水平的先验知识手动设置阈值。自适应阈值可以用于非平稳噪声情况。值得一提的是,对于高噪声电平(覆盖语音),此算法的性能会显著降低,因为其基本原理是增大信号部分之间的电平差。LPC 可以被参数化,使得误差信号类似于耳语效应。这意味着声音的共振部分被去除,从而产生爆破音、噪声和脉冲序列的组合。从这样的信号中去除背景噪声需要对重新合成的信号去噪。为了获得具有这种特性的激励信号,滤波器阶数设置在 $p=[80,150]$ 范围是最合适的($f_S=44.1\text{kHz}$)。

图 8.31(a)为带白噪声(30dB 的 SNR)的女性歌声频谱图。图 8.31(b)为用扩展器去噪后的频谱

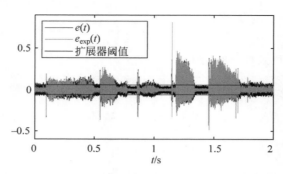

图 8.30　在动态范围扩展之前和之后的误差
信号 $e(t)$ 和 $e_{exp}(t)$

图。在信号中存在平稳的低颜色背景噪声的情况下，由于 LPC 的分离作用会白化信号，因此误差信号中也会包含低颜色背景噪声。用扩展器对误差信号去噪的同时，重新合成的信号 $y(n)$ 的浊音部分也被去掉了。这种影响如图 8.31(c) 所示，在不改变原始信号的情况下，背景噪声发生了衰减。

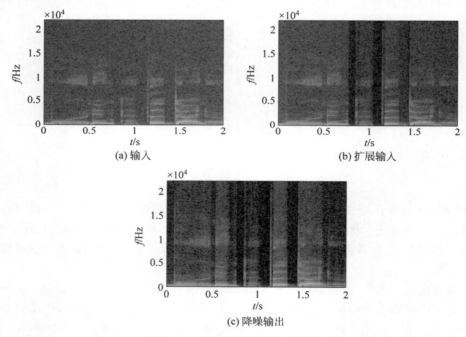

(a) 输入　　　　　　　　　　　　(b) 扩展输入

(c) 降噪输出

图 8.31　白色噪声下女声频谱图

2. 瞬态控制

通过源滤波器分离得到的误差信号中包含了原始声音的瞬态。因为瞬变是能量的突然爆发，滤波器系数(μ)的加权更新较慢，所以预测滤波器的速度不够快，无法预测它们。瞬态通常是宽带的，这个特点使得滤波器不对其进行操作，因此会体现在误差信号中。

一旦提取了瞬变信号，就可以在重新合成之前选择重新注入误差信号的数量。为此，如图 8.32 所示，设置一个增益 G_{tr}，通过相位反转来控制要增加或消除的瞬态量。录制语音时经常出现的问题之一是存在过强的瞬变或削波。

这可能是由于在发出爆破音时气流撞击麦克风振膜造成的。可以通过减少瞬变来减少这种影响

（POP 过滤）。传统上常使用压缩器来解决这些问题。然而,也有人认为声音的攻击部分传达了亮度特征,因此增加瞬变也可能使重新合成的信号产生更亮的效果。可以根据所需的效果来控制声音中的瞬变量。该属性通过误差优化了提取瞬变的预处理步骤。用压缩器对其处理,可实现完全的瞬态提取。

图 8.33 所示为瞬变提取的实例,图 8.34 为相应的频谱图。选择较慢的攻击（启动）时间会让声音的瞬态部分在压缩器开始压缩之前通过。然而,如果攻击时间太长,可能会通过很大一部分瞬变信号。在扩展器之后级联噪声门,可以完全去除非瞬态部分（见图 8.32）。

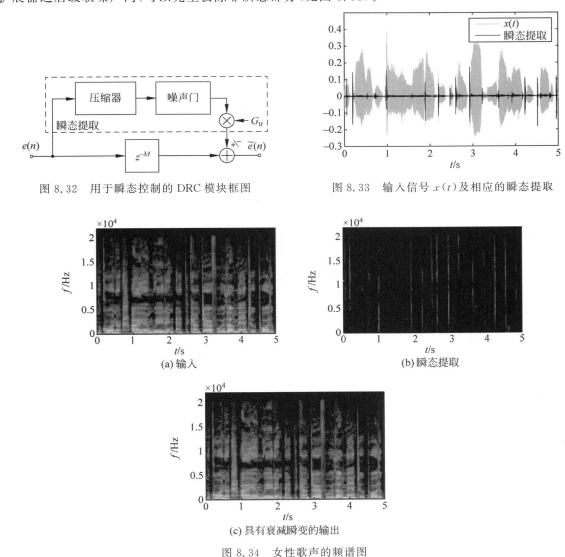

图 8.32　用于瞬态控制的 DRC 模块框图

图 8.33　输入信号 $x(t)$ 及相应的瞬态提取

（a）输入

（b）瞬态提取

（c）具有衰减瞬变的输出

图 8.34　女性歌声的频谱图

8.9　JS 小程序——动态范围控制

图 8.35 所示的小程序演示了动态范围控制。这个程序可用于了解音频信号动态范围控制的感知效果。可以使用两个控制点调整特性曲线。Web 服务器中有两个预定义的音频文件（audio1.wav 或

audio2.wav)可供选择，或使用自己的本地 WAV 文件进行处理。

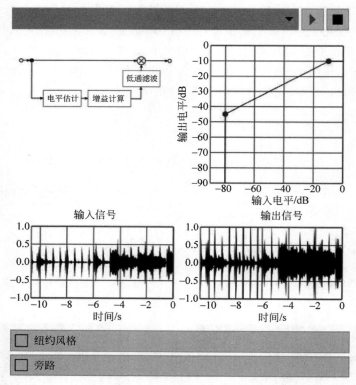

图 8.35　JS 小程序——动态范围控制

8.10　习题

用于包络检测的低通滤波

包络计算通常是通过对输入信号的绝对值或其平方进行低通滤波来完成的。

1. 画出一阶低通递归滤波器 $H(z)=\dfrac{\lambda}{1-(1-\lambda)z^{-1}}$ 的框图。

2. 使用非恒定滤波器系数 λ 对低通滤波器进行调整。λ 与信号的关系是什么？当激励信号为矩形信号时，画出修改后的低通滤波器的响应。

包络检测的离散时间特性

取绝对值或平方是非线性运算。因为由此引入的谐波频率可能违反奈奎斯特定理，因此在离散时间系统中使用时必须小心。通过一个简单的例子说明由此导致的结果。考虑输入信号：

$$x(n)=\sin\left(\frac{\pi}{2}n+\varphi\right),\quad \varphi\in[0,2\pi]$$

1. 画出不同 φ 值对应的 $x(n)$、$|x(n)|$ 和 $x^2(n)$。

2. 求理想低通滤波后的包络值，即平均值，$\overline{|x(n)|}$。注：由于输入信号是周期性的，因此考虑一个周期就足够了，例如：

$$\bar{x} = \frac{1}{4} \sum_{n=0}^{3} |x(n)|$$

3. 类似地，求 $x^2(n)$ 的平均值后再求其包络的值。

动态范围处理器

绘制输入电平与输出电平以及输入电平与增益的特性曲线，并简要描述以下应用：

1. 限幅器；

2. 压缩器；

3. 扩展器；

4. 噪声门。

第 9 章

音 频 编 码

在音频信号的传输和存储的研究中,脉冲编码调制(PCM)是热点之一,除此之外,不同的数据压缩方法也越来越受到关注。不同的应用要求使用不同的音频编码方法,这些方法已成为国际标准。本章首先介绍音频编码的基本原理,然后介绍音频编码标准。音频编码可以分为两种类型:无损音频编码和有损音频编码。无损音频编码基于信号振幅的统计模型和音频信号的编码。接收端重构音频信号,可以使得原始音频信号的信号幅度无损再合成。有损音频编码对音频信号的量化和编码是基于人类听觉感知的心理声学模型的。因此,只有信号的声学相关部分在接收端被编码和重构,原始音频信号的样本不能被精确地重构。两种音频编码方法的目的是通过降低数据速率或压缩数据来进行信号传输或存储。

9.1 无损音频编码

无损音频编码采用先线性预测后熵编码的方法,如图 9.1 所示。

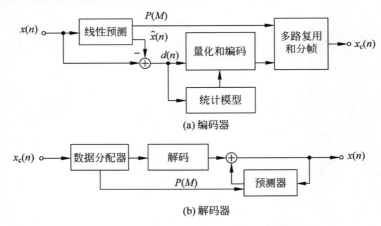

(a) 编码器

(b) 解码器

图 9.1 基于线性预测和熵编码的无损音频编码

(1)线性预测。对 M 个样本,确定其量化系数 P,$\hat{x}(n)$ 为输入序列 $x(n)$ 的估计值。其目的是最小化差分信号 $d(n)$ 的功率,而不产生任何额外的量化误差,即信号 $\hat{x}(n)$ 的字长必须等于输入信号的字长。另一种方法是将预测信号 $\hat{x}(n)$ 量化,使差分信号 $d(n)$ 的字长与输入信号的字长保持一致。图 9.2 为信号块 $x(n)$ 和对应的频谱 $|X(f)|$。使用滤波传递函数为 $P(z)$ 的预测器对输入信号进行滤波,得到

估计结果 $\hat{x}(n)$。输入信号和预测信号相减得到预测误差 $d(n)$，如图 9.2 所示，与输入功率相比，其功率显著降低。该预测误差的频谱接近白色，如图 9.2(d) 所示。可以将预测理解为在编码器端使用传递函数 $H_A(z)=1-P(z)$ 进行的滤波操作。

（2）熵编码。由概率密度函数对 $d(n)$ 进行量化，较高概率的样本 $d(n)$ 用较短的数据字进行编码，而较低概率的样本 $d(n)$ 则用较长的数据字编码。

（3）分帧。分帧时使用量化和编码的差分信号，并对 M 阶预测滤波器 $P(z)$ 的 M 个系数进行编码。

（4）解码器。在解码器端，逆传递函数为 $H_S(z)=H_A^{-1}(z)=[1-P(z)]^{-1}$，使用编码差分样本和 M 个滤波器系数重建输入信号。该合成滤波器的频率响应表示如图 9.2(b) 所示。合成滤波器利用输入频谱的频谱包络对差分（预测误差）信号的白频谱进行波形调整。

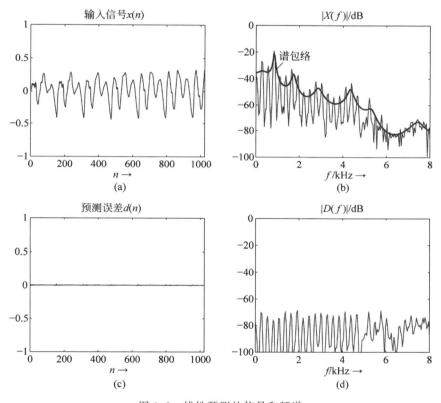

图 9.2 线性预测的信号和频谱

压缩率取决于音频信号的统计数据，压缩率最高为 2。图 9.3 举例说明了无损音频编码所需的字长。除了信号的局部熵（在 256 的块长度上计算的熵），还给出了线性预测之后进行霍夫曼编码的结果。霍夫曼编码是通过选择固定码表和功率控制的自适应码表来实现的。从图 9.3 中可以观察到，对于高信号功率，如果选择适当的码表，可以减少字长。无损压缩方法可用于有限字长（16 位）的存储介质记录更高字长（＞16 位）的音频信号。音频信号的传输和存储就是典型应用。

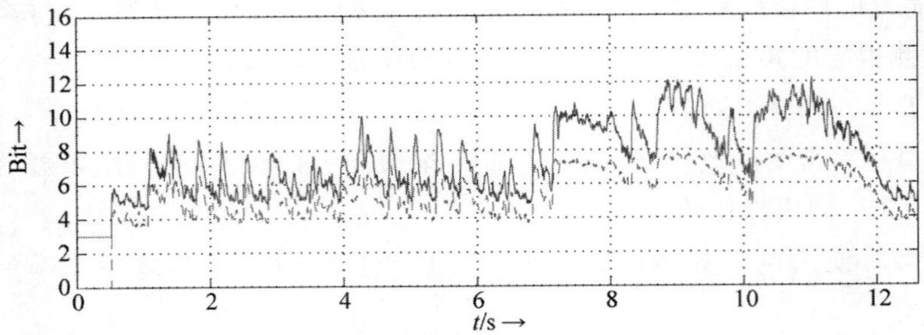

(a) SQAM 67（莫扎特），固定码表

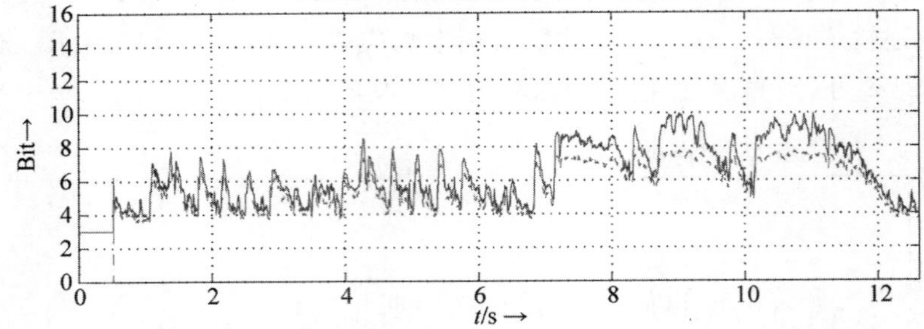

(b) SQAM 67（莫扎特），调整的编码表

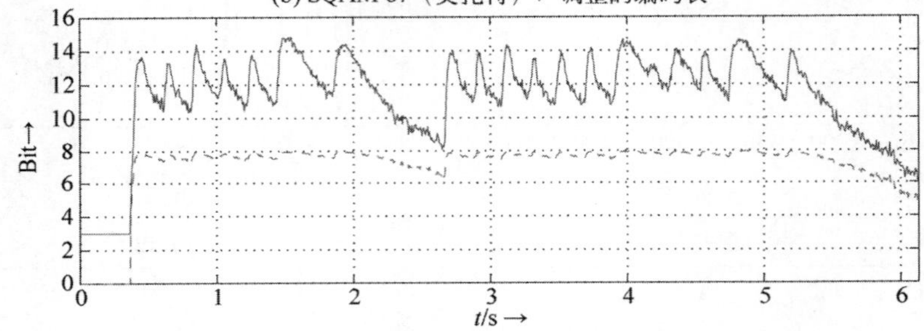

(c) SQAM 66（Stravinsky），固定码表

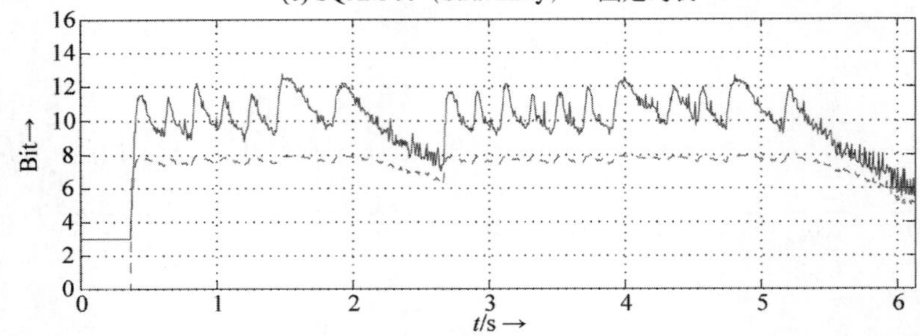

(d) SQAM 66（Stravinsky），调整的编码表

图 9.3　无损音频编码（莫扎特，Stravinsky）

（熵--，霍夫曼编码的线性预测-）

9.2　有损音频编码

　　使用有损编码方法可以获得更高的压缩率（4～8 倍）。人类听觉的心理声学现象可用于信号压缩。该方法应用领域广泛，从专业音频（如音频源编码传输）到家庭娱乐都可见其应用。

国际规范 ISO/IEC 11172-3 对编码方法进行了标准化处理,该规范基于以下处理步骤(见图 9.4)。

(1) 具有短延迟时间滤波器组的子带分解。

(2) 基于短时快速傅里叶变换(FFT)的心理声学模型参数计算。

(3) 基于心理声学模型参数(信号掩蔽比 SMR)的动态比特分配。

(4) 子带信号的量化和编码。

(5) 多路复用和分帧。

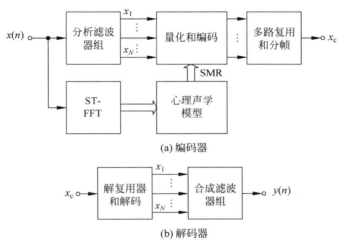

(a) 编码器

(b) 解码器

图 9.4 基于子带编码和心理声学模型的有损音频编码

在有损音频编码之后,信号的处理、编码和解码步骤还涉及一些其他因素。高压缩率证明了在传输等应用中使用有损音频编码技术是合理的。

9.3 心理声学

本节介绍心理声学的基本原理。Zwicker 的心理声学研究结果为基于人类感知模型的音频编码奠定了基础。与线性 PCM 表示相比,这些编码音频信号的数据率显著降低。在分析人类听觉系统时使用了临界频带的概念。音频信号的心理声学编码的目的是将宽带音频信号分解为与关键频带匹配的子频带,然后对这些子频带信号进行量化和编码。由于无法感知低于听觉绝对阈值的声音,因此低于该阈值的子带信号既不需要编码也不需要传输。除了临界频带的感知和绝对阈值,人类感知中的信号掩蔽效应在信号编码中也起着重要作用。接下来将对此进行分析,并对其在心理声学编码中的应用加以讨论。

9.3.1 临界频带和绝对听力阈值

1. 临界频带

Zwicker 给出的临界频带如表 9.1 所示。

表 9.1 Zwicker 给出的临界频带

z/Bark	f_1/Hz	f_u/Hz	f_B/Hz	f_c/Hz
0	0	100	100	50
1	100	200	100	150

续表

z/Bark	f_1/Hz	f_u/Hz	f_B/Hz	f_c/Hz
2	200	300	100	250
3	300	400	100	350
4	400	510	110	450
5	510	630	120	570
6	630	770	140	700
7	770	920	150	840
8	920	1080	160	1000
9	1080	1270	190	1170
10	1270	1480	210	1370
11	1480	1720	240	1600
12	1720	2000	280	1850
13	2000	2320	320	2150
14	2320	2700	380	2500
15	2700	3150	450	2900
16	3150	3700	550	3400
17	3700	4400	700	4000
18	4400	5300	900	4800
19	5300	6400	1100	5800
20	6400	7700	1300	7000
21	7700	9500	1800	8500
22	9500	1200	2500	10500
23	12000	15500	3500	13500
24	15500			

Zwicker 给出了线性频率尺度到听觉适应尺度的转换方法，如式（9.1）所示

$$\frac{z}{\text{Bark}} = 13\arctan\left(0.76\frac{f}{\text{kHz}}\right) + 3.5\arctan\left(\frac{f}{7.5\text{kHz}}\right)^2 \tag{9.1}$$

单个临界带的带宽如式（9.2）所示

$$\Delta f_B = 25 + 75\left[1 + 1.4\left(\frac{f}{\text{kHz}}\right)^2\right]^{0.69} \tag{9.2}$$

2. 绝对听力阈值

绝对听力阈值 L_{T_q}（静态阈值）表示声压级 L 随频率的变化曲线，由此感知到的是正弦音。绝对听力阈值由式（9.3）给出：

$$\frac{L_{T_q}}{\text{dB}} = 3.64\left(\frac{f}{\text{kHz}}\right)^{-0.8} - 6.5\exp\left[-0.6\left(\frac{f}{\text{kHz}} - 3.3\right)^2\right] + 10^{-3}\left(\frac{f}{\text{kHz}}\right)^4 \tag{9.3}$$

低于绝对听力阈值，信号是不可能被感知的。图 9.5 显示了绝对听力阈值与频率的关系。利用临界频带中的子带划分和绝对听力阈值，可以计算每个临界频带的信号电平与绝对听力阈值之间的偏移量。利用该偏移可以为每个临界频带选择适当的量化步长。

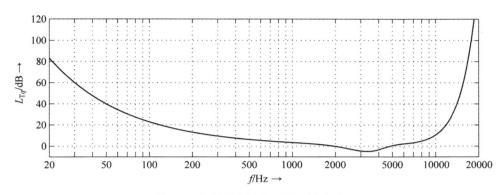

图 9.5 绝对听力阈值(安静时的阈值)

9.3.2 掩蔽

对于音频编码,仅在临界频带和绝对听力阈值中使用声音感知是不能满足高压缩率的要求的。为进一步减少数据量,Zwicker 提出掩蔽效应的概念。对于带限噪声或正弦信号,可以给出频率相关的掩蔽阈值。如果频率分量低于掩蔽阈值,会产生掩蔽效应(见图 9.6)。掩蔽在感知编码中的应用如下所述。

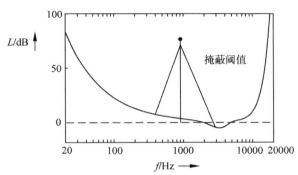

图 9.6 频带受限噪声的掩蔽阈值

1. 频带 i 中信号功率的计算

首先计算临界频带内的声压级。借助 N 点 FFT,利用短时谱 $X(k) = \text{DFT}[x(n)]$ 计算功率密度谱,如式(9.4)和式(9.5)所示

$$S_p(e^{j\Omega}) = S_p(e^{j\frac{2\pi k}{N}}) = X_R^2(e^{j\frac{2\pi k}{N}}) + X_I^2(e^{j\frac{2\pi k}{N}}) \tag{9.4}$$

$$S_p(k) = X_R^2(k) + X_I^2(k), \quad 0 \leqslant k \leqslant N-1 \tag{9.5}$$

频带 i 的信号功率为临界频带 i 的低频到高频功率之和,如式(9.6)所示

$$S_p(i) = \sum_{\Omega = \Omega_{li}}^{\Omega_{ui}} S_p(k) \tag{9.6}$$

频带 i 中的声压级由 $L_S(i) = 10\lg S_p(i)$ 计算。

2. 绝对阈值

设置绝对阈值,用 16 位表示,使得峰值振幅为 ±1 LSB 的 4kHz 信号处于绝对阈值曲线的下限。如果某单个临界频带中计算出的掩蔽阈值低于绝对阈值,则设置掩蔽阈值为对应频带中的绝对阈值。由于临界频带内的绝对阈值随低频和高频的变化而变化,因此需要使用一个频带内的平均绝对阈值。

3. 掩蔽阈值

临界频带 i 中信号电平与掩蔽阈值之间的偏移(见图9.7)由式(9.7)给出:

$$\frac{O(i)}{\mathrm{dB}} = \alpha(14.5+i) + (1-\alpha)a_v \qquad (9.7)$$

式中,α 表示音调指数,a_v 表示掩蔽指数。

掩蔽指数由式(9.8)和式(9.9)给出:

$$a_v = -2 - 2.05\arctan\left(\frac{f}{4\mathrm{kHz}}\right)$$
$$- 0.75\arctan\left(\frac{f^2}{2.56\mathrm{kHz}^2}\right) \qquad (9.8)$$

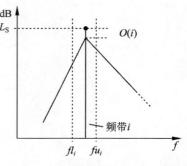

图 9.7　信号电平和掩蔽阈值之间的偏移

式(9.9)为其近似表示:

$$\frac{O(i)}{\mathrm{dB}} = \alpha(14.5+i) + (1-\alpha)5.5 \qquad (9.9)$$

如果声调掩盖了类似噪声的信号($\alpha=1$),则阈值设置为比 $L_S(i)$ 的值低 $14.5+i\,\mathrm{dB}$。如果一个类似噪声信号掩蔽了声调($\alpha=0$),则阈值设置为比 $L_S(i)$ 的值低 $5.5+i\,\mathrm{dB}$。为了在一定数量的样本中识别声调或类似噪声的信号,需要估计频谱平坦度(SFM)。SFM 定义为 $S_p(i)$ 的几何平均值与算术平均值之比,如式(9.10)所示

$$\mathrm{SFM} = 10\lg\left[\frac{\left[\prod_{k=1}^{\frac{N}{2}} S_p(e^{j\frac{2\pi k}{N}})\right]^{1/\frac{N}{2}}}{\frac{1}{N/2}\sum_{k=1}^{\frac{N}{2}} S_p(e^{j\frac{2\pi k}{N}})}\right]i \qquad (9.10)$$

将 SFM 与正弦信号的 SFM(定义 $\mathrm{SMF}_{max} = -60\mathrm{dB}$)进行比较,并通过式(9.11)计算音调指数:

$$\alpha = \mathrm{MIN}\left(\frac{\mathrm{SFM}}{\mathrm{SFM}_{max}}, 1\right) \qquad (9.11)$$

$\mathrm{SMF}=0\mathrm{dB}$ 对应的是类噪声信号,此时 $\alpha=0$,而 $\mathrm{SMF}=75\mathrm{dB}$ 对应的是类声调信号,此时 $\alpha=1$。声压级 $L_S(i)$ 和偏移量 $O(i)$ 的掩蔽阈值为式(9.12)

$$T(i) = 10^{[L_S(i)-O(i)]/10} \qquad (9.12)$$

4. 临界频带的掩蔽

利用 Bark 尺度可以对临界频带进行掩蔽。根据式(9.13)和式(9.14),掩蔽阈值为三角形,根据声压级 L_i 和频带 i 中的中心频率 f_{c_i},下斜率的掩蔽阈值以 $S_1\,\mathrm{dB/Bark}$ 降低,上斜率的掩蔽阈值以 $S_2\,\mathrm{dB/Bark}$ 降低。

$$S_1 = 27 \quad (\mathrm{dB/Bark}) \qquad (9.13)$$

$$S_2 = 24 + 0.23\left(\frac{f_{c_i}}{\mathrm{kHz}}\right)^{-1} - 0.2\frac{L_S(i)}{\mathrm{dB}} \quad (\mathrm{dB/Bark}) \qquad (9.14)$$

利用图 9.8 来实现临界频带内的最小近似掩蔽。在临界频带 i 中的高频 f_{u_i} 处,用降低了 27dB/Bark 的下掩蔽阈值来掩蔽大约 32dB 的量化噪声。上斜率与声压级有关。上斜率比下斜率的绝对值要小。临界波段的掩蔽如图 9.9 所示。临界频带 $i-1$ 的掩蔽信号负责掩蔽临界频带 i 的量化噪声以及临界频带 i 的掩蔽信号。这种跨临界频带的掩蔽进一步简化了临界频带内的量化步骤。

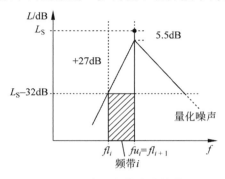

图 9.8　临界频带内的掩蔽

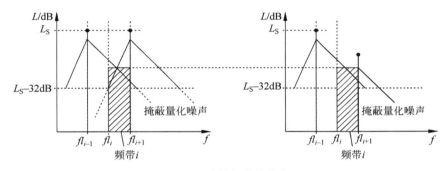

图 9.9　关键频带的掩蔽

临界带掩蔽的表达式由式(9.15)给出:

$$10\lg\left[B(\Delta i)\right]=15.81+7.5(\Delta i+0.474)-17.5\left[1+(\Delta i+0.474)^2\right]^{\frac{1}{2}} \tag{9.15}$$

式中,Δi 表示 Bark 中两个临界带之间的距离。式(9.15)称为扩展函数。利用这个扩展函数,当 $\mathrm{abs}(i-j)\leqslant 25$ 时,可以计算临界频段 i 对临界频带 j 的掩蔽,如式(9.16)所示

$$S_{\mathrm{m}}(i)=\sum_{j=0}^{24}B(i-j)\cdot S_{\mathrm{p}}(i) \tag{9.16}$$

因此,临界频带上的掩蔽可以表示为式(9.17)的矩阵运算:

$$\begin{bmatrix} S_{\mathrm{m}}(0) \\ S_{\mathrm{m}}(1) \\ \vdots \\ S_{\mathrm{m}}(24) \end{bmatrix} = \begin{bmatrix} B(0) & B(-1) & B(-2) & \cdots & B(-24) \\ B(1) & B(0) & B(-1) & \cdots & B(-23) \\ \vdots & \vdots & \vdots & & \vdots \\ B(24) & B(23) & B(22) & \cdots & B(0) \end{bmatrix} \begin{bmatrix} S_p(0) \\ S_p(1) \\ \vdots \\ S_p(24) \end{bmatrix} \tag{9.17}$$

用式(9.16)重新计算掩蔽阈值,得到全局掩蔽阈值,如式(9.18)所示

$$T_{\mathrm{m}}(i)=10^{\lg S_{\mathrm{m}}(i)-O(i)/10} \tag{9.18}$$

为了明确基于心理声学的音频编码的单个步骤,以下将用示例分析结果总结整个过程。

(1) 临界频带内信号功率 $S_{\mathrm{p}}(i)$ 的计算→$L_{\mathrm{S}}(i)$ 单位为 dB[图 9.10(a)]。

（2）计算临界频带 $T_m(i)$ 上的掩蔽→$L_{T_m}(i)$ 单位为 dB[图 9.10(b)]。

（3）用音调指数掩蔽→$L_{T_m}(i)$ 单位为 dB[图 9.10(c)]。

（4）全局掩蔽阈值相对于静态阈值 L_{T_q} 的计算→$L_{T_{m,abs}}(i)$ 单位为 dB[图 9.10(d)]。

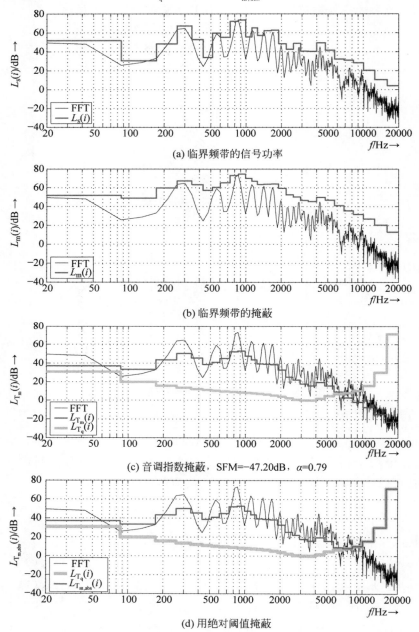

(a) 临界频带的信号功率

(b) 临界频带的掩蔽

(c) 音调指数掩蔽，SFM=−47.20dB，α=0.79

(d) 用绝对阈值掩蔽

图 9.10 心理声学模型的计算过程

利用全局掩蔽阈值 $L_{T_{m,abs}}(i)$，得到每个 Bark 波段信号的掩蔽比（SMR），如式（9.19）所示

$$SMR(i) = L_S(i) - L_{T_{m,abs}}(i) \quad dB \tag{9.19}$$

SMR 定义了每个临界频带所需的比特数，这样就可以实现对量化噪声的掩蔽。信号功率和全局屏

蔽阈值如图 9.11(a)所示。所得到的信号掩蔽比 SMR(i)如图 9.11(b)所示。当 SMR(i)>0 时,必须为临界频带 i 分配比特。当 SMR(i)<0 时,就不会给相应的临界频带分配了。图 9.12 显示了 440Hz 正弦信号临界频带的掩蔽阈值。与上面例子相比,掩蔽阈值对临界频带的影响更明显。

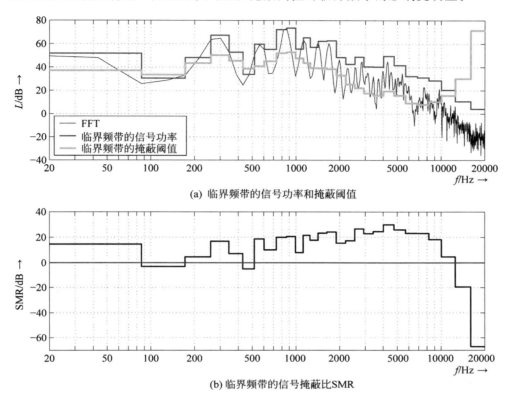

(a) 临界频带的信号功率和掩蔽阈值

(b) 临界频带的信号掩蔽比SMR

图 9.11　信号屏蔽比 SMR 的计算

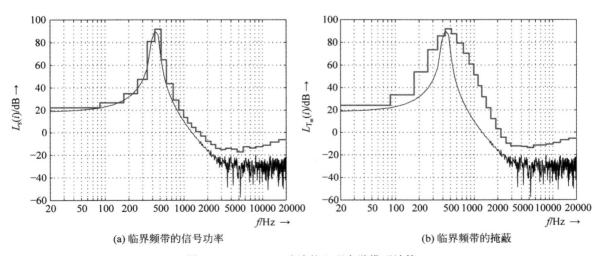

(a) 临界频带的信号功率

(b) 临界频带的掩蔽

图 9.12　440Hz 正弦波的心理声学模型计算

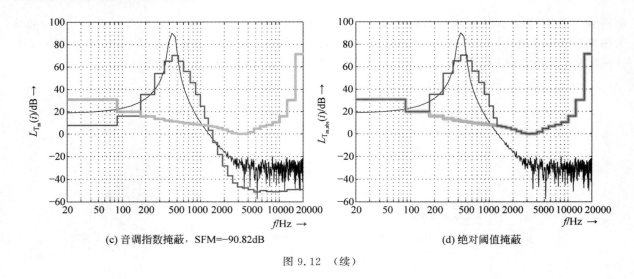

(c) 音调指数掩蔽，SFM=−90.82dB   (d) 绝对阈值掩蔽

图 9.12 （续）

9.4 ISO-MPEG1 音频编码

本节介绍 ISO/IEC 11172-3 标准中规定的数字音频信号的编码方法，讨论用于子带分解的滤波器组、心理声学模型、动态比特分配和编码。标准第Ⅰ层和第Ⅱ层的编码器简化框图如图 9.13 所示，相应的解码器如图 9.14 所示。重构宽带 PCM 信号时，使用来自 ISO-MPEG1 的帧信息，将解码的子带信号馈送到合成滤波器组。与编码器相比，解码器的复杂度显著降低。编码方法的改进只针对编码器。

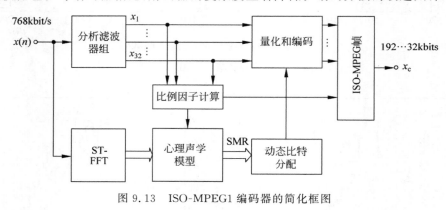

图 9.13 ISO-MPEG1 编码器的简化框图

$x_c \circ \rightarrow$ 解复用器和解码 $\rightarrow x_1 \cdots x_N \rightarrow$ 合成滤波器组 $\rightarrow \circ x(n)$

图 9.14 ISO-MPEG1 解码器的简化框图

9.4.1 滤波器组

如图 9.15 所示，使用伪正交镜像滤波器（Pseudo-QMF）组进行子带分解。将宽带信号分解成 M 个均匀间隔的子带。用因子 M 降低采样率后，再对子带进行处理。在 ISO-MPEG1 编码器的实现过程

中，$M=32$。带通滤波器 $H_0(z)H_1(z)\cdots H_{M-1}(z)$ 是原始低通滤波器 $H(z)$ 的频移。通过使用余弦公式调制脉冲响应 $h(n)$ 来完成截止频率为 $\pi/2M$ 的原始频移，如式（9.20）和式（9.21）所示

$$h_k(n)=h(n)\cdot\cos\left[\frac{\pi}{32}(k+0,5)(n-16)\right] \tag{9.20}$$

$$f_k(n)=32\cdot h(n)\cdot\cos\left[\frac{\pi}{32}(k+0,5)(n+16)\right] \tag{9.21}$$

式中，$k=0,1,\cdots,31$ 和 $n=0,1,\cdots,511$。带通滤波器的带宽为 π/M。对于合成滤波器组，将相应的滤波器 $F_0(z)F_1(z)\cdots F_{M-1}(z)$ 的输出相加，得到宽带 PCM 信号。图 9.16 所示为具有 512 点的原始脉冲响应、调制带通脉冲响应和相应的幅度响应，同时图 9.16 还给出了所有 32 个带通滤波器的幅度响应。相邻带通滤波器的重叠仅限于上、下两个滤波器频带。相邻频带的重叠率为 50%。每个子带进行下采样后产生的混叠将在合成滤波器组中被抵消。伪 QMF 频带可以通过结合多相滤波器结构和离散余弦变换来实现。

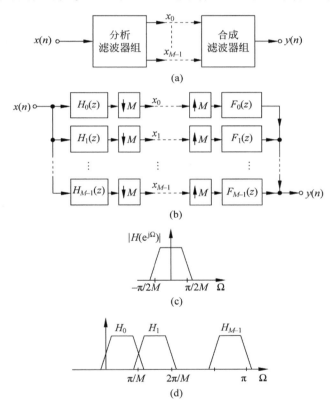

图 9.15　Pseudo-QMF 库

　　为了提高频率分辨率，标准的第Ⅲ层将 32 个子带中的每个子带进一步分解为最多 18 个均匀间隔的子带（见图 9.17）。该分解借助于加窗子带样本的重叠变换。此方法基于改进的离散余弦变换（Modified Discrete Cosine Transform，MDCT），也称为时域混叠消除（Time Domain Aliasing Cancellation，TDAC）滤波器组和调制重叠变换（Modulated Lapped Transform，MLT）。该扩展滤波器组由多相/MDCT 混合滤波器组表示。对于脉冲信号，频率分辨率越高，编码增益越高，但时间分辨率越低。为了最小化影响，每个子带的子带数量可以从 18 个减少到 6 个。与信号匹配的子带分解可以通过具有重叠变换的特殊设计的窗函数得到。

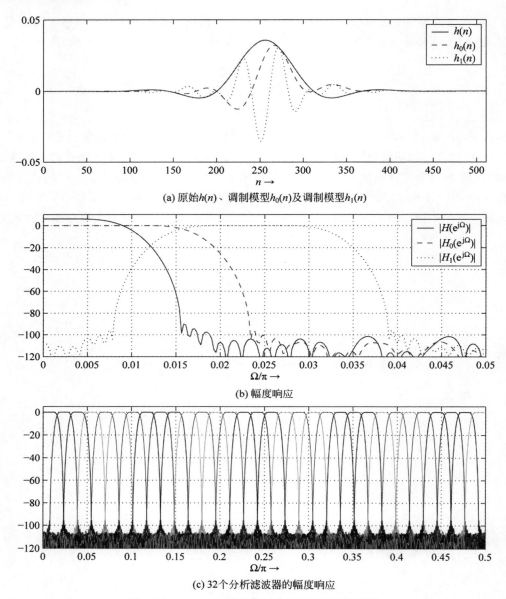

(a) 原始$h(n)$、调制模型$h_0(n)$及调制模型$h_1(n)$

(b) 幅度响应

(c) 32个分析滤波器的幅度响应

图 9.16　Pseudo-QMF 组的脉冲响应和幅度响应

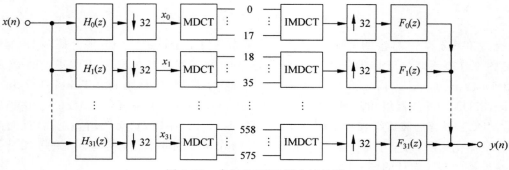

图 9.17　多相/MDCT 混合滤波器

9.4.2 心理声学模型

针对 ISO-MPEG1 标准的 I～III 层,建立两个心理声学模型。在三层结构中,这两种模型都可以相互独立使用。心理声学模型 1 用于第 I 层和第 II 层,而模型 2 用于第 III 层。由于第 I 层和第 II 层应用广泛,下面将讨论心理声学模型 1。

基于子带内的最小掩蔽阈值和最大信号电平,在 32 个子频道中使用信号掩蔽比 $SMR(i)$ 分配比特。为了计算该比率,需要借助分析并行滤波器组的短时 FFT 来估计功率密度谱。与 32 频带分析滤波器组的频率分辨率相比,功率密度谱估计可以获得更高的频率分辨率。每个子带的信号掩蔽比如下所示。

(1) 使用 FFT 计算 N 个样本块的功率密度谱。对 $N=512$(对于第 II 层,$N=1024$)个输入样本加窗后,计算功率密度谱。接着,用 384(12×32)个样本替换 $h(n)$,再进行下一个区块的处理,如式(9.22)所示

$$X(k) = 10\lg \left| \frac{1}{N} \sum_{n=0}^{N-1} h(n)x(n) e^{-jnk2\pi/N} \right|^2 \quad dB \qquad (9.22)$$

(2) 确定每个子频带中的声压级。由功率密度谱和相应子频带的缩放因子得出声压级,如式(9.23)所示

$$L_S(i) = MAX[X(k), 20\lg[SCF_{max}(i) \cdot 32768] - 10] \quad dB \qquad (9.23)$$

在 $X(k)$ 中使用子带频谱的最大值。子带 i 的缩放因子 $SCF(i)$ 是 12 个连续子带样本最大值的绝对值。在第 I 层中非线性量化为 64 级。在第 II 层中,选择 3×12 个子带样本中最大的三个缩放因子来确定声压级。

(3) 考虑绝对阈值。不同采样率的绝对阈值为 $LT_q(m)$。利用索引 k 的 FFT 减去 $N/2$ 个相关频率得到频率索引 m,如图 9.18 所示。子带索引仍然为 i。

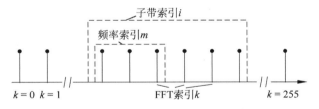

图 9.18 频率索引的命名

(4) 计算声调 $X_{tm}(k)$ 或非声调 $X_{nm}(k)$ 掩蔽分量,并确定相关的掩蔽分量。这些掩蔽分量记为 $X_{tm}[z(j)]$ 和 $X_{nm}[z(j)]$。使用索引 j,标记声调和非声调掩蔽分量。变量 $z(m)$ 减少的频率指数为 m。频率组索引 z 的 24 个临界频带具有更精细的分辨率。

(5) 计算各个掩蔽阈值。对于声调和非声调掩蔽分量 $X_{tm}[z(j)]$ 和 $X_{nm}[z(j)]$ 的掩蔽阈值,分别用式(9.24)和式(9.25)计算:

$$LT_{tm}[z(j), z(m)] = X_{tm}[z(j)] + a_{v_{tm}}[z(j)] + v_f[z(j), z(m)] \quad dB \qquad (9.24)$$

$$LT_{nm}[z(j), z(m)] = X_{nm}[z(j)] + a_{v_{nm}}[z(j)] + v_f[z(j), z(m)] \quad dB \qquad (9.25)$$

声调掩蔽分量的掩蔽指数由式(9.26)给出

$$a_{v_{tm}} = -1.525 - 0.275 \cdot z(j) - 4.5 \quad dB \qquad (9.26)$$

非声调掩蔽分量的掩蔽指数由式(9.27)给出

$$a_{v_{nm}} = -1.525 - 0.175 \cdot z(j) - 0.5 \text{dB} \tag{9.27}$$

掩蔽函数为 $v_f[z(j), z(m)]$，对应的距离为 $\Delta z = z(m) - z(j)$

$$v_f = \begin{cases} 17 \cdot (\Delta z + 1) - (0.4 \cdot X[z(j)] + 6), & -3 \leqslant \Delta z < -1 \\ (0.4 \cdot X[z(j)] + 6) \cdot \Delta z, & -1 \leqslant \Delta z < 0 \\ -17 \cdot \Delta z, & 0 \leqslant \Delta z < 1 \\ -(\Delta z - 1) \cdot (17 - 0.15 \cdot X[z(j)]) - 17, & 1 \leqslant \Delta z < 8 \\ \text{dB} & \text{Bark 域} \end{cases}$$

该掩蔽函数 $v_f[z(j), z(m)]$ 表示使用掩蔽分量 $z(j)$ 对频率指数 $z(m)$ 的掩蔽。

（6）计算全局屏蔽阈值。对于频率索引 m，全局掩蔽阈值为所有掩蔽分量的总和，如式（9.28）所示

$$\text{LT}_g(m) = 10 \lg \left[10^{\text{LT}_q(m)/10} + \sum_{j=1}^{T_m} 10^{\text{LT}_{tm}[z(j), z(m)]/10} + \sum_{j=1}^{R_m} 10^{\text{LT}_{nm}[z(j)z(m)]/10} \right] \text{dB} \tag{9.28}$$

声调和非声调掩蔽分量的总数分别记为 T_m 和 R_m。对于给定的子带 i，仅考虑 -8 到 $+3$Bark 范围内的掩蔽分量。忽略此范围之外的掩蔽分量。

（7）确定每个子带中的最小掩蔽阈值，如式（9.29）所示

$$\text{LT}_{\min}(i) = \text{MIN} \left[\text{LT}_g(m) \right] \text{dB} \tag{9.29}$$

若 m 位于子带 i 内，子频带中就可以有多个掩蔽阈值 $\text{LT}_g(m)$。

（8）计算每个子带的信号掩蔽比 $\text{SMR}(i)$，如式（9.30）所示

$$\text{SMR}(i) = L_S(i) - \text{LT}_{\min}(i) \text{dB} \tag{9.30}$$

信号掩蔽比决定了信号在特定子带中量化的动态范围，并使得量化噪声水平低于掩蔽阈值。信号掩蔽比是量化子带信号比特分配过程的基础。

9.4.3 动态比特分配和编码

1. 动态比特分配

动态比特分配用于确定各个子带所需的比特数。子带 i 中的最小位数可以由缩放因子 $\text{SCF}(i)$ 和绝对阈值 $\text{LT}_q(i)$ 的差值来确定，即 $b(i) = \text{SCF}(i) - \text{LT}_q(i)$。这样，量化噪声就可以保持在掩蔽阈值以下。ISO-MPEG1 编码可利用跨临界频带的掩蔽来实现。

在给定的传输速率下，编码子带信号及缩放因子的最大可能比特数 B_m 计算如式（9.31）所示

$$B_m = \sum_{i=1}^{32} b(i) + \text{SCF}(i) + \text{附加信息} \tag{9.31}$$

对第 I 层的 12 个子带样本（$384 = 12 \times 32$PCM 样本）、第 II 层的 36 个子带样本（$1152 = 36 \times 32$PCM 样本）进行比特分配。

子带信号的动态比特分配是一个迭代过程。开始时，每个子带的位数被设置为零。信号掩蔽比由每个子带确定。信号掩蔽比 $\text{SMR}(m)$ 是心理声学模型的结果。对每个比特数规定了相应的信噪比 $\text{SNR}(i)$。只要屏蔽噪声比（Mask-to-Noise Ratio，MNR）小于零，就必须增加比特数。

$$\text{MNR}(i) = \text{SNR}(i) - \text{SMR}(i) \tag{9.32}$$

通过以下步骤执行迭代比特分配。

（1）确定所有子频带的最小 $\text{MNR}(i)$。

（2）将这些子带的比特数增加到 MPEG1 标准的下一级。当比特数首次增加时，为 MPEG1 标准的缩放因子分配 6bit。

（3）重新计算该子带的 MNR(i)。

（4）计算所有子带的比特数和缩放因子，并与最大比特数 B_m 进行比较。如果比特数小于最大比特数，则再次从第（1）步开始迭代。

2. 子带信号的量化和编码

利用相应子带的分配比特来完成子带信号的量化。将 12（36）个子带样本除以相应的缩放因子，然后线性量化和编码，再分帧。解码器的过程与之相反。将解码后的不同字长的子带信号用合成滤波器组重构为宽带 PCM 信号，如图 9.14 所示。MPEG-1 音频编码具有单声道或双声道立体声模式，采样频率为 32kHz、44.1kHz 和 48kHz，每个通道的比特率为 128kb/s。

9.5 MPEG-2 音频编码

为了将 MPEG-1 扩展到较低采样频率和多通道编码，引入 MPEG-2 音频编码。通过 MPEG-2 BC 向后兼容版本及 MPEG-2 LSF（较低采样频率）版本引入 32kHz、22.05kHz、24kHz 的较低采样率，实现现有 MPEG-1 系统的向后兼容。具有所有通道的全带宽五通道 MPEG-2 BC 编码的比特率为 640～896kb/s。

9.6 MPEG-2 高级音频编码

为了改进单声道、立体声和多声道音频信号的编码，制定 MPEG-2 AAC（高级音频编码）标准。该编码标准与 MPEG-1 标准不兼容，是新的扩展编码标准（如 MPEG-4）的内核。五通道编码的可实现比特率为 320kb/s。以下将介绍 MPEG-2 AAC 的主要信号处理步骤，并解释其原理功能。MPEG-2 AAC 编码器如图 9.19 所示，解码器以逆序执行具有解码功能的单元。

1. 预处理

输入信号的频带受到采样频率的限制，此步骤仅用于可缩放采样率曲线。

2. 滤波器组

利用重叠 MDCT 对 $N=2048$ 个输入样本进行分块时频分解，得到 $M=1024$ 个子带。单个步骤的图形表示如图 9.20 所示。

（1）将时间指数为 n 的输入信号 $x(n)$ 划分为长度为 N 的帧，帧移（跳跃步长）为 $M=\dfrac{N}{2}$。帧内的时间指数由 r 表示，变量 m 表示块索引，如式（9.33）所示

$$x_m(r)=x(mM+r) \quad r=0,1,\cdots,N-1; \; -\infty \leqslant m \leqslant \infty \tag{9.33}$$

（2）使用窗函数进行加窗 $w(r) \rightarrow x_m(r) \cdot w(r)$。

（3）MDCT，如式（9.34）所示

$$X(m,k)=\sqrt{\frac{2}{M}}\sum_{r=0}^{N-1}x_m(r)w(r)\cos\left[\frac{\pi}{M}\left(k+\frac{1}{2}\right)\left(r+\frac{M+1}{2}\right)\right], \quad k=0,1,\cdots,M-1 \tag{9.34}$$

从 N 个加窗输入中产生 $M=N/2$ 个谱系数。

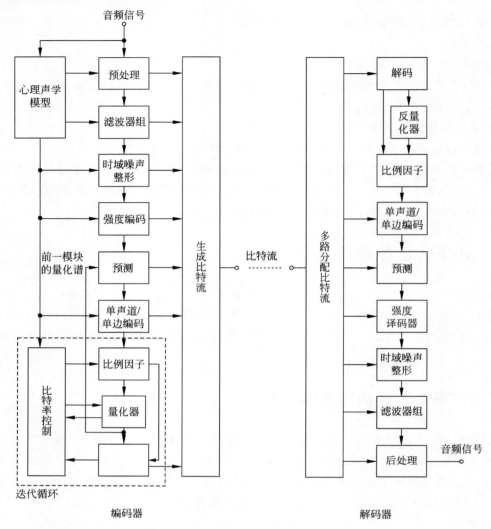

图 9.19　MPEG-2 AAC 编码器和解码器

（4）对谱系数 $X(m,k)$ 进行量化，得到基于心理声学模型的量化谱系数 $X_Q(m,k)$。

（5）IMDCT，如式（9.35）所示

$$\hat{x}_m(r) = \sqrt{\frac{2}{M}} \sum_{k=0}^{M-1} X_Q(m,k) \cos\left[\frac{\pi}{M}\left(k+\frac{1}{2}\right)\left(r+\frac{M+1}{2}\right)\right], \quad r=0,1,\cdots,N-1 \quad (9.35)$$

在 $\hat{x}_m(r)$ 中，每 M 个输入产生 N 个输出。

（6）使用窗函数 $w(r)$ 对逆变换 $\hat{x}_m(r)$ 加窗。

（7）帧移与加法运算得到 $y(n)$，如式（9.36）所示

$$y(n) = \sum_{m=-\infty}^{\infty} \hat{x}_m(r)w(r), \quad r=0,1,\cdots,N-1 \quad (9.36)$$

图 9.21 所示为正弦脉冲的 MDCT/IMDCT，左列自上而下是输入信号和输入信号的分帧，帧长为 $N=256$，窗函数为正弦窗。中间一列是长度为 $M=128$ 的 MDCT 系数，右列为信号的 IMDCT。可以看到，逆变换并不能完全重建单个帧。此外，每个输出帧由一个输入帧和一个 $M=N/2$ 循环移位的特

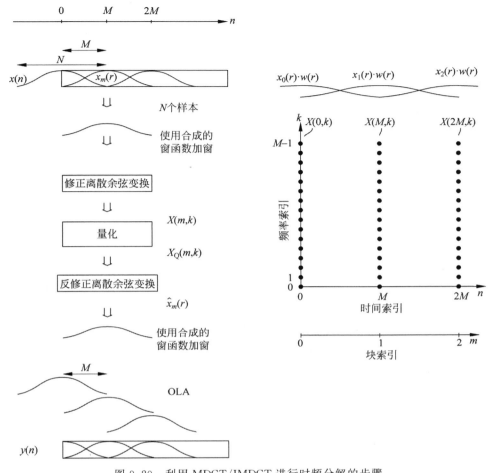

图 9.20 利用 MDCT/IMDCT 进行时频分解的步骤

殊叠加组成,称为时域混叠。如图 9.21 右列顶部信号所示,单个输出帧的重叠和相加操作可以完美地重构输入信号,此时,窗函数必须满足条件 $w^2(r)+w^2(r+M)=1, r=0,1,\cdots,M-1$。Kaiser-Bessel-derived 窗和正弦窗 $h(n)=\sin\left[\left(n+\dfrac{1}{2}\right)\dfrac{\pi}{N}\right], n=0,1,\cdots,N-1$ 是满足上述条件的。图 9.22 给出了采样频率 $f_S=44100\,\text{Hz}$ 时,$N=2048$ 的两个窗函数及对应的幅度响应。正弦窗函数具有较小的通带宽度,但旁瓣下降速度较慢。相比之下,Kaiser-Bessel-derived 窗显示出更宽的通带和更快的旁瓣衰减。为了证明滤波器组的特性,特别是 MDCT 的频率分解,推导窗函数(原始脉冲响应 $w(n)=h(n)$)的调制带通脉冲响应,如式(9.37)所示

$$h_k(n)=2\cdot h(n)\cdot\cos\left[\frac{\pi}{M}\left(k+\frac{1}{2}\right)\left(n+\frac{M+1}{2}\right)\right]$$

$$k=0,1,\cdots,M-1; n=0,1,\cdots,N-1 \tag{9.37}$$

图 9.23 为正弦窗的归一化原始脉冲响应及前两个调制带通脉冲响应 $h_0(n)$ 和 $h_1(n)$,并描述了其相应的幅度响应。除了 $M=1024$ 的带通滤波器频率分辨率增加,还可以观察到阻带衰减的降低。将 MDCT 的幅度响应与图 9.16 中 $M=32$ 的伪 QMF 组的频率分辨率进行比较,可以看出两种子带分解的不同性质。

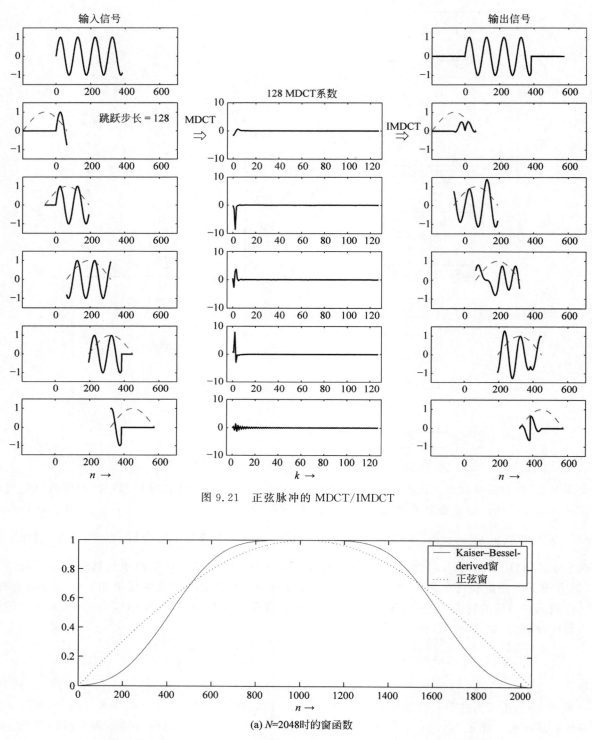

图 9.21　正弦脉冲的 MDCT/IMDCT

(a) N=2048时的窗函数

图 9.22　Kaiser-Bessel-derived 窗和正弦窗（N＝2048）及对应的幅度响应

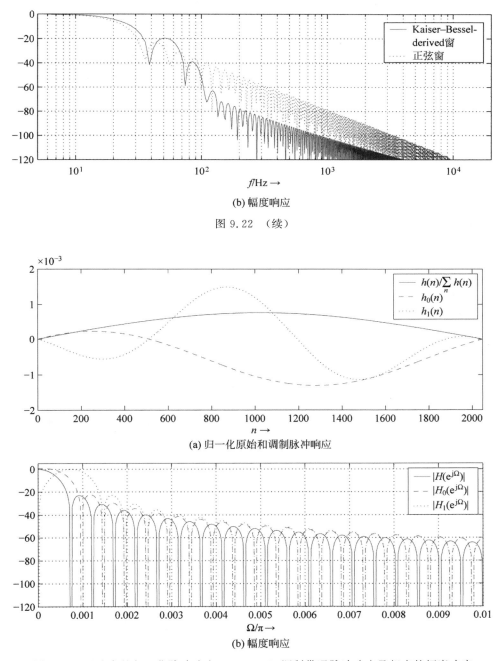

(b) 幅度响应

图 9.22　（续）

(a) 归一化原始和调制脉冲响应

(b) 幅度响应

图 9.23　正弦窗的归一化脉冲响应（$N = 2048$）、调制带通脉冲响应及相应的幅度响应

　　本节对如何根据音频信号的特性调整时间和频率分辨率进行了一些研究。窗口切换可用于实现时变时频分辨率的 MDCT 和 IMDCT。平稳信号需要较高的频率分辨率和较低的时间分辨率，此时窗长 $N = 2048$。对于仪器攻击的编码则需要较高的时间分辨率（将窗长缩减到 $N = 256$），从而降低频率分辨率（减少谱系数数量）。在不同的窗函数和不同长度的窗口之间切换的例子如图 9.24 所示。

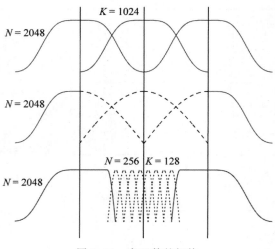

图 9.24　窗函数的切换

3. 时域噪声整形

　　基于频域谱系数的线性预测是另一种调整滤波器组和 MDCT/IMDCT 时频分辨率的方法。该方法被称为时域噪声整形（TNS），是对时域信号的时域包络进行加权，如图 9.25 所示。

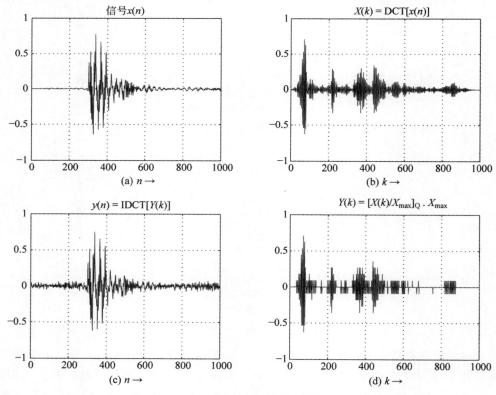

图 9.25　castanet 攻击和频谱

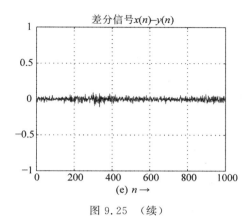

图 9.25 （续）

图 9.25(a)为一个 castanet 攻击的信号。利用离散余弦变换［见式(9.38)］,有

$$X^{C(2)}(k) = \sqrt{\frac{2}{N}} c_k \sum_{n=0}^{N-1} x(n) \cos\left[\frac{(2n+1)k\pi}{2N}\right], \quad k=0,1,\cdots,N-1 \tag{9.38}$$

利用 IDCT［见式(9.39)］,有

$$x(n) = \sqrt{\frac{2}{N}} \sum_{k=0}^{N-1} c_k X^{C(2)}(k) \cos\left[\frac{(2n+1)k\pi}{2N}\right], \quad n=0,1,\cdots,N-1 \tag{9.39}$$

$$c_k = \begin{cases} 1/\sqrt{2}, & k=0 \\ 1, & \text{其他} \end{cases}$$

得到其 DCT 的谱系数,如图 9.25(b)所示。将这些谱系数 $X(k)$ 量化到 4 比特［图 9.25(d)］并对量化后的谱系数进行 IDCT 后,得到图 9.25(c)所示的时域信号和图 9.25(e)所示的输入输出结果之间的差分信号。可以看到,在输出与差分信号中,误差沿整个帧长度传播。这意味着在 castanet 攻击发生之前,误差是可预测的。理想情况下,误差信号的传播应该沿着信号本身的时域包络。由时域上的前向线性预测可知,编解码后误差信号的功率谱密度由输入信号功率谱密度的包络加权得到。在频域沿频率轴进行前向线性预测、量化和编码,会在时域产生误差信号,其中误差信号的时域包络与输入信号的时域包络相似。如图 9.26(a)所示,为了得到误差信号的时域权重,在时域上进行前向预测。对于输入信号的编码,用脉冲响应 $p(n)$ 预测 $x(n)$。从输入信号 $x(n)$ 中减去预测器的输出,得到信号 $d(n)$,然后将其量化为较短的字长。量化信号 $d_Q(n) = x(n) * a(n) + e(n)$ 为 $x(n)$ 与脉冲响应 $a(n)$ 的卷积再加上量化误差 $e(n)$。编码器输出的功率谱密度为 $S_{D_Q D_Q}(e^{j\Omega}) = S_{XX}(e^{j\Omega}) \cdot |A(e^{j\Omega})|^2 + S_{EE}(e^{j\Omega})$。解码操作是对编码器进行 $d_Q(n)$ 与逆系统的脉冲响应 $h(n)$ 进行卷积。因此,必须满足条件 $a(n) * h(n) = \delta(n)$,从而 $H(e^{j\Omega}) = 1/A(e^{j\Omega})$。因此,输出信号 $y(n) = x(n) + e(n) * h(n)$ 可以用相应的离散傅里叶变换 $Y(k) = X(k) + E(k) \cdot H(k)$ 来求出。解码器输出信号的功率谱密度为 $S_{YY}(e^{j\Omega}) = S_{XX}(e^{j\Omega}) + S_{EE}(e^{j\Omega}) \cdot |H(e^{j\Omega})|^2$。量化误差的谱加权与输入信号的谱包络用 $H(e^{j\Omega})$ 表示。对于图 9.26(b)所示的输入样本 $x(n)$,在频域中将相同的前向预测应用于频谱系数 $X(k) = \mathrm{DCT}[x(n)]$。解码器的输出为 $Y(k) = X(k) + E(k) * H(k)$ 和 $A(k) * H(k) = \delta(k)$。因此,对应的时域信号为 $y(n) = x(n) + e(n) \cdot h(n)$,其中量化误差与输入信号的时域包络的时域加权是清晰可见的。时域包络由脉冲响应 $h(n)$ 的绝对值 $|h(n)|$ 表示。

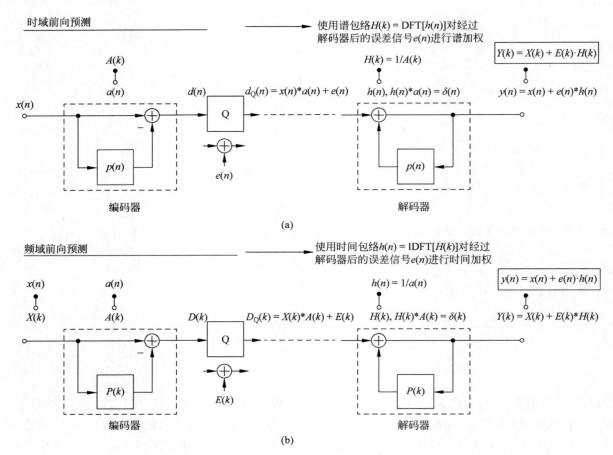

图 9.26 时域和频域上的前向预测

表 9.2 总结了时域和频域的前向线性预测之间的对偶性。图 9.27 展示了编码器中时域噪声整形的过程，其中预测是按照谱系数的顺序进行的。将前向预测器的系数传输到解码器，然后按照谱系数的顺序进行逆滤波。

表 9.2　在时域和频域上的前向预测

时域前向预测	频域前向预测
$y(n)=x(n)+e(n)*h(n)$	$y(n)=x(n)+e(n) \cdot h(n)$
$Y(k)=X(k)+E(k) \cdot H(k)$	$Y(k)=X(k)+E(k)*H(k)$

时域加权最终如图 9.28 所示，图中为频域前向预测的对应信号。图 9.28(a)和图 9.28(b)展示了应用 DCT 的 castanet 信号 $x(n)$ 及其对应的谱系数 $X(k)$。前向预测得到图 9.28(d)中的 $D(k)$ 和图 9.28(f)中的量化信号 $D_Q(k)$。解码完成后，通过逆传递函数重构图 9.28(h)中的信号 $Y(k)$。如图 9.28(e)所示，由 $Y(k)$ 的 IDCT 最终得到输出信号 $y(n)$。图 9.28(g)中的差分信号 $x(n)-y(n)$ 为图 9.28(c)中时域包络的误差信号的时域加权。在本例中，预测器的阶数为 20，通过 Burg 方法对谱系数 $X(k)$ 进行预测。该信号在频域的预测增益为 $G_p=16dB$［见图 9.28(d)］。

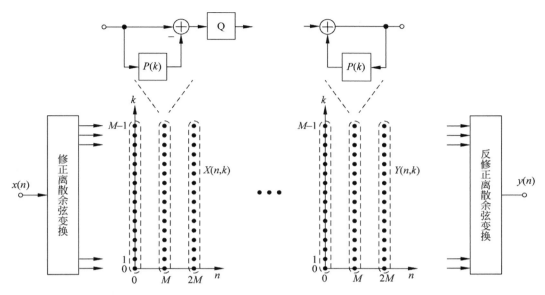

图 9.27 基于频域前向预测的时域噪声整形

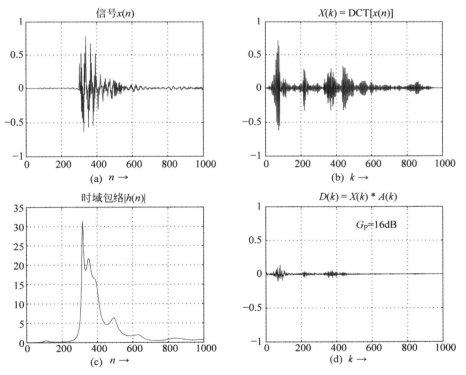

图 9.28 时域噪声整形：castanet 攻击

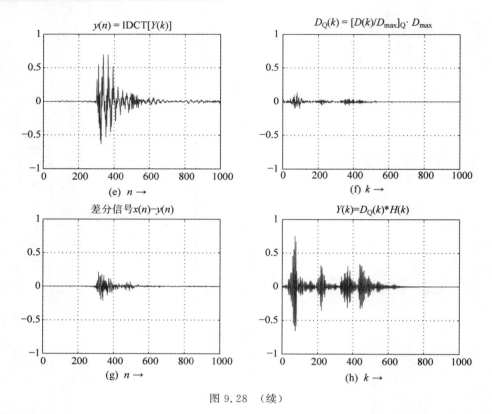

图 9.28 （续）

4. 频域预测

利用线性预测可以进一步压缩带通信号。在编码器端对带通信号后向预测，如图 9.29 所示。在使用后向预测时，由于输入样本的估计是基于量化信号的，因此预测系数不需要编码并传输到解码器。解码器以同样的方式从量化输入中推导预测系数 $p(n)$。由于带通信号的带宽很低，二阶预测器就足够了。

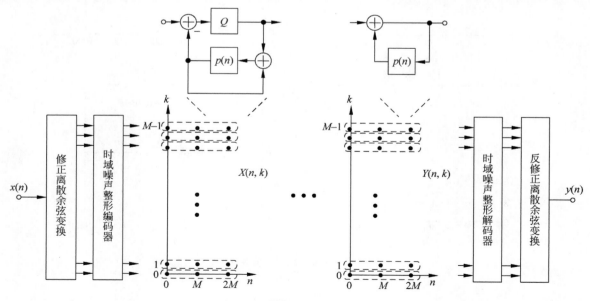

图 9.29 带通信号的反向预测

5. 单声道/单边编码

通过对单声道信号(M)$x_M(n)=[x_L(n)+x_R(n)]/2$ 和单边(S,差分)信号 $x_S(n)=[x_L(n)-x_R(n)]/2$ 进行编码,可以实现对左右信号 $x_L(n)$ 和 $x_R(n)$ 的立体声信号的编码。由于左右信号高度相关,单边信号的功率会降低,所以可以降低该信号的比特率,如果不对单声道信号和单边信号进行量化编码,解码器则可以重构出左信号 $x_L(n)=x_M(n)+x_S(n)$ 和右信号 $x_R(n)=x_M(n)-x_S(n)$。采用立体声信号的谱系数可以对 MPEG-2 AAC 进行 M/S 编码(见图9.30)。

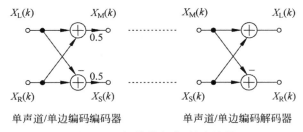

图9.30 频域单声道/单边编码

6. 强度立体声编码

在强度立体声(IS)编码中,可以对单声道信号 $x_M(n)=x_L(n)+x_R(n)$ 及左右信号的两个时域包络 $e_L(n)$ 和 $e_R(n)$ 进行编码和传输。在解码端,将左侧信号重构为 $y_L(n)=x_M(n)\cdot e_L(n)$,右侧信号重构为 $y_R(n)=x_M(n)\cdot e_R(n)$,这种重构是有损的。MPEG-2 AAC 的强度立体声编码是通过对两个信号的谱系数求和,并对表示两个信号的时域包络的比例因子进行编码来实现的(见图9.31)。由于人类对 2kHz 以上频率的相移感知不敏感,所以这种类型的立体声编码只对更高的频带有效。

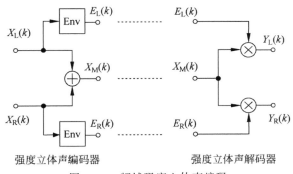

图9.31 频域强度立体声编码

7. 量化和编码

在编码的最后一步,对谱系数进行量化和编码。量化器在图中用于按频率排序的谱系数预测(图9.27)和带通信号的频域预测(图9.29),并组合为每个谱系数的单个量化器。该量化器是非线性量化,类似于第2章中介绍的浮点量化器,从而在较宽的幅度范围内获得几乎恒定的信噪比。这种带有比例因子的浮点量化会在几个频带中使用,其中的几个谱系数的公共比例因子是从迭代循环中导出的(见图9.19)。最后,对量化后的谱系数进行霍夫曼编码。

9.7 MPEG-4 音频编码

MPEG-4 音频编码标准由一系列用于不同比特率和各种多媒体应用的音频和语音编码方法组成。除了更高的编码效率,还集成了新的功能,如可扩展性、信号的面向对象表示和解码器的信号交互合成。

MPEG-4 编码标准基于以下语音编码器和音频编码器。

1）语音编码器

（1）CELP：码激励线性预测（比特率 4～24kb/s）。

（2）HVXC：谐波矢量激励编码（比特率 1.4～4kb/s）。

2）音频编码器

（1）参数音频：将信号表示为正弦信号、谐波分量和残差分量的和（比特率 4～16kb/s）。

（2）结构音频：在解码器上生成合成信号（MIDI 标准的扩展 0.2～4kb/s）。

（3）广义音频：对 MPEG-2 AAC 进行时频域扩展。基本结构如图 9.19 所示（比特率 6～64kb/s）。

与 MPEG-2 AAC 相比，该音频编码器支持较低比特率（参数音频和结构音频）下的高质量编码。

与之前介绍的 MPEG-1 和 MPEG-2 编码方法相比，参数音频编码作为滤波器组方法的一种扩展，具有特殊的意义。参数音频编码器如图 9.32 所示。音频信号分解为正弦、谐波和类似噪声的信号成分，这些信号成分的量化和编码是基于心理声学的。根据图 9.33 所示的分析/合成方法，音频信号用参数形式表示为

$$x(n) = \sum_{i=1}^{M} A_i(n) \cos \left[2\pi \frac{f_i(n)}{f_A} n + \varphi_i(n) \right] + x_n(n) \qquad (9.40)$$

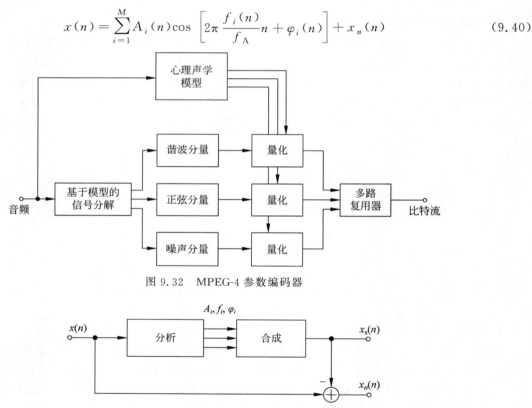

图 9.32　MPEG-4 参数编码器

图 9.33　使用分析/合成方法进行参数提取

第一项描述了具有时变振幅 $A_i(n)$、频率 $f_i(n)$ 和相位 $\varphi_i(n)$ 的正弦信号的和。第二项由具有时变时域包络的类噪声分量 $x_n(n)$ 组成。这种类噪声的分量 $x_n(n)$ 是从输入信号中减去合成的正弦分量得到的。通过进一步的分析，识别出具有基频及该基频倍数的谐波分量，并将其分组为谐波分量。除了正弦分量的提取，类噪声分量和瞬态分量的建模也尤为重要。图 9.34 说明了如何将音频信号分解为正弦信号叠加 $x_S(n)$ 与类噪声信号 $x_n(n)$。图 9.35 表示正弦分量的短时谱。正弦信号的提取是通过一

种改进的 FFT 方法实现的，其 FFT 长度为 $N = 2048$，跳跃步长 $R_A = 512$。

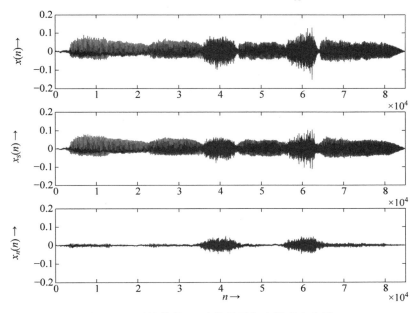

图 9.34 原始信号、正弦信号叠加和类噪声信号

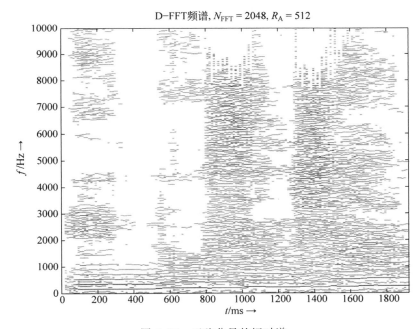

图 9.35 正弦分量的短时谱

对应的 MPEG-4 参数解码器如图 9.36 所示。三个信号分量的合成可以通过逆 FFT 和重叠相加方法实现，也可以直接用时域方法实现。参数音频编码的一个显著优势是解码器直接访问三个主要信号组件，从而可以对生成的各种音频效果进行有效的后处理。解码端交互式声音设计的例子有时间伸缩和音调转换、三维空间中的虚拟源和信号的交叉合成等。

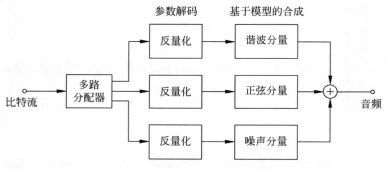

图 9.36　MPEG-4 参数解码器

9.8　频带复制

为了进一步降低比特率，引入对 MPEG-1 layer 3(MP3)的扩展方法，名为 MP3pro。底层方法称为频谱带复制(SBR)，它对音频信号进行低通和高通分解，其中低通滤波部分采用标准编码方法（如MP3)进行编码，而高通部分由频谱包络和差分信号表示。图 9.37 展示了 SBR 编码器的功能单元。为了分析差分信号，从低通部分重构出高通部分（HP 发生器），并与实际高通部分进行比较，对差分信号进行编码和传输。对于解码部分（见图 9.38)，HP 发生器用标准解码器的低通部分来重建高通部分。在解码器处添加一个额外的编码差分信号。均衡器为高通部分提供频谱包络整形。高通信号的谱包络可以通过滤波器组和计算每个带通信号的均方根值来实现。高通部分（HP 发生器）的重构也可以通过滤波器组实现，并用低通部分代替带通信号。对于高通差分信号的编码，可以采用加性正弦模型，如MPEG-4 编码方法中的参数化方法。

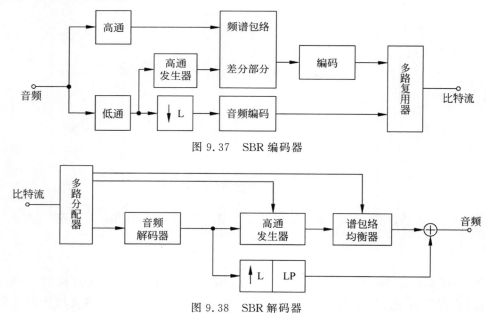

图 9.37　SBR 编码器

图 9.38　SBR 解码器

图 9.39 展示了 SBR 方法在频域的功能单元。利用短时谱计算谱包络[图 9.39(a)]。频谱包络可以从 FFT、滤波器组、倒谱或线性预测中推导。采用降低采样率的标准编码器对带限低通信号进行下

采样和编码。此外,谱包络必须是已编码的[图 9.39(b)]。在解码端,通过对低通部分甚至特定的低通部分进行频移,并将频谱包络应用到该人工高通频谱上,来实现对上层频谱的重构[图 9.39(c)]。

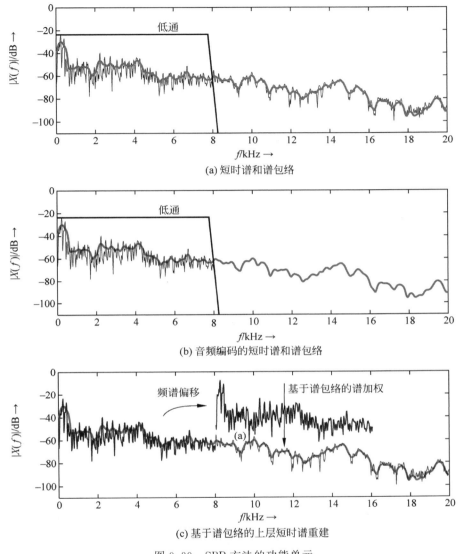

(a) 短时谱和谱包络

(b) 音频编码的短时谱和谱包络

(c) 基于谱包络的上层短时谱重建

图 9.39　SBR 方法的功能单元

9.9　约束能量重叠变换——增益和波形编码

图 9.40 为约束能量重叠变换(CELT)编码器和解码器的一个简要框图。本节将介绍一个简化版本的 CELT 编解码器,此版本不包括前后滤波、基音周期滤波器的比特分配和滤波器增益等改进算法。

在 CELT 编解码器中,对经过预处理过的音频输入进行给定窗口长度 N 的 MDCT,生成系数 c。从系数中,计算 20 个 Bark 波段的能量:

$$E_i = \sqrt{c_i^{\mathrm{T}} \cdot c_i} \tag{9.41}$$

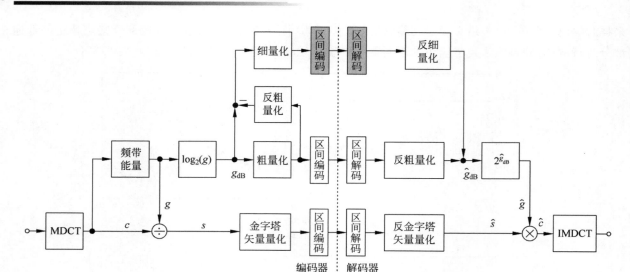

图 9.40 CELT 编解码器的简化说明

式中，$i=0,1,\cdots,19$ 表示波段指数。这些频带能量称为增益系数，由 $g_i=E_i$ 给出。用这些增益系数 g_i 对 Bark 频带系数向量 $\boldsymbol{c}_i$ 进行分割，得到波形系数向量：

$$\boldsymbol{s}_i = \frac{\boldsymbol{c}_i}{g_i} \tag{9.42}$$

每个 DCT 系数 c_k 对应的频率为 $f_k = \dfrac{k}{2N} \cdot f_S$，单位为 Hz，$k=0,1,\cdots,255$。计算增益和波形的顺序运算由式（9.43）给出：

$$\boldsymbol{c} = \begin{bmatrix} \boldsymbol{c}_0 = \begin{bmatrix} c_0 \\ c_1 \\ c_2 \end{bmatrix} \\ \boldsymbol{c}_1 = \begin{bmatrix} c_3 \\ c_4 \\ c_5 \end{bmatrix} \\ \vdots \\ \boldsymbol{c}_{19} = \begin{bmatrix} c_{180} \\ \vdots \\ c_{232} \end{bmatrix} \end{bmatrix} \rightarrow \boldsymbol{g} = \begin{bmatrix} g_0 = \sqrt{\boldsymbol{c}_0^{\mathrm{T}} \cdot \boldsymbol{c}_0} \\ g_1 = \sqrt{\boldsymbol{c}_1^{\mathrm{T}} \cdot \boldsymbol{c}_1} \\ \vdots \\ g_{19} = \sqrt{\boldsymbol{c}_{19}^{\mathrm{T}} \cdot \boldsymbol{c}_{19}} \end{bmatrix} \rightarrow \boldsymbol{s} = \begin{bmatrix} \boldsymbol{s}_0 = \boldsymbol{c}_0 / g_0 \\ \boldsymbol{s}_1 = \boldsymbol{c}_1 / g_1 \\ \vdots \\ \boldsymbol{s}_{19} = \boldsymbol{c}_{19} / g_{19} \end{bmatrix} \tag{9.43}$$

图 9.41 显示了每个 Bark 波段的能量（以 dB 为单位）、相应的增益系数（以 dB 为单位）和波形系数向量的单个频谱图。每个波形向量中元素的值在 $-1\sim1$。接下来，对增益和波形系数进行量化。增益系数使用标量量化，波形系数使用向量的形式，降维并压缩。

9.9.1 增益量化

CELT 对 $\log_2$ 域的增益进行量化，包括粗量化和细量化两个步骤。对于粗量化，每个频带的增益系数可以直接用预定义的分辨率进行量化。然而，如果系数之间的方差或分布的熵较大，直接量化系数

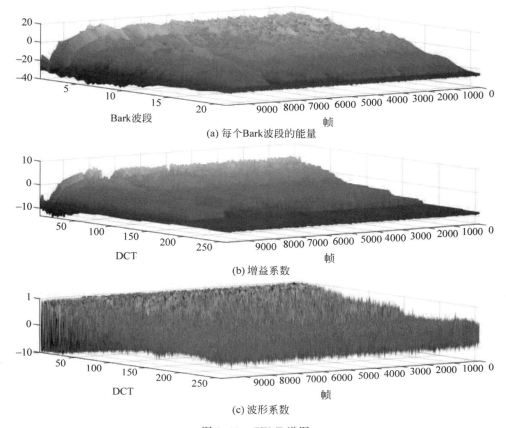

(a) 每个Bark波段的能量

(b) 增益系数

(c) 波形系数

图 9.41 CELT 谱图

会导致编码过程中使用大量的比特。实时音频编码时,CELT 作为 OPUS 编解码器的一部分可用分配带宽比特。因此,通过 CELT 编码器预测消除了增益系数在时间和频率上的冗余。用该方法得到一组预测增益系数,其方差或熵比原始增益系数更低,记为 g^{p}。图 9.42 比较了音频信号 100 个重叠帧的所有频带的平均增益向量与平均预测增益向量。平均增益向量的方差为 0.088,平均预测增益向量的方差为 0.017。粗量化(CQ)可表示为

$$\boldsymbol{g}_{\mathrm{cq}}^{\mathrm{p}} = \mathrm{CQ}(\boldsymbol{g}_{\mathrm{db}}^{\mathrm{p}}) = \mathrm{CQ}(\log_2(\boldsymbol{g}^{\mathrm{p}})) = \begin{bmatrix} \mathrm{CQ}(\log_2(g_0^{\mathrm{p}})) \\ \mathrm{CQ}(\log_2(g_1^{\mathrm{p}})) \\ \vdots \\ \mathrm{CQ}(\log_2(g_{19}^{\mathrm{p}})) \end{bmatrix} \tag{9.44}$$

细量化(FQ)表示为

$$\boldsymbol{g}_{\mathrm{fq}}^{\mathrm{p}} = \mathrm{FQ}(\boldsymbol{g}_{\mathrm{db}}^{\mathrm{p}} - \boldsymbol{g}_{\mathrm{cq}}^{\mathrm{p}}) = \mathrm{FQ}(\boldsymbol{e}_{\mathrm{cq}}) \tag{9.45}$$

式中,$\boldsymbol{g}_{\mathrm{db}}^{\mathrm{p}}$ 是以分贝表示的预测增益系数,$\boldsymbol{e}_{\mathrm{cq}}$ 表示粗量化误差。根据量化分辨率 q_r,粗量化后舍入值的范围随帧而变。量化值或索引被转换为正整数进行编码。粗量化符号的分布通常近似表示为广义高斯分布或拉普拉斯分布。图 9.43 提供了超过 100 个重叠帧的实数符号分布的示例,以及可用于熵编码的理想拉普拉斯分布。粗量化误差通常在 $-0.5 \times q_r \sim 0.5 \times q_r$。细量化将误差值映射为一个整数符号,

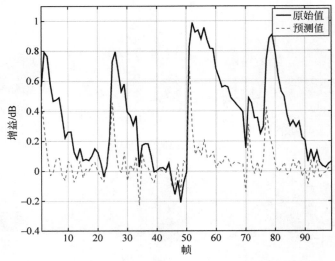

图 9.42　所有波段上的平均增益和平均预测增益系数

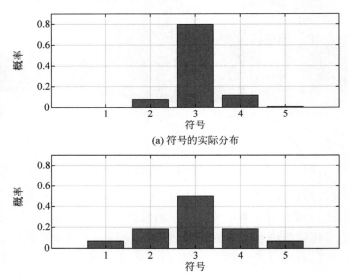

(a) 符号的实际分布

(b) 编码符号的拉普拉斯分布

图 9.43　100 帧粗量化符号的实际和理想分布

该符号表示误差范围的一个子区间。细量化的分辨率取决于它的比特分配。每帧细量化符号的分布通常不足以用任何标准分布来表示。但是，如果考虑到帧数较多，则其分布接近均匀分布，如图 9.44 所示。

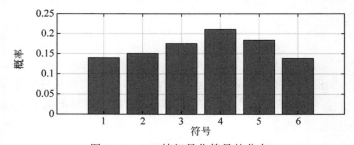

图 9.44　100 帧细量化符号的分布

9.9.2 波形量化

波形矢量的量化是通过金字塔矢量量化(PVQ)实现的。在 PVQ 中,创建包含长度为 N 的参考向量的码本,其中 N 表示要量化的波形向量的长度。码本由整数组成,其绝对值加起来等于预定义的常数 K,K 为脉冲数。对码本向量进行归一化处理,生成单位向量,并对单位向量进行排序和赋值。待编码的波形向量接收码本中最近单位向量对应的索引。在码本搜索中,利用 L_1 距离找到合适的单位向量。每个频带根据其比特分配进行唯一编码,中低频频带通常具有更好的比特分辨率。根据式(9.46)将第 i 波段的波形向量 $\boldsymbol{s}_i$ 映射为码本索引 $s_{\mathrm{pvq},i}$。

$$\boldsymbol{s}_{\mathrm{pvq}}=\mathrm{PVQ}(s)=\begin{bmatrix} s_{\mathrm{pvq},0}=\mathrm{PVQ}(\boldsymbol{s}_0) \\ s_{\mathrm{pvq},1}=\mathrm{PVQ}(\boldsymbol{s}_1) \\ \vdots \\ s_{\mathrm{pvq},19}=\mathrm{PVQ}(\boldsymbol{s}_{19}) \end{bmatrix} \tag{9.46}$$

波形量化符号每帧的分布通常是稀疏的,类似于细量化符号,不能用任何标准分布来表示。当考虑多个帧时,每个频带近似均匀分布。利用式(9.47)逆操作将码本索引 $s_{\mathrm{pvq},i}$ 映射到码本向量 $\hat{\boldsymbol{s}}_i$。

$$\hat{\boldsymbol{s}}=\mathrm{PVQ}^{-1}(\boldsymbol{s}_{\mathrm{pvq}})=\begin{bmatrix} \hat{\boldsymbol{s}}_0=\mathrm{PVQ}^{-1}(s_{\mathrm{pvq},0}) \\ \hat{\boldsymbol{s}}_1=\mathrm{PVQ}^{-1}(s_{\mathrm{pvq},1}) \\ \vdots \\ \hat{\boldsymbol{s}}_{19}=\mathrm{PVQ}^{-1}(s_{\mathrm{pvq},19}) \end{bmatrix} \tag{9.47}$$

9.9.3 区间编码

区间编码是一种熵编码方法,它根据符号的概率分布缩小初始范围,对符号进行渐近编码,直到确定最终的范围和码字。最终的码字也可以借助符号的概率分布来解码。它非常类似于算术编码,不同之处在于编码使用的是任意基数的数字而不是比特。然而,CELT 使用区间编码作为比特包。CELT 使用预定义的概率密度函数对 20 个频带对应的 20 个符号序列进行迭代压缩,并输出单个码字。迭代解压缩则是从这个码字中输出 20 个输入符号。通常只对过程增益符号进行区间编码和解码,而对波形和细量化符号进行原始编码和直接解码。然而,如果独立的 CELT 编解码器用于预先查看多个帧后的音频的非实时压缩,那么熵编码可以通过使用均匀分布函数来压缩波形和细量化符号。

9.9.4 CELT 解码

图 9.40 展示了一个简化的 CELT 解码操作。一旦比特流可用于解码器,就可进行区间解码以检索粗量化符号,同时对原始比特进行解码以检索细量化和波形量化符号。符号的逆量化则在下一步进行,由 FQ^{-1}、GQ^{-1} 和 PVQ^{-1} 表示。将重构增益误差加到重构预测增益系数中,利用逆预测方法计算重构增益系数 $\hat{\boldsymbol{g}}_{\mathrm{db}}$。增益系数变换到线性域为 $\hat{\boldsymbol{g}}=2^{\hat{\boldsymbol{g}}_{\mathrm{db}}}$,频域系数重构如式(9.48)所示

$$\hat{\boldsymbol{c}}_i=\hat{\boldsymbol{g}}_i \cdot \hat{\boldsymbol{s}}_i \tag{9.48}$$

对得到的系数进行 IMDCT 变换,得到重构后的时域信号。图 9.45 为 100 帧测试音频文件的原始和重建信号及重建误差,其中量化分辨率为 6dB。在上面的例子中,CELT 编码的平均码率为每帧 348 比特,而熵编码后的粗量化的平均码率接近每帧 26 比特。相应音频片段的总体压缩率接近原始音频片段的 25%。

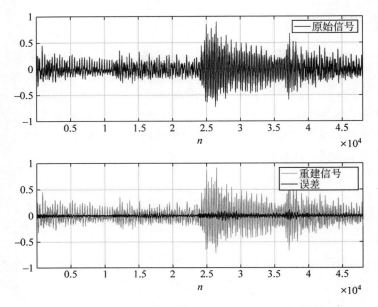

图 9.45   CELT 编解码器在音频片段上的性能

9.10   JS 小程序——心理声学

图 9.46 所示的小程序为心理声学音频掩蔽效应。它的设计是为了对带限噪声掩盖正弦信号的感知体验加深理解。

可以从网页服务器上选择两个已预定义的音频文件（audio1.wav 或 audio2.wav）。该音频文件是具有不同频率范围的带限噪声信号。小程序产生一个正弦信号，两个滑块可以用来控制其频率和幅值。

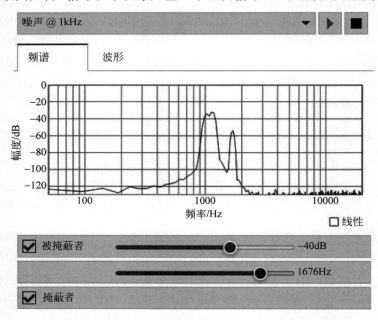

图 9.46   JS 小程序——心理声学

9.11　习题

心理声学

1. 人类听觉

（a）在哪个频率范围内，人类能够感知声音？

（b）语音的频率范围是多少？

（c）在上述规定的范围内，人类听觉最灵敏的地方是哪里？

（d）听力的绝对阈值是如何确定的？

2. 掩蔽

（a）什么是频域掩蔽？

（b）什么是临界频带，为什么频率掩蔽现象需要临界频带？

（c）考虑 a_i 和 f_i 分别是指数 i 处的部分振幅和频率，$V(a_i)$ 是以 dB 为单位的相应音量。掩蔽器的电平与掩蔽阈值之间的差值为 -10dB。朝向较低和较高频率的掩蔽曲线分别由左斜率（27dB/Bark）和右斜率（15dB/Bark）描述。在这种情况下，解释频率掩蔽的主要步骤，并用图表说明如何实现这种掩蔽现象。

（d）用于有损音频编码的心理声学参数是什么？

（e）如何解释时间掩蔽及停止活动掩蔽后的持续时间？

音频编码

1. 无损编码器和解码器如何工作？

2. 无损编码的可实现压缩因子是什么？

3. MPEG-1 第Ⅲ层编码器和解码器如何工作？

4. MPEG-2 AAC 编码器和解码器如何工作？

5. 什么是时间噪声整形？

6. MPEG-4 编码器和解码器是如何工作的？

7. SBR 的好处是什么？

第 10 章

非线性处理

10.1 基本原理

线性系统(滤波器)在音频信号处理中起着重要作用。这里所说的线性是指叠加特性成立,即设 $y_1(n)$ 和 $y_2(n)$ 分别表示输入信号 $x_1(n)$ 和 $x_2(n)$ 激励系统后的输出。若输入为 $x(n) = a_1 x_1(n) + a_2 x_2(n)$,系统的输出为 $y(n) = a_1 y_1(n) + a_2 y_2(n)$(对于任意 x_1、x_2、a_1、a_2 成立),则此系统是线性系统。不满足这一特性的系统被称为非线性系统。线性的一个重要结论为,当与时不变性相结合时,系统特性可以由其传递函数在频域中完全描述。因此,输入信号中的频率分量在被放大、衰减和相移时,在输出信号中不会出现新的分量。而非线性系统没有用这样的特性,特别是在非线性系统中,可能会出现输入频率倍数的分量(谐波)。图 10.1 形象地说明了这一重要差异。

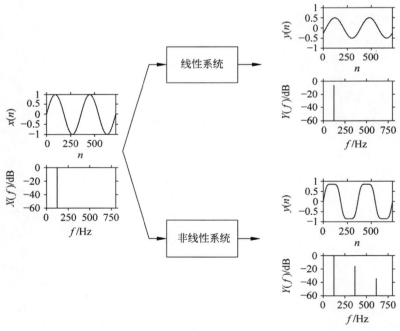

图 10.1 正弦信号激励下线性系统与非线性系统的比较

第 8 章讲述的动态范围控制器就是非线性系统。当仅考虑短时间跨度(与攻击和释放时间相关)时,可以通过简单地缩放信号(线性操作)来近似。本章将着重于介绍非线性系统,在本章中上述的近似是无效的。

非线性系统之间的一个重要区别是，是否仅作用于当前输入信号值（静态、无记忆或无状态系统），还是包含内部状态（动态或有状态系统）。后者可以表现出任意的行为，而前者则受到更多的限制。因此，我们首先关注静态非线性系统。

静态非线性系统可以用一个函数 f 来描述，此函数将输入映射到输出，如式（10.1）所示

$$y(n) = f(x(n)) \tag{10.1}$$

显然，如果 $x(n)$ 的周期为 N_0，那么 $y(n)$ 也是周期性的。特别是，对于频率 $\Omega_0 = 2\pi/N_0$ 的正弦输入 $x(n) = \sin(\Omega_0 n)$，因为输出 $y(n)$ 的周期为 N_0，根据傅里叶理论，可以将其分解为

$$y(n) = A_0 + A_1 \sin(\Omega_0 n - \varphi_1) + A_2 \sin(2\Omega_0 n - \varphi_2) + A_3 \sin(3\Omega_0 n - \varphi_3) + \cdots \tag{10.2}$$

也就是说，它由输入频率 Ω_0 倍频的正弦波信号组成。A_0 称为直流分量，通常可以忽略，Ω_0 处的分量称为基波，其余分量称为谐波。

因此，在线性系统，非线性的影响也被称为谐波失真。通常用总谐波失真（THD）即所有谐波的组合功率与总信号功率的比率（不含 DC 分量）来表示，如式（10.3）所示

$$\text{THD} = \sqrt{\frac{A_2^2 + A_3^2 + \cdots}{A_1^2 + A_2^2 + A_3^2 + \cdots}} \tag{10.3}$$

通常，THD 以 dB 为单位，它是对理想线性系统线性偏差的量化，但由于不同谐波的相对电平会强烈影响结果的音色，因此 THD 对典型非线性系统的用处不大。

典型音频信号由多个正弦信号构成。乐器的单音由一个基波及其谐波组成。静态非线性系统引入的所有新成分都是谐波，因此音调质量保持不变，新谐波的出现或现有谐波的放大只会使声音更响亮甚至更刺耳。然而，对于包含多个正弦波及其谐波的输入信号，输入信号频率的差异会使得附加分量间出现间隔。如图 10.2 所示，相同的静态非线性系统分别用 261.63Hz（C4，顶部）的单个正弦曲线、261.63Hz 和

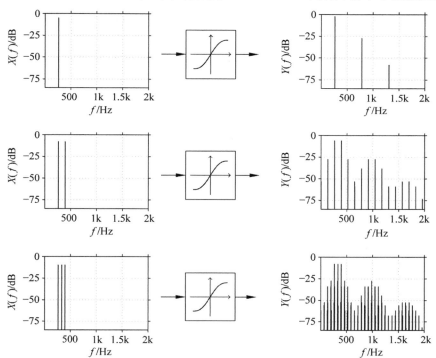

图 10.2 静态非线性对单正弦波、双正弦波和三正弦波的影响

392Hz(C4 和 G4，中间)的两个正弦曲线以及 261.63Hz、329.63Hz 和 392Hz(C4、E4 和 G4，即 Cmajor，底部)激励。显然，输入信号中的附加分量产生了非常密集的输出频谱。因此，典型的非线性处理通常局限于单音符或音符很少的和弦(如电吉他上的强音和弦)。

10.2 过驱、失真、限幅

在许多类型的音乐设备中都会大量使用过驱、失真和限幅。过驱和失真这两个术语并没有准确的定义。然而，大多数音乐家将过驱定义为低电平信号的软饱和放大，这使得过驱曲线的线性区存在与非线性区类似的一个工作点。失真会带来大量谐波频率从而产生刺耳的声音。为了设计和分析这种影响，了解潜在的非线性处理至关重要。将反并联二极管连接到信号路径，可以获得一个基本的限幅电路。图 10.3 为仅使用两个附加二极管的软限幅低通滤波器。

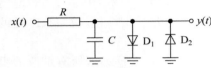

图 10.3 使用两个附加二极管的软限幅低通滤波器

忽略二极管，可以将线性低通滤波器的传递函数简单地表示为

$$H(s) = \frac{1}{1 + RCs} \tag{10.4}$$

相应的微分方程为

$$\dot{y}(t) = \frac{1}{RC}[x(t) - y(t)] \tag{10.5}$$

然而，引入二极管所带来的非线性使得传递函数较为复杂。使用肖克利(Shockley)定律可以得到二极管上的电压和电流的非线性关系，如式(10.6)所示

$$I_d = I_s(e^{\frac{V_d}{\eta v_t}} - 1) \tag{10.6}$$

式中，I_d 为通过的电流，V_d 为二极管上的电压，I_S 为反向饱和电流，v_t 为热电压，η 为质量因子。将 Kirchoff 电压和电流定律应用于图 10.3 中的电路，设二极管相同，可以得到一阶非线性微分方程，如式(10.7)所示

$$\dot{y}(t) = \frac{1}{RC}\left[x(t) - y(t) - 2RI_s \sinh\left(\frac{y(t)}{v_t}\right)\right] \tag{10.7}$$

虽然该方程描述了整个系统，但将其实现到数字处理单元中并不容易，因为非线性微分方程需要针对每个时间步长进行数值求解。对于更复杂的系统，这种计算的工作量也会增加。因此，现在的问题就转换为，系统是否能以某种方式分解为线性部分和非线性部分。观察图 10.3 的系统，最直观的方法是首先应用线性低通滤波器，然后使用非线性映射函数。此系统如图 10.4 所示。离散输入信号 $x(n)$ 先通过线性低通滤波器，然后输入到非线性部分。

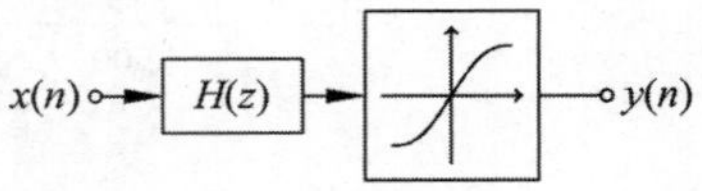

图 10.4 线性滤波与非线性静态映射的结合

注意，这种分离为线性状态滤波器和静态非线性映射的方法并不能完美地重现非线性状态滤波器的动态行为，如式(10.7)所示。但是，许多非线性系统可以通过图 10.4 的方法近似表示。

如图 10.3 中的简单示例所示，此类动态系统的非线性处理非常烦琐。因此，将重点考虑使用静态非线性映射函数来建立过驱动和失真效果。简单的软限幅特性曲线由式(10.8)给出：

$$f(x) = \begin{cases} 2x, & 0 \leqslant x \leqslant 1/3 \\ \dfrac{3-(2-3x)^2}{3}, & 1/3 \leqslant x \leqslant 2/3 \\ 1, & 2/3 \leqslant x \leqslant 1 \end{cases} \tag{10.8}$$

通过去除软限幅方程中的二次项,可以获得相应的硬限幅特性曲线,如式(10.9)所示

$$f(x) = \begin{cases} 2x, & 0 \leqslant x \leqslant 1/3 \\ 1, & 2/3 \leqslant x \leqslant 1 \end{cases} \tag{10.9}$$

图 10.5 为对称函数 $f(x) = -f(-x)(x<0)$,对应于式(10.8)和式(10.9)的软限幅和硬限幅映射函数。给定 1kHz 的正弦输入和 0.8V 的振幅,系统的输出信号如图 10.6 所示。将正弦信号输入这种对称非线性函数,得到的输出信号中只包含原始信号奇次谐波的输出信号。此外,与平滑的软限幅非线性相比,硬限幅非线性将产生更高的谐波频率含量。然而,如果特性曲线是不对称的,例如式(10.8),其中 $f(x) = x$,$x<0$,则输出信号将同时包含偶次和奇次谐波。非线性状态滤波器也可以在信号中加入非谐波频率,例如自振荡系统。

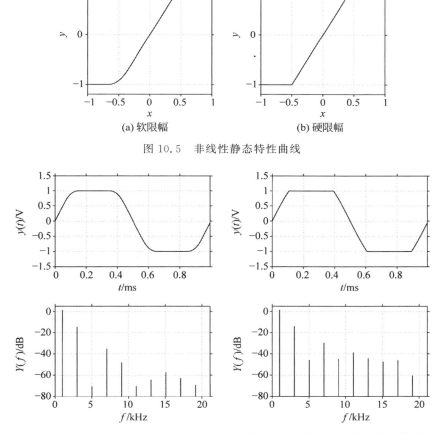

(a) 软限幅　　　　　　　　　　(b) 硬限幅

图 10.5　非线性静态特性曲线

图 10.6　具有软限幅(左)和硬限幅(右)非线性的正弦输入所对应的输出信号

另一种类似于限幅的非线性处理技术叫作波形折叠。它也使用了一个非线性静态映射函数,但不是使输入信号饱和,而是将输入信号的某些部分折叠回自身。波形折叠这个名字起源于电子声音合成

的早期。波形折叠器将正弦或余弦波作为输入，输出的信号中含有高谐波频率分量。波形折叠过程如图 10.7 所示。利用上文所述的线性映射函数，可以对信号进行逆变换。将其应用于输入信号的某些部分会生成类似于图 10.7 底部所示的输出信号，得到的输出信号具有大量的谐波频率含量。由于这种波形折叠器的输入信号通常是一个不含谐波频率的正弦波，因此这种技术通常用于加性合成。

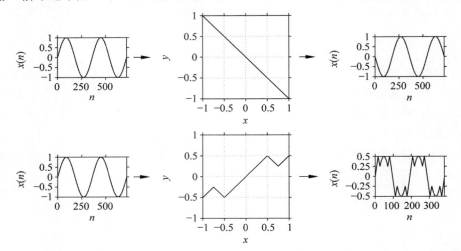

图 10.7　基于非线性静态映射函数的波形折叠

10.3　非线性滤波器

在大多数的应用中，一般会将非线性系统描述为线性滤波器和静态非线性映射函数的组合。然而，当需要直接实现非线性滤波器时，滤波器就会成为非线性状态滤波器。例如，通过添加饱和非线性，可以构建一个具有更"类似"声音的数字滤波器。这些非线性系统的稳定性不如线性系统容易确定。必须考虑到极点位置依赖于滤波器状态这一事实。因此，进行稳定性分析时需要利用滤波器的瞬时极点位置。我们将通过观察二阶滤波器来研究非线性状态滤波器，如图 10.8 所示。输出的差分方程可以直接从框图得到，如式（10.10）所示

$$y(n) = b_0 u(n) + b_1 u(n-1) + b_2 u(n-2) - a_1 y(n-1) - a_2 y(n-2) \tag{10.10}$$

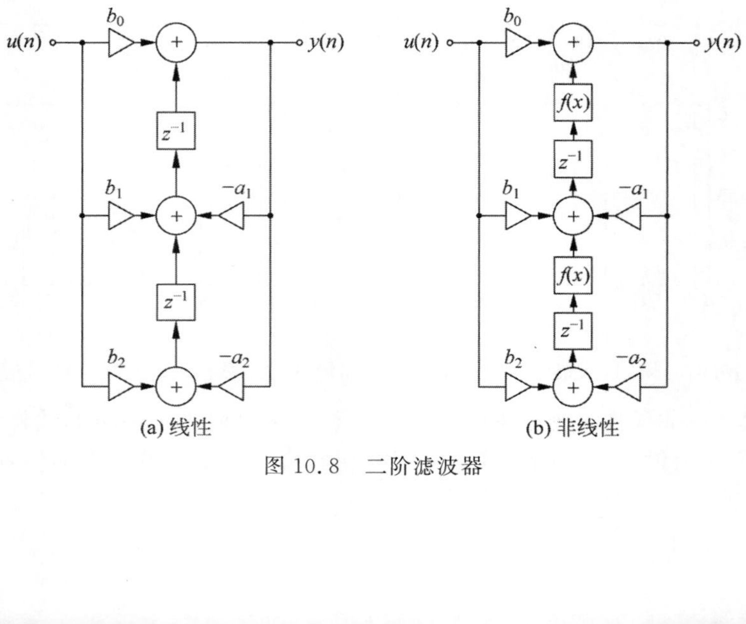

图 10.8　二阶滤波器

将差分方程转换到频域,就得到了传递函数,如式(10.11)所示

$$H(z) = \frac{b_0 z^2 + b_1 z + b_2}{z^2 + a_1 z + a_2} \tag{10.11}$$

得到极点位置,如式(10.12)所示

$$p_{1,2} = -\frac{a_1}{2} \pm \sqrt{\frac{a_1^2}{4} - a_2} \tag{10.12}$$

为了进一步分析,将系统引入状态空间表示。定义状态为延迟块的输出。可以得到离散时间状态空间系统,如式(10.13)所示

$$\begin{bmatrix} x_1(n+1) \\ x_2(n+1) \end{bmatrix} = \begin{bmatrix} -a_1 & 1 \\ -a_2 & 0 \end{bmatrix} \begin{bmatrix} x_1(n) \\ x_2(n) \end{bmatrix} + \begin{bmatrix} b_1 - a_1 b_0 \\ b_2 - a_2 b_0 \end{bmatrix} u(n) \tag{10.13}$$

$$y(n) = \begin{bmatrix} 1 & 0 \end{bmatrix} \begin{bmatrix} x_1(n) \\ x_2(n) \end{bmatrix} + b_0 u(n)$$

注意,这个线性系统的稳定性要求系统矩阵的所有特征值的幅值小于1。该滤波器的非线性表示可以通过在滤波中插入非线性映射函数来实现,如10.2节所述。将非线性模块直接置于延迟模块之后。输出方程式变为

$$y(n) = b_0 u(n) + f\{b_1 u(n-1) - a_1 y(n-1) + f[b_2 u(n-2) - a_2 y(n-2)]\} \tag{10.14}$$

非线性状态空间模型的结果如式(10.15)~式(10.17)所示

$$\begin{bmatrix} x_1(n+1) \\ x_2(n+1) \end{bmatrix} = h\left(\begin{bmatrix} x_1(n) \\ x_2(n) \end{bmatrix} \right) + \begin{bmatrix} b_1 - a_1 b_0 \\ b_2 - a_2 b_0 \end{bmatrix} u(n) \tag{10.15}$$

$$y(n) = f[x_1(n)] + b_0 u(n)$$

$$h_1[x_1(n), x_2(n)] = -a_1 f[x_1(n)] + f[x_2(n)] \tag{10.16}$$

$$h_2[x_1(n), x_2(n)] = -a_2 f[x_1(n)] \tag{10.17}$$

由于这个非线性系统的极点依赖于系统的状态,所以可以通过观察滤波器的瞬时极点位置来分析其稳定性。如果所有可能的瞬时极点位置的幅值严格小于1,那么系统就是稳定的。由此可以分析系统的 Lyapunov 稳定性。注意,Lyapunov 稳定性比 BIBO 稳定性限制性更强,因为对于任何给定的时间点,Lyapunov 稳定系统只有单位圆内的极点。如果离散时间系统矩阵的雅可比矩阵的特征值严格小于1,则系统被认为是 Lyapunov 稳定的。非线性状态空间系统的雅可比矩阵如式(10.18)所示

$$\boldsymbol{J} = \begin{bmatrix} -a_1 f'[x_1(n)] & f'[x_2(n)] \\ -a_2 f'[x_1(n)] & 0 \end{bmatrix} \tag{10.18}$$

因此,系统稳定有两个限制条件。对于实极点,反向系数与线性系统具有相同的约束条件:$a_1 + a_2 > -1 \cap a_1 - a_2 < 1$,对于共轭复极点,反向系数的条件为 $a_1 < \sqrt{2(a_2 + 1)}$。此外,非线性映射函数的一阶导数在所有工作点都不得超过1。许多非线性饱和函数都满足这一要求。例如,可以使用双曲正切,如图10.9所示。

为了说明这种非线性滤波器的特性,以图10.8中的二阶滤波器为例,滤波器系数设置为 $a_1 = -1.89$,$a_2 = 0.9$,$b_0 = b_2 = 0.02$,$b_1 = 0.04$,此时滤波器为低通滤波器。线性滤波器的频率响应见图10.10。在本例中,使用振幅为1、频率范围为50~4000Hz 的线性正弦波作为滤波器的输入信号。输出信号随时间和频率的变化如图10.11和图10.12所示。由于正弦波的频率越高,衰减越大,因此在两幅图中都可以观察到滤波器的低通特性。

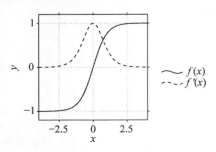

图 10.9　双曲正切映射函数

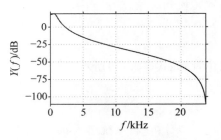

图 10.10　线性二阶滤波器的频率响应

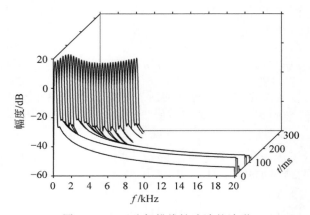

图 10.11　正弦扫描线性滤波的波形

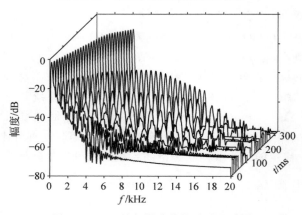

图 10.12　正弦扫描非线性滤波的波形

非线性滤波器还产生输入信号的滤波谐波。这个功能可以用来创造更类似于饱和晶体管或电子管级的声音。

10.4　混叠及其抑制

到目前为止，我们忽略了非线性处理的一个重要方面：新引入的信号分量，特别是高次谐波，可能在采样频率的一半处超过奈奎斯特极限。这将会带来混叠失真。可以观察到，当考虑连续时间输入信号 $\bar{x}(t)$ 时，采样和应用静态非线性映射 f 的顺序可以颠倒：首先利用 f 得到 $\bar{y}(t) = f[\bar{x}(t)]$，在以采

样率 f_S 采样后,得到 $y(n)=\bar{y}(n/f_S)=f[\bar{x}(n/f_S)]$。通过第一次采样,得到 $x(n)=\bar{x}(n/f_S)$,然后将其映射到相同的 $y(n)=f(x(n))=f[\bar{x}(n/f_S)]$。即使 $\bar{y}(t)$ 没有 $f_S/2$ 的限制,这也是成立的。

作为一种极端情况,我们考虑映射函数 $f(x)=\mathrm{sgn}(x)$,这是无限增益,然后在 $[-1,1]$ 范围内进行硬限幅。正弦输入时,输出变为方波。图 10.13(a)描述了输入频率为 1318.5Hz 时对应的频谱。由于谐波仅随频率缓慢衰减,对于 $f_S=44.1\mathrm{kHz}$ 的常见采样率,其电平高于 22.05kHz 的奈奎斯特极限(用垂直线标记)仍然显著。因此,图 10.13(b)的采样信号包含许多强混叠成分。这些声音既可以作为噪声基底,也可以作为非谐波的音调。

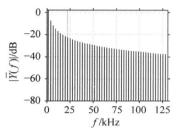 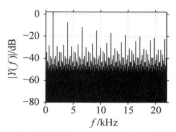

(a) 奈奎斯特频率为22.05kHz的连续时间信号
$\bar{y}(t)=\mathrm{sgn}(\sin(2\pi \cdot 1318.5\mathrm{Hz} \cdot t))$ 的频谱

(b) 采样信号 $y(n)=\bar{y}(n/44.1\mathrm{kHz})$ 的频谱

图 10.13　信号频谱图

从概念上讲,减少这种混叠失真的最简单方法是提高采样率。通常,输入信号将在非线性之前上采样并在非线性之后下采样到原始采样率,其中重采样包括适当的内插和抽取滤波器。相应的系统如图 10.14 所示,其中 $H_1(z)$ 和 $H_D(z)$ 分别表示内插滤波器和抽取滤波器。该方法的有效性取决于谐波随频率衰减的速度以及过采样因子 L。对于上述示例,通过使用不同因子 L 进行过采样获得的频谱如图 10.15 所示。

$$x(n) \longrightarrow \boxed{\uparrow L \;\; H_1(z)} \longrightarrow \boxed{\diagup} \longrightarrow \boxed{H_D(z) \;\; \downarrow L} \longrightarrow y(n)$$

图 10.14　非线性系统由因子 L 提高采样频率的过程

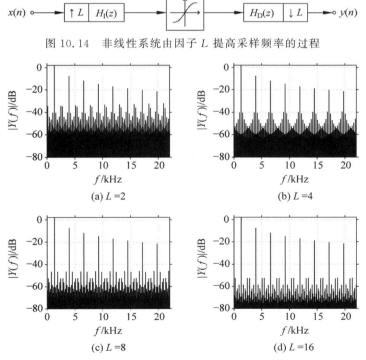

(a) $L=2$

(b) $L=4$

(c) $L=8$

(d) $L=16$

图 10.15　不同 L 值下 $y(t)=\mathrm{sgn}\{\sin[2\pi \cdot 1318.5\mathrm{Hz} \cdot n/(L \cdot 44.1\mathrm{kHz})]\}$ 的频谱

很明显,随着 L 的增加,混叠失真会减小。对于不太极端的非线性系统,谐波通常衰减得更快,过采样的影响将更加明显。

然而,过采样因子过大会导致计算量的增加。因此,为了减少混叠失真提出了多种解决方法。对于无记忆非线性系统,基于对连续时间系统拟合的方法受到了关注,下文将详细阐述。在连续时域内对信号进行处理,即将输入信号转换为其连续表示,再非线性化,然后经过适当的低通滤波采样,就可以得到完美的混叠抑制。虽然这种方法在理论上是完美的,但却是不切实际的。然而,通过对该过程粗略近似,就可以得到可以显著降低混叠失真且具有操作性的实际实现方法。

首先用分段线性近似代替输入信号的精确连续时间表示,如式(10.19)所示

$$\tilde{x}(t) = x(n) + (t f_s - n) \cdot (x(n+1) - x(n)), \quad n = \lfloor t f_s \rfloor \tag{10.19}$$

使用非线性映射来获得 $\tilde{y}(t)$,如式(10.20)所示

$$\tilde{y}(t) = f(\tilde{x}(t)) \tag{10.20}$$

在采样之前,使用低通以抑制高于奈奎斯特极限的频率含量。最简单的情况是在一个采样间隔上求平均值(对应于与矩形的卷积),如式(10.21)所示

$$y(n) = f_s \int_{(n-1)/f_s}^{n/f_s} \tilde{y}(t) \mathrm{d}t = f_s \int_{(n-1)/f_s}^{n/f_s} f(\tilde{x}(t)) \mathrm{d}t \tag{10.21}$$

积分代换,将式(10.21)改写为

$$y(n) = f_s \int_{(n-1)/f_s}^{n/f_s} f(\tilde{x}(t)) \mathrm{d}t = f_s \int_{x(n-1)}^{x(n)} f(\tilde{x}) \frac{\mathrm{d}t}{\mathrm{d}\tilde{x}} \mathrm{d}\tilde{x} \tag{10.22}$$

分段线性逼近,如式(10.23)和式(10.24)所示

$$\frac{\mathrm{d}t}{\mathrm{d}\tilde{x}} = \left(\frac{\mathrm{d}\tilde{x}}{\mathrm{d}t}\right)^{-1} = \frac{1}{f_s \cdot (x(n) - x(n-1))} \tag{10.23}$$

$$y(n) = \frac{1}{x(n) - x(n-1)} \int_{x(n-1)}^{x(n)} f(\tilde{x}) \mathrm{d}\tilde{x} \tag{10.24}$$

最后根据微积分基本定理,改写为

$$y(n) = \frac{F(x(n)) - F(x(n-1))}{x(n) - x(n-1)} \tag{10.25}$$

式中,F 表示 f 的不定积分。因此,该方法也称为不定积分抗混叠。如果不定积分不能以封闭形式导出,则可以用数值形式预先计算并制成表格。假设求 F 的计算量与求 f 大致相同,则如同处理 $F(x(n-1))$ 一样,将 $F(x(n))$ 保存,用作下一个时刻的计算,与非抗混叠系统相比,抗混叠系统只需要增加两次减法和一次除法运算即可。但存在一个小问题,即当 $x(n) \approx x(n-1)$ 时,式(10.25)的分母接近(甚至恰好)零,这将导致计算出现问题。在取极限 $x(n) \rightarrow x(n-1)$ 时,式(10.25)简化为 $f(x(n))$ 或等于 $f(x(n-1))$。因此,在 $x(n) \approx x(n-1)$ 的情况下,任意方法均可使用,通常使用平均值 $\frac{1}{2}(f(x(n)) + f(x(n-1)))$。因此,抗干扰抗混叠由式(10.26)给出。

$$y(n) = \begin{cases} \dfrac{1}{2}(f(x(n)) + f(x(n-1))), & x(n) \approx x(n-1) \\[2mm] \dfrac{F(x(n)) - F(x(n-1))}{x(n) - x(n-1)}, & \text{其他} \end{cases} \tag{10.26}$$

虽然由此推导的方法较为简单,但插值和抽取滤波器与理想的矩形滤波器还相差甚远。这将导致所需信号通过不必要的低通滤波以及图像频谱的不完全抑制。首先分析不必要的低通滤波,考虑对线

性系统应用不定积分抗混叠的影响,选择 $f(x)=x$。当 $F(x)=\dfrac{1}{2}x^2$ 时,如式(10.27)所示

$$
\begin{aligned}
\frac{F(x(n))-F(x(n-1))}{x(n)-x(n-1)} &= \frac{\frac{1}{2}(x(n))^2-\frac{1}{2}(x(n-1))^2}{x(n)-x(n-1)} \\
&= \frac{\frac{1}{2}(x(n)-x(n-1))(x(n)+x(n-1))}{x(n)-x(n-1)} \\
&= \frac{1}{2}(x(n)+x(n-1))
\end{aligned}
\tag{10.27}
$$

即 $x(n)\approx x(n-1)$ 的情况。注意到,抗混叠引入了半采样延迟和预期的低通滤波。对于图像频谱的不完美抑制,矩形滤波器的频率响应在采样率 f_S 的整数倍处为零,即被混叠为直流成分的分量会被完全抑制。混叠到低频的成分也会被强烈抑制。然而,刚超过奈奎斯特极限的分量仅有 3dB 的微弱衰减,在高频处留下了强混叠分量。

这些影响可以在图 10.16(a)中看到,其中用 1318.5Hz 的正弦信号激发的 $f(x)=\mathrm{sgn}(x)$ 信号受到了不定积分抗混叠的影响。与图 10.13(b)相比,可以清楚地看到低频处的混叠失真大大降低,而高频处最强的分量几乎没有降低。同时,可以从与用十字标记的期望电平的比较中看出,所期望的信号分量经过了轻微的低通滤波。

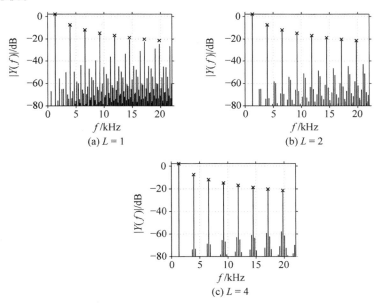

图 10.16 用不定积分抗混叠法得到的不同 L 值的输出谱

(其中十字标记处为所关注的谐波)

由于不定积分抗混叠在低频时效果特别好,除了过采样本身能降低混叠外,将不定积分抗混叠与过采样相结合有利于有效拓宽混叠抑制频率的范围。两次与四次过采样所得结果分别如图 10.16(b)和图 10.16(c)所示。与单独过采样的情况[图 10.15(a)和图 10.15(b)]相比,不定积分抗混叠具有明显的效果。虽然为了使积分代换成立,需要在式(10.22)中分段线性插值,但抽取滤波器的替代方案是可行的。

10.5　模拟建模

.　　直接在数字域构造非线性系统是一种可靠、灵活的方法。然而,数字模型通常需要从现有的模拟电路中创建。虚拟模拟建模领域为从模拟参考电路创建合适的数字模型提供了许多不同的方法和技术。这种方法基本可以分为三种不同的模型类型：黑盒模型、灰盒模型和白盒模型。黑盒模型的建立仅基于模拟电路的输入和输出数据。在白盒建模方法中,所有关于模拟电路的信息都是已知且可以使用的。这包括输入和输出数据以及电路中每一点上的电压和电流关系。灰盒模型介于这两者之间,可以利用包括输入和输出数据的更多信息,但信息仍然是有限的。本章将简要介绍最常用的白盒建模方法,即波数字滤波器和状态空间建模。虽然我们不会详细分析灰盒和黑盒建模方法,但作为参考会简要介绍一些最常用的技术。Wiener-Hammerstein 模型是一种常用的灰盒建模方法。此方法将整个模型分为几个线性和非线性部分。这种方法与图 10.4 中所示的方法类似,在图 10.4 中,我们将一个非线性滤波器分解成一个线性滤波器,然后再进行静态非线性处理。此方法以及类似的灰盒建模方法在实际中应用很广泛。在黑盒建模领域,只有输入和输出数据可用于模型的构建。可以使用某种人工神经网络结构对这类时间序列数据建模。

10.5.1　波形数字滤波器

　　波形数字滤波器可将模拟电路从基尔霍夫域转换到波域。这种方式可以高效和精确地对线性和非线性模拟电路建模。在波域中,电路元件通过相应端口电阻的入射波和反射波来描述。端口电压为 v_0,端口电流为 i_0。以端口电阻为参数,用端口电压和电流的线性组合构建相应的波形变量。入射波和反射波定义为

$$a_0 = v_0 + R_0 i_0 \tag{10.28}$$
$$b_0 = v_0 - R_0 i_0$$

用矩阵表示为

$$\begin{bmatrix} a_0 \\ b_0 \end{bmatrix} = \begin{bmatrix} 1 & R_0 \\ 1 & -R_0 \end{bmatrix} \begin{bmatrix} v_0 \\ i_0 \end{bmatrix} \tag{10.29}$$

　　求解方程式(10.29)得到 v_0 和 i_0,端口电压和电流可以分别从波形变量中获得,如式(10.30)所示

$$v_0 = \frac{1}{2} a_0 + \frac{1}{2} b_0 \tag{10.30a}$$

$$i_0 = \frac{1}{2R_0} a_0 - \frac{1}{2R_0} b_0 \tag{10.30b}$$

　　有了这些定义后,电路元件就可以从基尔霍夫域转换到波域。我们只对最常见的电路元件进行研究,给出简要的概述和基本的解释,而不是对波域中所有可能的电路元件进行分析。以将电阻器转换到波域为例,在基尔霍夫域中用欧姆定律描述电阻,如式(10.31)所示

$$v_0 = R \cdot i_0 \tag{10.31}$$

　　结合式(10.30a)和式(10.30b),求解反射波 b_0,如式(10.32)所示

$$b_0 = \frac{R - R_0}{R + R_0} a_0 \tag{10.32}$$

这就是波域电阻的非适配形式。大多数元件都可以通过合理设置端口电阻 R_0 的参数来进行调整。在

这种情况下，可以设置 $R_0 = R$，从而得到 $b_0 = 0$ 作为波域中电阻器的适配形式。

与此推导类似，可以得到电容器的波域表示，如式(10.33)所示

$$i_0 = C \frac{\mathrm{d}v_0}{\mathrm{d}t} \tag{10.33}$$

利用式(10.30a)和式(10.30b)，得到与波动变量有关的微分方程，如式(10.34)所示

$$\frac{\mathrm{d}}{\mathrm{d}t}\{a_0(t) + b_0(t)\} = \frac{1}{R_0 C}(a_0(t) - b_0(t)) \tag{10.34}$$

进一步，连续时间微分方程需要离散化。离散化方法有很多，都有其各自的优点和缺点。这里选择一个最常见的梯形规则，如式(10.35)所示

$$y(n) = y(n-1) + \frac{T}{2}(f(t_n, y_n) + f(t_{n-1}, y_{n-1})) \tag{10.35}$$

其中，$y' = f(t, y)$ 是其对应的微分方程，T 是采样区间。用梯形法则离散化后，得到时域反射波的差分方程，如式(10.36)所示

$$b_0(n) = -\frac{T - 2R_0 C}{T + 2R_0 C} b_0(n-1) + \frac{T - 2R_0 C}{T + 2R_0 C} a_0(n) + a_0(n-1) \tag{10.36}$$

还可以通过将端口电阻设置为 $R_0 = \frac{T}{2C}$ 来进行调整，此时波域表示为

$$b_0(n) = a_0(n-1) \tag{10.37}$$

注意，除了在时域中应用梯形规则，还可以将微分方程转换到频域，并使用双线性变换进行离散化，结果是相同的。

其他代数元素或反应元素也可以类似地推导出来。表 10.1 包含了最常见的线性电路元件的波域表示。

表 10.1　常用线性电路元件的波域表示

元　　件	端　口　电　阻	波　动　方　程
R	$R_0 = R$	$b_0 = 0$
C	$R_0 = \dfrac{T}{2C}$	$b_0(n) = a_0(n-1)$
L	$R_0 = \dfrac{2L}{T}$	$b_0(n) = -a_0(n-1)$
e	非自适应	$b_0(n) = 2e(n) - a_0(n)$
j	非自适应	$b_0(n) = 2R_0 j(n) - a_0(n)$

下面将推导一个简单二极管的波域表示，作为一个非线性电路元件的示例。理想二极管可以用式(10.6)中给出的肖克利(Shockley)定律来描述。为了简单起见，设 $\eta = 1$。将 Shockley 定律转化到波域，得

$$\frac{1}{2R_0}a_0 - \frac{1}{2R_0}b_0 = I_s(e^{(a_0+b_0)/2v_t} - 1) \tag{10.38}$$

在波数字滤波器中，波动方程应以显式形式给出。然而，由于指数的存在，式(10.38)不能简单地转换为显式公式。幸运的是，如果利用 Lambert w 函数 $\omega(x)$，就可以将式(10.38)转换为可以求解反射波 b_0 的显式形式。由此得到的波动方程如式(10.39)所示

$$b_0 = a_0 + 2R_0I_s - 2v_t\omega\left\{\frac{R_0I_s}{v_t}e^{\frac{a_0+R_0I_s}{v_t}}\right\} \tag{10.39}$$

波数字滤波器的另一个重要组成部分是适配器。波数字滤波器元件的相互连接可以利用适配器通过串联或并联实现。在双端口并联时，电压和电流关系可以很容易地用式(10.40a)和式(10.40b)得到

$$v_0 = v_1 \tag{10.40a}$$

$$i_0 = -i_1 \tag{10.40b}$$

再次利用波动变量的定义，可以构造一个双端口并联适配器的非自适应波动方程，如式(10.41)所示

$$\begin{bmatrix} b_0 \\ b_1 \end{bmatrix} = \begin{bmatrix} -\dfrac{R_0-R_1}{R_0+R_1} & \dfrac{2R_0}{R_0+R_1} \\ \dfrac{2R_1}{R_0+R_1} & \dfrac{R_0-R_1}{R_0+R_1} \end{bmatrix} \begin{bmatrix} a_0 \\ a_1 \end{bmatrix} \tag{10.41}$$

令两个端口电阻 $R_0 = R_1$，可以找到一种自适应的形式，如式(10.42)所示

$$\begin{bmatrix} b_0 \\ b_1 \end{bmatrix} = \begin{bmatrix} 0 & 1 \\ 1 & 0 \end{bmatrix} \begin{bmatrix} a_0 \\ a_1 \end{bmatrix} \tag{10.42}$$

用 $v_0 = -v_1$ 和 $i_0 = i_1$ 作为电压和电流关系式，同样可以得到双端口串联适配器的波动方程。

在许多应用中，需要具有两个以上端口的适配器。最常用的是三端口适配器。此外，三端口适配器也是构建 N 端口适配器的基本模块。因此，只讨论三端口串联或并联适配器的推导。

三端口并联适配器的电压和电流关系由式(10.43a)和(10.43b)给出。

$$v_0 = v_1 = v_2 \tag{10.43a}$$

$$i_0 + i_1 + i_2 = 0 \tag{10.43b}$$

这类似于适配波动方程中的双端口适配器，其中适配的端口电阻为 $R_0 = \dfrac{R_1R_2}{R_1+R_2}$，如式(10.44)所示

$$\begin{bmatrix} b_0 \\ b_1 \\ b_2 \end{bmatrix} = \begin{bmatrix} 0 & \dfrac{R_2}{R_1+R_2} & \dfrac{R_1}{R_1+R_2} \\ 1 & -\dfrac{R_1}{R_1+R_2} & \dfrac{R_1}{R_1+R_2} \\ 1 & \dfrac{R_2}{R_1+R_2} & -\dfrac{R_2}{R_1+R_2} \end{bmatrix} \begin{bmatrix} a_0 \\ a_1 \\ a_2 \end{bmatrix} \tag{10.44}$$

表 10.2 中列出了双端口及三端口串联和并联适配器的所有适配波动方程。

表 10.2　双端口及三端口串联和并联适配器的所有适配波动方程

元　件	端口电阻	波动方程
$a_0 \xrightarrow{} b_1$ $b_0 \xleftarrow{} a_1$ (‖)	$R_0 = R_1$	$\begin{bmatrix} b_0 \\ b_1 \end{bmatrix} = \begin{bmatrix} 0 & 1 \\ 1 & 0 \end{bmatrix} \begin{bmatrix} a_0 \\ a_1 \end{bmatrix}$
$a_0 \xrightarrow{} b_1$ $b_0 \xleftarrow{} a_1$ (●)	$R_0 = R_1$	$\begin{bmatrix} b_0 \\ b_1 \end{bmatrix} = \begin{bmatrix} 0 & -1 \\ -1 & 0 \end{bmatrix} \begin{bmatrix} a_0 \\ a_1 \end{bmatrix}$
$b_1 \; a_1$ $a_0 \to \;\; \to b_2$ $b_0 \leftarrow \;\; \leftarrow a_2$ (‖)	$R_0 = \dfrac{R_1 R_2}{R_1 + R_2}$	$\begin{bmatrix} b_0 \\ b_1 \\ b_2 \end{bmatrix} = \begin{bmatrix} 0 & \dfrac{R_2}{R_1+R_2} & \dfrac{R_1}{R_1+R_2} \\ 1 & -\dfrac{R_1}{R_1+R_2} & \dfrac{R_1}{R_1+R_2} \\ 1 & \dfrac{R_2}{R_1+R_2} & -\dfrac{R_2}{R_1+R_2} \end{bmatrix} \begin{bmatrix} a_0 \\ a_1 \\ a_2 \end{bmatrix}$
$b_1 \; a_1$ $a_0 \to \;\; \to b_2$ $b_0 \leftarrow \;\; \leftarrow a_2$ (●)	$R_0 = R_1 + R_2$	$\begin{bmatrix} b_0 \\ b_1 \\ b_2 \end{bmatrix} = \begin{bmatrix} 0 & -1 & -1 \\ -R_1 & \dfrac{R_2}{R_1+R_2} & \dfrac{R_1}{R_1+R_2} \\ -R_2 & -\dfrac{R_2}{R_1+R_2} & \dfrac{R_1}{R_1+R_2} \end{bmatrix} \begin{bmatrix} a_0 \\ a_1 \\ a_2 \end{bmatrix}$

　　接下来以一下简单的例子说明如何根据给定的电路原理图构建波数字滤波器模型。图 10.17 是一个简单的非线性电路。它包括一个非对称的二阶二极管限幅器。该电路的波形数字滤波器结构如图 10.18(a)所示。为了使滤波器可实现,构造时需要一定的约束条件和构造规则。如果将波数字滤波器的连接树结构的概念引入,

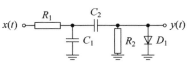

图 10.17　二阶二极管限幅器

这些限制就较好理解了。图 10.18 的结构可以转换为基于树的拓扑结构。这种结构的基本元素为根、叶和适配器。相应的波形数字滤波器连接树如图 10.18(b)所示。波形数字滤波器的特点是根部没有与其他元件的向上连接,适配器有一个向上连接和一个或多个向下端口,叶是只包含一个向上连接的元件。诸如电压源之类的非自适应元件应该始终是连接树的根,不允许将其作为叶或适配器。如果模拟电路包含一个以上的非自适应元件,会使分析过程变得复杂。对于电压源和电流源,可以通过将电源与其相邻的适配器结合起来解决这个问题。

　　根据波动方程式(10.45),电压源可以合并到串联电路中,从而形成一个二端口模块。

$$\begin{bmatrix} b_0 \\ b_1 \end{bmatrix} = \begin{bmatrix} -\dfrac{R_0 - R_1}{R_0 + R_1} & -\dfrac{2R_0}{R_0 + R_1} \\ -\dfrac{2R_1}{R_0 + R_1} & \dfrac{R_0 - R_1}{R_0 + R_1} \end{bmatrix} \begin{bmatrix} a_0 \\ b_0 \end{bmatrix} + \begin{bmatrix} -2\dfrac{R_0}{R_0 + R_1} \\ -2\dfrac{R_1}{R_0 + R_1} \end{bmatrix} e \qquad (10.45)$$

其中,e 为源电压。该波动方程可以通过设置 $R_0 = R_1$ 来进行调整,从而得到自适应波动方程式(10.46)

$$\begin{bmatrix} b_0 \\ b_1 \end{bmatrix} = \begin{bmatrix} 0 & -1 \\ -1 & 0 \end{bmatrix} \begin{bmatrix} a_0 \\ a_1 \end{bmatrix} - \begin{bmatrix} 1 \\ 1 \end{bmatrix} e \qquad (10.46)$$

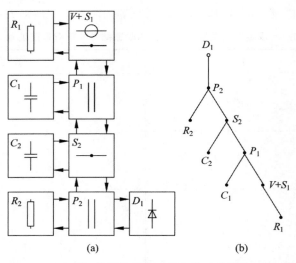

图 10.18　二阶二极管限幅器的波数字滤波器结构及其连接树

这样就将其可以转换为连接树中的适配器。此外，非线性元件也限制了波形数字滤波器的结构。注意，在本例中，电路只有一个非线性元件。其原因是，非线性元件应始终在波数字滤波器的根部。构造具有更多非线性元件的滤波器会遇到一些问题，这些问题的解决方法正是数字滤波器设计的一个主要研究领域。简单起见，将继续使用图 10.17 中的简单示例。使用二叉连接树的一个主要优点是，图中不可能有无延迟循环。该特性可以保证数字滤波器结构是可实现的。从图 10.18 的树状结构可以推导出一个可实现的信号流程图，用于计算波形数字滤波器的输出信号。

10.5.2　状态空间方法

在模拟建模领域，最常用的方法之一是从任意给定的电路原理图导出非线性状态空间模型。这可以通过使用例如 David Yeh 提出的节点 DK 方法系统地完成。由此产生的非线性状态空间模型具有以下形式

$$x(n) = Ax(n-1) + Bu(n) + Ci(n) \tag{10.47a}$$

$$y(n) = Dx(n-1) + Eu(n) + Fi(n) \tag{10.47b}$$

$$v(n) = Gx(n-1) + Hu(n) + Ki(n) \tag{10.47c}$$

$$i(n) = f(v(n)) \tag{10.47d}$$

式中，$u(n)$ 为输入向量，$y(n)$ 为输出向量，$v(n)$ 和 $i(n)$ 为通过非线性电路元件的电压和电流。矩阵 A、B、C、D、E、F、G、H、K 描述了系统的动力学特性，f 是包含非线性元件的所有电压-电流关系的非线性函数。接下来将导出状态空间模型。从单个电路元件的描述开始，任意电路元件表示为

$$M_{v,e}v_e + M_{i,e}i_e + M_{x,e}x_e + M_{\dot{x},e}\dot{x}_e + M_{q,e}q_e = u_e \tag{10.48a}$$

$$f_e(q_e) = 0 \tag{10.48b}$$

式中，v_e、i_e 是端口电压和电流，x_e、$\dot{x}_e$ 分别是元件的状态向量和状态导数向量，q_e 是辅助向量，u_e 是源向量，f_e 是元件的非线性电压-电流关系。常见电路元件的系数矩阵见表 10.3。通过将所有单独的系数矩阵、非线性函数以及电压、电流、状态、状态导数和源向量组合到一个系统中，就可以实现对整个电路的描述。向量可以简单地组合为 $v = (v_{e,1}^{\mathrm{T}} \quad v_{e,2}^{\mathrm{T}} \quad \cdots \quad v_{e,N}^{\mathrm{T}})^{\mathrm{T}}$，系数矩阵组合成一个块对角矩阵，形式如式（10.49）所示

$$\boldsymbol{M}_v = \begin{pmatrix} M_{v,e,1} & 0 & \cdots & 0 \\ 0 & M_{v,e,2} & \cdots & 0 \\ \vdots & \vdots & \ddots & \vdots \\ 0 & 0 & \cdots & M_{v,e,N} \end{pmatrix} \tag{10.49}$$

表 10.3 常用电路元件的系数矩阵和非线性函数

元件	$M_{v,e}$	$M_{i,e}$	$M_{x,e}$	$M_{\dot{x},e}$	$M_{q,e}$	u_e	$f_e(q_e)$
电压源 v_s	(1)	(0)	$(\ )$	$(\ )$	$(\ )$	(v_s)	
电流源 i_s	(0)	(-1)	$(\ )$	$(\ )$	$(\ )$	(i_s)	
电阻 R	(-1)	(R)	$(\ )$	$(\ )$	$(\ )$	(0)	
电容 C	$\begin{pmatrix} C \\ 0 \end{pmatrix}$	$\begin{pmatrix} 0 \\ 1 \end{pmatrix}$	$\begin{pmatrix} -1 \\ 0 \end{pmatrix}$	$\begin{pmatrix} 0 \\ -1 \end{pmatrix}$	$(\ )$	$\begin{pmatrix} 0 \\ 0 \end{pmatrix}$	
电感 L	$\begin{pmatrix} 1 \\ 0 \end{pmatrix}$	$\begin{pmatrix} 0 \\ L \end{pmatrix}$	$\begin{pmatrix} 0 \\ -1 \end{pmatrix}$	$\begin{pmatrix} -1 \\ 0 \end{pmatrix}$	$(\ )$	$\begin{pmatrix} 0 \\ 0 \end{pmatrix}$	
二极管 D	$\begin{pmatrix} 1 \\ 0 \end{pmatrix}$	$\begin{pmatrix} 0 \\ 1 \end{pmatrix}$	$(\ )$	$(\ )$	$\begin{pmatrix} -1 & 0 \\ 0 & -1 \end{pmatrix}$	$\begin{pmatrix} 0 \\ 0 \end{pmatrix}$	$(I_s \cdot (e^{q_{e,1}/v_t} - 1) - q_{e,2})$

将非线性函数集合在向量中,如式(10.50)所示

$$f \begin{pmatrix} q_{e,1} \\ q_{e,2} \\ \vdots \\ q_{e,N} \end{pmatrix} = \begin{pmatrix} f_{e,1}(q_{e,1}) \\ f_{e,2}(q_{e,2}) \\ \vdots \\ f_{e,N}(q_{e,N}) \end{pmatrix} \tag{10.50}$$

更进一步,电路元件引入的所有约束都可以描述为

$$M_v v + M_i i + M_x x + M_{\dot{x}} \dot{x} + M_q q = u \tag{10.51a}$$

$$f(q) = 0 \tag{10.51b}$$

应用基尔霍夫电压和电流定律,电路拓扑可以与附加方程 $\boldsymbol{T}_v v = 0$ 和 $\boldsymbol{T}_i i = 0$ 合并,其中矩阵 $\boldsymbol{T}_v$ 和 $\boldsymbol{T}_i$ 由标准网络分析技术推导。由此得到非线性微分方程系统,如式(10.52)所示

$$\begin{pmatrix} M_v & M_i & M_x & M_{\dot{x}} & M_q \\ T_v & 0 & 0 & 0 & 0 \\ 0 & T_i & 0 & 0 & 0 \end{pmatrix} \begin{pmatrix} v \\ i \\ x \\ \dot{x} \\ q \end{pmatrix} = \begin{pmatrix} u \\ 0 \\ 0 \end{pmatrix} \tag{10.52a}$$

$$f(q) = 0 \tag{10.52b}$$

从这一点出发,可以推导出一个连续时间的状态空间模型,并通过后续的离散化,推导出一个离散时间模型。该方程组也可以直接离散化,这里使用梯形积分规则进行时间离散化,如式(10.53)所示

$$\hat{x}(n) = \hat{x}(n-1) + \frac{T}{2}(\hat{\dot{x}}(n) + \hat{\dot{x}}(n-1)) \tag{10.53}$$

其中,T 是采样间隔,$\hat{x}$ 是时刻 nT 时状态的离散近似值,$\hat{\dot{x}}$ 是 $\dot{x}$ 的精确解。将正则态引入,有

$$\bar{x}(n) = \hat{x}(n) + \frac{T}{2}\hat{\dot{x}}(n) \tag{10.54}$$

可以替换为

$$\hat{\dot{x}}(n) = \frac{1}{T}(\bar{x}(n) - \bar{x}(n-1)) \tag{10.55a}$$

$$\hat{x}(n)=\frac{1}{2}(\bar{x}(n)+\bar{x}(n-1)) \tag{10.55b}$$

定义 $\bar{M}_{x'}=\frac{1}{T}M_{\dot{x}}+\frac{1}{2}M_x$ 和 $\bar{M}_x=\frac{1}{T}M_{\dot{x}}-\frac{1}{2}M_x$，构造一个如式（10.56）所示的离散时间系统

$$\begin{pmatrix} M_v & M_i & \bar{M}_{x'} & M_q \\ T_v & 0 & 0 & 0 \\ 0 & T_i & 0 & 0 \end{pmatrix}\begin{pmatrix} \bar{v}(n) \\ \bar{i}(n) \\ \bar{x}(n) \\ \bar{q}(n) \end{pmatrix}=\begin{pmatrix} \bar{M}_x\bar{x}(n-1) \\ 0 \\ 0 \end{pmatrix}+\begin{pmatrix} \bar{u}(n) \\ 0 \\ 0 \end{pmatrix} \tag{10.56a}$$

$$f(\bar{q}(n))=0 \tag{10.56b}$$

$\bar{v}(n)$、$\bar{i}(n)$、$\bar{q}(n)$ 和 $\bar{u}(n)$ 都是时刻 nT 的离散值，这个离散时间方程组没有唯一解，通解可以用式（10.57）表示

$$\begin{pmatrix} \bar{v}(n) \\ \bar{i}(n) \\ \bar{x}(n) \\ \bar{q}(n) \end{pmatrix}=\begin{pmatrix} D_v \\ D_i \\ A \\ D_q \end{pmatrix}\bar{x}(n-1)+\begin{pmatrix} E_v \\ E_i \\ B \\ E_q \end{pmatrix}\bar{u}(n)+\begin{pmatrix} F_v \\ F_i \\ C \\ F_q \end{pmatrix}z(n) \tag{10.57}$$

这里，$z(n)$ 是一个取决于所选解的任意向量，其分量的个数与 $f(\bar{q}(n))$ 一样多。最后，从 $\bar{v}$ 和 $\bar{i}$ 中仅提取产生非线性状态空间系统的量，如式（10.58）所示

$$\bar{x}(n)=A\bar{x}(n-1)+B\bar{u}(n)+Cz(n) \tag{10.58a}$$

$$y(n)=D\bar{x}(n-1)+E\bar{u}(n)+Fz(n) \tag{10.58b}$$

$$\bar{q}(n)=D_q\bar{x}(n-1)+E_q\bar{u}(n)+F_qz(n) \tag{10.58c}$$

$$f(q(n))=0 \tag{10.58d}$$

再次使用图 10.3 中限幅电路的示例来阐明此方法。将电路元件依次排列为电压源、电阻、电容、第一二极管和第二二极管，可以得到以下系数矩阵

$$\boldsymbol{M}_v=\begin{pmatrix} 1 & & & \\ & -1 & & \\ & & C & \\ & & 0 & \\ & & & 1 \\ & & & 0 \\ & & & & 1 \\ & & & & 0 \end{pmatrix} \quad \boldsymbol{M}_i=\begin{pmatrix} 0 & & & \\ & R & & \\ & & 0 & \\ & & 1 & \\ & & & 0 \\ & & & 1 \\ & & & & 0 \\ & & & & 1 \end{pmatrix} \quad \boldsymbol{M}_x=\begin{pmatrix} \\ -1 \\ 0 \\ \\ \end{pmatrix}$$

$$\boldsymbol{M}_{\dot{x}}=\begin{pmatrix} - \\ \\ 0 \\ -1 \\ \\ - \end{pmatrix} \quad \boldsymbol{M}_q=\begin{pmatrix} & \\ & \\ -1 & 0 \\ 0 & -1 \\ & & -1 & 0 \\ & & 0 & -1 \end{pmatrix} \quad \boldsymbol{u}=\begin{pmatrix} u_{in} \\ 0 \\ 0 \\ 0 \\ 0 \\ 0 \\ 0 \end{pmatrix} \tag{10.59}$$

矩阵 $\boldsymbol{T}_v$ 和 $\boldsymbol{T}_i$ 可以用 $\boldsymbol{T}_v v = 0$ 和 $\boldsymbol{T}_i i = 0$ 生成,如式(10.60)所示

$$\boldsymbol{T}_v = \begin{pmatrix} -1 & 1 & 1 & 0 & 0 \\ -1 & 1 & 0 & 1 & 0 \\ 1 & -1 & 0 & 0 & 1 \end{pmatrix} \quad \boldsymbol{T}_i = \begin{pmatrix} 1 & 0 & 1 & 1 & -1 \\ 0 & 1 & -1 & -1 & 1 \end{pmatrix} \tag{10.60}$$

在以采样率 $f_S = 48\text{kHz}$ 进行时间离散后,可以得到

$$\overline{\boldsymbol{M}}'_x = \left| \begin{array}{c} \rule{1cm}{0.4pt} \\[4pt] \rule{1cm}{0.4pt} \\[2pt] -0.5 \\ -48000 \\[4pt] \rule{1cm}{0.4pt} \end{array} \right| \quad \overline{\boldsymbol{M}}_x = \left| \begin{array}{c} \rule{1cm}{0.4pt} \\[4pt] \rule{1cm}{0.4pt} \\[2pt] 0.5 \\ -48000 \\[4pt] \rule{1cm}{0.4pt} \end{array} \right| \tag{10.61}$$

下一步需要求解式(10.56a)的方程组。方程组 $\boldsymbol{Ax} = b$ 没有唯一解,它的通解可以用 $\boldsymbol{A}$ 的零空间 N 和一个特解 p 构造,如式(10.62)所示

$$x = p + Nz \tag{10.62}$$

其中,z 是任意向量。由这个通解,可以直接得到系统矩阵 $\boldsymbol{A}$、$\boldsymbol{B}$、$\boldsymbol{C}$、$\boldsymbol{D}_q$、$\boldsymbol{E}_q$、$\boldsymbol{F}_q$。矩阵 $\boldsymbol{D}$、$\boldsymbol{E}$、$\boldsymbol{F}$ 可以从 $\boldsymbol{D}_v$、$\boldsymbol{E}_v$、$\boldsymbol{F}_v$ 中提取,即取矩阵的第三行与电容器上的电压对应。所得矩阵结果如式(10.63)所示

$$\boldsymbol{A} = (-1) \quad \boldsymbol{B} = (0) \quad \boldsymbol{C} = \begin{pmatrix} 94 \cdot 10^{-3} \\ 0 \end{pmatrix}$$

$$\boldsymbol{D} = (0) \quad \boldsymbol{E} = (0) \quad \boldsymbol{F} = (1 \quad 0)$$

$$\boldsymbol{D}_q = \begin{pmatrix} 0 \\ 96000 \\ 0 \\ 0 \end{pmatrix} \quad \boldsymbol{E}_q = \begin{pmatrix} 0 \\ 1 \cdot 10^{-3} \\ 0 \\ 0 \end{pmatrix} \quad \boldsymbol{F}_q = \begin{pmatrix} 0 & 1 \\ -5.512 \cdot 10^{-3} & 1 \\ 0 & -1 \\ 1 & 0 \end{pmatrix} \tag{10.63}$$

可以通过找到与式(10.58c)和式(10.58d)一致的 $z(n)$ 来计算非线性状态空间系统的输出。该向量可用于求解包括式(10.58a)和式(10.58b)系统的线性部分。注意,由于式(10.56a)中非线性方程组的非唯一性,系数矩阵也可能有不同的值。因此,系数矩阵取决于所选的特解和零空间。

10.6 习题

基本原理

1. 当无记忆非线性系统的输入是一个周期性激励时,其输出是什么?

2. 设 $f(x) = |x|$ 是由信号 $x(t) = \cos(\omega_0 t)$ 激励的静态非线性映射。计算输出 $y(t) = |\cos(\omega_0 t)|$ 的傅里叶系数。简述什么是 THD。

过驱、失真、限幅

1. 假设二极管相同,推导一阶二极管限幅器的非线性微分方程。提示:

$$i_d = I_S(\text{e}^{\frac{v_d}{\varPsi_t}} - 1), \quad \sinh(x) = \frac{\text{e}^x - \text{e}^{-x}}{2}$$

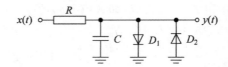

2. 软限幅非线性与硬限幅非线性有何区别？如何使用其来创建失真或过驱动效果？

非线性滤波器

1. 如何改进线性滤波器设计，使其具有更自然的声音？

2. 非线性滤波器与线性滤波器在稳定性方面有什么不同？

混叠及其抑制

1. 假设一个非线性系统引入谐波，谐波随频率滚降约 $1/f$。当采样率为 44.1kHz 时，混叠失真被认为太高。采样率加倍时，22.05kHz 以下的混叠失真大约降低了多少？

2. 试通过式(10.8)和式(10.9)将不定积分抗混叠应用于无记忆系统。

模拟建模

1. 简述三种主要的建模方法。

2. 如何在波域中对电路元件建模？简述波域和基尔霍夫域之间的联系。

第 11 章

音频中的机器学习

11.1 引言

机器学习是一组可以从数据中自动学习及开发灵活的参数化模型的方法或算法的集合。在经典机器学习中,由人工设计并从数据中提取输入的重要特征,系统通过自动学习将这些特征映射为所需的输出,这种学习常通过预定义目标、优化自适应代价函数的参数和/或超参数调优来实现。在简单的模式识别问题中使用经典机器学习效果很好。为系统设计最佳特征需要大量的计算。从数据集中手工提取特征后,需要使用通用的分类或回归模型来获得输出。经典机器学习算法包括线性回归、逻辑回归、k近邻算法和简单决策树等。若学习能力更强,基本不需手工提取特征,取而代之的是从数据中自动挖掘所需特征。随着图形处理单元的发展,支持更复杂模型的新型机器学习方法应运而生,其中深度学习是主要的研究课题之一。深度学习是更广泛的机器学习方法的一部分,它主要基于人工神经网络的学习能力。在深度学习中,使用多层结构从原始或处理后的数据中提取特征。这些特征被自动提取,并在各层组合后产生输出。每层都可由线性、非线性、可修改及参数化的算子组成,这些算子可以从上一层的结构中提取和表示特征。随着模型内部不同层次的增多,不仅增加了整体模型的复杂度,并且可以对特征进行微调。深度学习架构如深度神经网络(DNN)、循环神经网络(RNN)、卷积神经网络(CNN)等已经在许多领域得到了应用,如计算机视觉、音频识别、自然语言处理、社交网络过滤、机器翻译、医学影像分析、材料检验、游戏等。与之前的方法相比,深度学习在大多数领域都产生了更好的结果。

11.2 无监督学习和有监督学习

机器学习算法主要分为有监督学习、无监督学习和强化学习,其中前两种方法备受关注,在信号处理应用中被广泛使用。图 11.1 是一个无监督学习和有监督学习模型简化示意图。无监督学习是在一个没有标签的数据集中进行模式识别,并且尽量要减少人为监督。与使用人工标注数据的监督学习不同,无监督学习方法主要从输入数据中提取潜在的统计或语义特征,并对输入数据的概率密度进行建模。在音频处理中,跨领域的特征提取对于音频分析、指纹识别、分解和分离以及基于内容的信息检索等应用非常重要。分析潜在特征或统计量可以用于输入数据分类、异常值识别或潜在表示的生成等。聚类方法(如 k-means 算法或混合模型)将未标记的数据分类,是一种经典的无监督学习方法。这种方法根据数据中共同特征是否存在来对新输入进行分类。因此,这类的输入不属于任何类,可以用于异常检测。其他常见的无监督方法如主成分分析(PCA)、独立成分分析(ICA)和非负矩阵分解(NMF)也被广泛应用于音频处理和声学领域。ICA 是一种在相互独立的假设下，从观测到的混合信号中恢复未观测信号的方法。在音频盲源分离和音乐分类中会使用 ICA 或其快速算法。NMF 是另一种具有聚类或分组性质的方法，也被用于盲源分离和音乐分析。深度无监督学习通常是基于深度神经网络的，这种神经网络训练时没有显式输入/标签对。深度无监督学习中使用的一些模型主要用于降维或创建潜在变量，包括自编码器、深度信念网络（DBN）和自组织映射（SOM）。SOM 是一种神经网络，可以实现一个大输入空间的低维表示，且具有可视化的特点。自编码器可以生成与原始高保真输入相比尺寸更小的潜在变量，因此可用于音频压缩。自编码器、信念网络或类似网络可以从输入数据中学习内在的本质，因此可用于分类任务。

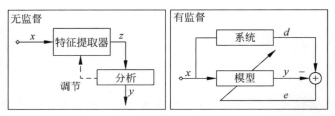

图 11.1　无监督学习和有监督学习模型简化示意图

监督学习的任务是学习一个基于示例输入-标签对的系统的广义映射函数。它从一组示例组成的带标签的训练数据中生成一个函数。在监督学习中，每个示例由一个输入和一个期望输出值组成一个对。有监督模型有一个预定义的代价函数，用来比较预测和期望的输出值。根据两者之间的差异或相似性，以差异最小化或相似性最大化为目标，迭代更新模型参数。线性和逻辑回归方法是两种基本的监督学习方法，这两种方法都基于最小二乘法或最小绝对偏差以及最大似然估计。当需要拟合给定的数据或标准时，可将这些方法及其改进算法用于估计模型参数或系数。其他著名的方法包括 k 近邻（k-NN）和决策树，后者用于多种音频应用。支持向量机（SVM）是另一种常见的学习方法，主要用于分类任务，SVM 在音频分类和检索中已被广泛应用。深度学习方法随着 DNN、CNN、生成对抗网络（GAN）等的发展逐渐成为了研究前沿。深度学习架构正逐渐被用于各种音频应用中，如音频增强、音乐识别、音高估计、模拟建模等。

本章特别关注深度学习方法，通过推导，在简单神经和卷积网络架构上阐述反向传播的概念，此外，还提供了一些应用实例来说明这些方法在音频处理的多个领域中的可用性和性能。

11.3　梯度下降和反向传播

大多数有监督或半监督机器学习算法都包含一个基于真值或先验的目标函数，通常通过最小化该目标函数来寻找一组最优的参数。最快下降法就是由此优化方法推导出来的，其中最优解与目标函数的负梯度成正比。在深度学习中，所提出的模型通常是多层的，由可微的参数化函数组成。为了找到最优的一组参数，需要计算目标函数相对于参数的各个梯度。梯度最终通过导数的链式法则从隐含层分解成多个局部梯度的乘积。这种方法通常被称为反向传播。下面介绍一种人工神经网络（ANN），并展示反向传播如何通过网络层工作。

11.3.1　前馈人工神经网络

人工神经网络是基于连接单元或节点的集合，单个的连接单元或节点被称为人工神经元，它模拟了生物大脑中的神经元。每个连接就像生物大脑中的突触一样,可以将一个信号传递给其他神经元。人工神经元接收到信号后对其进行处理,可以刺激连接的神经元。在 ANN 实现过程中,连接处的信号是一个实数,通过某种输入和的非线性函数计算可以得到每个神经元的输出。神经元的连接处有其对应的权重,随着学习的进行调整该权重,权重的增加或减少表示连接处信号的强度的变化。在多层感知器(MLP)中,神经元有一个阈值,只有当聚合超过阈值时,才能发送信号或激发神经元。通常,神经元聚集成层,不同层对其输入进行不同的变换。信号从第一层(或输入层),到最后一层(或输出层),可能经过若干个中间层(也称为隐含层)。图 11.2 是一个具有一层隐含层的神经网络例子。一层中的每个节点通过标量权重连接到后续层的每个节点,从而形成一个稠密连接结构和一个标量权重矩阵。权重矩阵的维度由连接层的维度定义。定义输入元素 x_i、隐含元素 y_j、隐含激活 a_j 和输出元素 y_k,如式(11.1)~式(11.3)所示

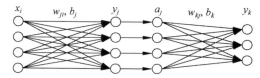

图 11.2　具有一个隐含层的前馈神经网络

$$y_j = \sum_{i=1}^{I} w_{ji} \cdot x_i + b_j \tag{11.1}$$

$$a_j = \sigma(y_j) \tag{11.2}$$

$$y_k = \sum_{j=1}^{J} w_{kj} \cdot a_j + b_k \tag{11.3}$$

式中,w_{ji} 和 b_j 分别表示 x_i 和 y_j 之间的关联标量权重和偏置,w_{ji} 和 b_k 分别表示 a_j 和 y_k 之间的关联标量权重和对应的偏置。式(11.2)表示激活操作,其中 $\sigma(\cdot)$ 表示 sigmoid 激活函数。

1. 激活函数

激活函数对每个神经元单独进行非线性操作,并且保留该层的维度。ANN 中最常用的激活函数是 Sigmoid、Tanh 和 ReLU 函数,如图 11.3 所示。Sigmoid 函数式为

$$\sigma(x) = \frac{1}{1 + e^{-x}} \tag{11.4}$$

式中,x 为输入层。该函数的导数为

$$\frac{\partial \sigma(x)}{\partial x} = \sigma'(x) = \sigma(x)(1 - \sigma(x)) \tag{11.5}$$

Tanh 函数(T)是一个激活或门控单元,如式(11.6)所示

$$T(x) = \frac{e^x - e^{-x}}{e^x + e^{-x}} \tag{11.6}$$

其导数为

$$\frac{\partial T(x)}{\partial x} = T'(x) = 1 - T^2(x) \tag{11.7}$$

ReLU 是另一种激活函数,如式(11.8)所示

$$R(x) = \max(0, x) \tag{11.8}$$

在 0 点不连续,相应的导数的近似值为

$$\frac{\partial R(x)}{\partial x} = R'(x) = \begin{cases} 1, & x > 0 \\ 0, & x \leqslant 0 \end{cases} \tag{11.9}$$

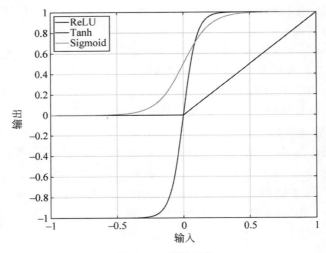

图 11.3　激活函数

2. 反向传播

如图 11.2 所示的网络,为了计算相应的梯度,需要对任意 i、j、k 更新参数元素 w_{kj}、b_j、w_{ji}、b_k。设损失函数由误差平方和给出,如式(11.10)所示

$$E = \frac{1}{2} \sum_{k=1}^{K} (d_k - y_k)^2 \tag{11.10}$$

式中,d_k 表示真值元素或标签。更新权重参数 w_{kj} 所需的梯度 $\delta_{w_{kj}}$ 由导数的链式法则来表示,如式(11.11)~式(11.13)所示

$$\delta_{w_{kj}} = \frac{\partial E}{\partial w_{kj}} = \frac{\partial E}{\partial y_k} \cdot \frac{\partial y_k}{\partial w_{kj}} \tag{11.11}$$

$$= -(d_k - y_k) \cdot \frac{\partial}{\partial w_{kj}} \Big(\sum_{j=1}^{J} w_{kj} \cdot a_j + b_k \Big) \tag{11.12}$$

$$= -e_k \cdot a_j \tag{11.13}$$

同理,更新偏置项 b_k 的梯度 δ_{b_k},如式(11.14)所示

$$\delta_{b_k} = \frac{\partial E}{\partial b_k} = \frac{\partial E}{\partial y_k} \cdot \frac{\partial y_k}{\partial b_k} = -(d_k - y_k) = -e_k \tag{11.14}$$

此外,式(11.15)~式(11.17)还给出了损失函数相对于隐含激活 δ_{a_j} 的偏导数,它将反向传播到前一层。

$$\delta_{a_j} = \sum_{k=1}^{K} \frac{\partial E}{\partial a_j} = \sum_{k=1}^{K} \frac{\partial E}{\partial y_k} \cdot \frac{\partial y_k}{\partial a_j} \tag{11.15}$$

$$= \sum_{k=1}^{K} -(d_k - y_k) \cdot \frac{\partial}{\partial a_j} \Big(\sum_{j=1}^{J} w_{kj} \cdot a_j + b_k \Big) \tag{11.16}$$

$$= \sum_{k=1}^{K} -e_k \cdot w_{kj} \tag{11.17}$$

下一步需要计算更新权重参数 w_{ji} 所需的梯度 $\delta_{w_{ji}}$,它可以由导数的链式法则计算得到。假设使用 Sigmoid 激活函数,同时由式(11.17)和式(11.3),可得

$$\delta_{w_{ji}} = \frac{\partial E}{\partial w_{ji}} = \sum_{k=1}^{K} \frac{\partial E}{\partial y_k} \cdot \frac{\partial y_k}{\partial a_j} \cdot \frac{\partial a_j}{\partial y_j} \cdot \frac{\partial y_j}{\partial w_{ji}} \tag{11.18}$$

$$= \sum_{k=1}^{K} -e_k \cdot w_{kj} \cdot \sigma'(y_j) \cdot \frac{\partial}{\partial w_{ji}} \left(\sum_{i=1}^{I} w_{ji} \cdot x_i + b_j \right) \tag{11.19}$$

$$= \sum_{k=1}^{K} -e_k \cdot w_{kj} \cdot \sigma'(y_j) \cdot x_i \tag{11.20}$$

上述方程中的表达式 $\tilde{\sigma}(\cdot)$ 是 Sigmoid 激活函数的局部导数,如式(11.5)所示。类似地计算梯度 δ_{b_j},如式(11.21)~式(11.23)所示

$$\delta_{b_j} = \frac{\partial E}{\partial b_j} = \sum_{k=1}^{K} \frac{\partial E}{\partial y_k} \cdot \frac{\partial y_k}{\partial a_j} \cdot \frac{\partial a_j}{\partial y_j} \cdot \frac{\partial y_j}{\partial b_j} \tag{11.21}$$

$$= \sum_{k=1}^{K} -e_k \cdot w_{kj} \cdot \sigma'(y_j) \cdot \frac{\partial}{\partial b_j} \left(\sum_{i=1}^{I} w_{ji} \cdot x_i + b_j \right) \tag{11.22}$$

$$= \sum_{k=1}^{K} -e_k \cdot w_{kj} \cdot \sigma'(y_j) \tag{11.23}$$

参数可以借助简单的梯度下降进行迭代更新,如式(11.24)~式(11.27)所示

$$w_{kj} = w_{kj} - \eta_w \cdot \delta_{w_{kj}} \tag{11.24}$$

$$b_k = b_k - \eta_b \cdot \delta_{b_k} \tag{11.25}$$

$$w_{ji} = w_{ji} - \eta_w \cdot \delta_{w_{ji}} \tag{11.26}$$

$$b_j = b_j - \eta_b \cdot \delta_{b_j} \tag{11.27}$$

式中,η_b 和 η_w 分别表示权重和偏置的步长或学习率。学习率通常是一个很小的分数值,η_b 通常小于 η_w。在大数据集的深度学习方法中使用梯度下降或随机梯度下降通常收敛得非常缓慢。因此, Nesterov 动量、自适应梯度或 adagrad、RMSprop、自适应动量或 adam 等更快速的梯度下降方法在大规模深度学习中得到了广泛应用。

11.3.2　卷积神经网络

CNN 是一种人工神经网络,它包含至少一个卷积单元,在卷积单元中对输入与一组预定义的滤波器进行卷积或互相关计算。选择一种常见的初始化方法对滤波器系数(也称为权重)初始化,然后迭代更新此系数。这种网络相对于前馈人工神经网络的主要优点在于,卷积层与对应的全连接层相比包含较少的参数。CNN 还包含隐含层,每个卷积层之间有激活函数。图 11.4 所示为一个具有一个隐藏层的示例网络,它包含一个卷积单元和一个全连接单元。隐含层由输入层节点与卷积单元中预初始化的滤波器的滤波操作产生。在 CNN 中,滤波操作之后常用一个 ReLU 激活函数。最后将隐含的激活与输出层的神经元全连接。给定输入元素 x_j、隐含元素 y_j、隐含激活 a_j 和输出元素 y_k,进行以下运算,如式(11.28)~式(11.30)所示

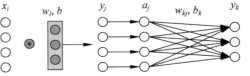

图 11.4　具有一个隐含层的卷积神经网络

$$y_j = \sum_{l=-\frac{h-1}{2}}^{\frac{h-1}{2}} w_l \cdot x_{j+l} + b \tag{11.28}$$

$$a_j = R(y_j) \tag{11.29}$$

$$y_k = \sum_{j=1}^{J} w_{kj} \cdot a_j + b_k \tag{11.30}$$

式中，w_l 和 b 分别表示长度为 h 的滤波器的相关滤波器系数和标量偏置值，w_{kj} 和 b_k 分别表示 a_j 和 y_k 之间的相关标量权重和相应的偏置。卷积单元还可以包含多个滤波器和偏置值，因此隐含层包含多个堆叠向量而不是一个向量。

基于图 11.4 所示的网络，为了计算相应的梯度，需要更新权重元素 w_{kj}、b_j、w_l 和 b。权重参数 w_{kj} 和梯度 $\delta_{w_{kj}}$ 的更新由式（11.13）给出，偏差项 b_k 的梯度 δ_{b_k} 更新由式（11.14）给出。损失函数关于隐含激活 δ_{a_j} 的部分梯度由式（11.17）给出，隐含激活 δ_{a_j} 将被反向传播到上一层。下一步可以根据导数的链式法则计算更新滤波系数 w_m 所需的梯度 δ_{w_m}，由式（11.17）~式（11.30），可得

$$\delta_{w_m} = \frac{\partial E}{\partial w_m} = \sum_{j=1}^{J} \sum_{k=1}^{K} \frac{\partial E}{\partial y_k} \cdot \frac{\partial y_k}{\partial a_j} \cdot \frac{\partial a_j}{\partial y_j} \cdot \frac{\partial y_j}{\partial w_m} \tag{11.31}$$

$$= \sum_{j=1}^{J} \sum_{k=1}^{K} -e_k \cdot w_{kj} \cdot R'(y_j) \cdot \frac{\partial}{\partial w_m} \left(\sum_{l=-\frac{h-1}{2}}^{\frac{h-1}{2}} w_l \cdot x_{j+l} + b \right) \tag{11.32}$$

$$= \sum_{j=1}^{J} \sum_{k=1}^{K} -e_k \cdot w_{kj} \cdot R'(y_j) \cdot \left(\sum_{l=-\frac{h-1}{2}}^{\frac{h-1}{2}} \frac{\partial w_l}{\partial w_m} \cdot x_{j+l} \right) \tag{11.33}$$

$$= \sum_{j=1}^{J} \delta_{y_j} \cdot x_{j+m} \tag{11.34}$$

δ_{y_j} 的表达式为

$$\delta_{y_j} = \sum_{k=1}^{K} -e_k \cdot w_{kj} \cdot R'(y_j) \tag{11.35}$$

式中，$R'(y_j)$ 表示 ReLU 激活函数的局部导数，由式（11.9）给出。由式（11.34）可得输入梯度与输入向量之间的互相关运算。类似地计算梯度 δ_b，如式（11.36）和式（11.37）所示

$$\delta_b = \frac{\partial E}{\partial b} = \sum_{j=1}^{J} \sum_{k=1}^{K} \frac{\partial E}{\partial y_k} \cdot \frac{\partial y_k}{\partial a_j} \cdot \frac{\partial a_j}{\partial y_j} \cdot \frac{\partial y_j}{\partial b} \tag{11.36}$$

$$= \sum_{j=1}^{J} \delta_{y_j} \tag{11.37}$$

在计算出所需梯度后，采用随机梯度下降或更快的参数更新算法更新参数。

11.4　应用

下面介绍几种深度学习在音频信号处理领域的应用。第一个例子将参数的峰值和搁置滤波器级联，对头相关传递函数建模，使用样本进行迭代优化，采用瞬时反向传播方法。在第二个例子中，采用7.3.3 节所述的具有施罗德全通滤波器的稀疏反馈延迟网络（FDN）来对期望的房间冲激响应或基于期望的混响时间模拟房间脉冲响应（RIR）建模。本节的最后一个应用是用于降低音频或语音信号中高斯噪声的 CNN。

11.4.1　参数滤波器自适应

如6.2.2节所述,参数峰值和搁置滤波器可以级联来进行音频处理,如均衡技术、频谱整形和复杂传递函数建模。可以借助反向传播算法对该级联结构中各个滤波器的参数进行独立优化。这方面的早期研究工作包括:引入基于反向传播的自适应IIR滤波器,训练一个导函数的递归滤波器来匹配控制器等。在神经网络的背景下,为对基于简化的瞬时时间反向传播(IBPTT)时间序列建模,有学者使用了具有多层感知器的FIR和IIR滤波器的级联结构,类似的还有基于因果时间反向传播(CBPTT)的自适应IIR-多层感知器(IIR-MLP)网络。近年来,反向传播被广泛应用于CNN和循环神经网络中,后者本质上是递归的。上述研究主要是直接对滤波器系数自适应。本节使用的深度学习自适应控制参数方法较少有人使用。

具有 M 个滤波器的级联结构如图11.5所示,其中,第一个和最后一个滤波器为搁置滤波器,其余滤波器为峰值滤波器。6.2.2节中描述了峰值和搁置滤波器及其插图和传递函数。由式(6.59)和式(6.71)定义的低频和高频搁置滤波器(LFS 和 HFS)的传递函数,可以得到图11.6中的信号流程图并计算出相应的差分方程:

$$y(n) = \frac{H_0}{2}[x(n) \pm y_1(n)] + x(n) \tag{11.38}$$

其中, $y_1(n)$ 定义了一阶全通滤波器的输出信号,如式(11.39)和式(11.40)所示

$$y_1(n) = a_{\frac{B}{C}} x_h(n) + x_h(n-1) \tag{11.39}$$

$$x_h(n) = x(n) - a_{\frac{B}{C}} x_h(n-1) \tag{11.40}$$

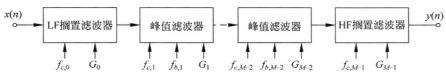

图 11.5　峰值滤波器和搁置滤波器的级联结构

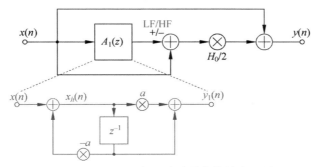

图 11.6　LF/HF 搁置滤波器的信号流程图

类似地,图11.7的信号流程图和峰值滤波器的差分方程可以由式(6.81)推导,如式(11.41)所示

$$y(n) = \frac{H_0}{2}[x(n) - y_2(n)] + x(n) \tag{11.41}$$

其中, $y_2(n)$ 定义了二阶全通滤波器的输出信号,如式(11.42)和式(11.43)所示

$$y_2(n) = -a_{\frac{B}{C}} x_h(n) + d(1 - a_{\frac{B}{C}}) x_h(n-1) + x_h(n-2) \tag{11.42}$$

$$x_h(n) = x(n) - d(1 - a_{\frac{B}{C}}) x_h(n-1) + a_{\frac{B}{C}} x_h(n-2) \tag{11.43}$$

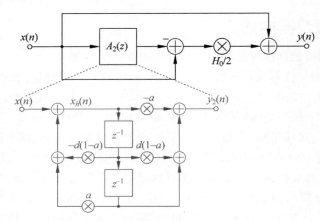

图 11.7   峰值滤波器的信号流程图

　　根据链式法则,预定义的代价函数对级联结构中滤波器参数的偏导数可以用多个局部导数的乘积来计算。给定级联结构和待测参考系,可以定义第 n 个样本的全局瞬时代价或损失函数 $c(n)$,如图 11.8 所示。代价函数关于参数 p_{M-1} 的导数可根据链式法则给出,如式(11.44)所示

$$\frac{\partial C(n)}{\partial p_{M-1}} = \frac{\partial C(n)}{\partial y(n)} \frac{\partial y(n)}{\partial x_{M-1}(n)} \frac{\partial x_{M-1}(n)}{\partial p_{M-1}} \tag{11.44}$$

式中,$y(n)$ 为级联滤波器结构的预测输出,$y_d(n)$ 为待测系统的期望输出,$x_{M-1}(n)$ 为级联中第 $\{M-1\}$ 滤波器的输出,p_{M-1} 为第 $\{M-1\}$ 峰值滤波器的控制参数,如增益、带宽或中心频率等。

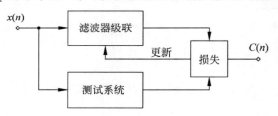

图 11.8   模型框图

　　如图 11.9 所示,得到一个简化的瞬时反向传播算法。为了计算上述导数,对于瞬时代价函数,需要计算代价函数的局部导数 $\frac{\partial C(n)}{\partial y(n)}$、滤波器输出关于其输入的局部导数 $\frac{\partial y(n)}{\partial x_{M-1}(n)}$、滤波器输出关于其参数 p_{M-1} 的局部导数 $\frac{\partial x_{M-1}(n)}{\partial p_{M-1}(n)}$。因此,一般情况下,需要计算以上三种类型的局部梯度来匹配级联结构。接下来推导搁置和峰值滤波器输出的局部梯度和控制参数,最后,作为一个应用实例,将级联结构用于头相关传递函数(HRTF)幅度的建模。

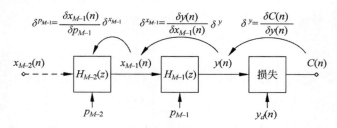

图 11.9   通过级联结构来说明反向传播

1. 搁置滤波器

对于搁置滤波器,计算滤波器输出对滤波器输入、增益和截止频率的局部导数。参照式(11.38),低频搁置(LFS)和高频搁置(HFS)滤波器输出 $y(n)$ 关于其输入 $x(n)$ 的导数为

$$\frac{\partial y(n)}{\partial x(n)} = \frac{H_0}{2}\left[1 \pm a_{B/C}\right] + 1 \tag{11.45}$$

在上升情况下,搁置滤波器输出对滤波器增益 G 的导数,计算如下:

$$\frac{\partial y(n)}{\partial G} = \frac{\left[x(n) \pm y_1(n)\right]}{2}\frac{\partial H_0}{\partial G} \tag{11.46}$$

$$= \frac{\left[x(n) \pm y_1(n)\right]}{2}\frac{\partial}{\partial G}\left[10^{\frac{G}{20}} - 1\right] \tag{11.47}$$

$$= \frac{\left[x(n) \pm y_1(n)\right]}{40}10^{\frac{G}{20}}\ln(10) \tag{11.48}$$

由于增益参数与截止频率参数之间的依赖关系,如式(6.47)和式(6.53)所示,截断情况下滤波器输出对滤波器增益 G 的导数与上升情况不同。借助式(11.38),可计算为

$$\frac{\partial y(n)}{\partial G} = \frac{\left[x(n) \pm y_1(n)\right]}{2}\frac{\partial H_0}{\partial G} \pm \frac{H_0}{2}\frac{\partial y_1(n)}{\partial G} \tag{11.49}$$

$$= \frac{\left[x(n) \pm y_1(n)\right]}{40}10^{\frac{G}{20}}\ln(10) \pm \frac{H_0}{2}\frac{\partial y_1(n)}{\partial G} \tag{11.50}$$

其中,式(11.50)中的表达式 $\dfrac{\partial y_1(n)}{\partial G}$ 由式(11.39)扩展为

$$\frac{\partial y_1(n)}{\partial G} = \frac{\partial a_C}{\partial G}x_h(n) + a_C\frac{\partial x_h(n)}{\partial G} + \frac{\partial x_h(n-1)}{\partial G} \tag{11.51}$$

其中,

$$\frac{\partial a_C}{\partial G} = \frac{-\ln(10)V_0\tan\left(\pi\dfrac{f_c}{f_S}\right)}{10\left[\tan\left(\pi\dfrac{f_c}{f_S}\right) + V_0\right]^2} \quad \text{(LFS)} \tag{11.52}$$

$$\frac{\partial a_C}{\partial G} = \frac{\ln(10)V_0\tan\left(\pi\dfrac{f_c}{f_S}\right)}{10\left[V_0\tan\left(\pi\dfrac{f_c}{f_S}\right) + 1\right]^2} \quad \text{(HFS)} \tag{11.53}$$

$$\frac{\partial x_h(n)}{\partial G} = -\frac{\partial a_C}{\partial G}x_h(n-1) - a_C\frac{\partial x_h(n-1)}{\partial G} \tag{11.54}$$

由式(11.54),初值为 $\dfrac{\partial x_h(k)}{\partial G}\bigg|_{k=0} = 0$ 时,由导数链式法则和 IBPTT 计算得到 $\dfrac{\partial x_h(n-1)}{\partial G}$。

最后,计算搁置滤波器输出对截止频率 f_c 的导数,如式(11.55)所示

$$\frac{\partial y(n)}{\partial f_c} = \pm\frac{H_0}{2}\frac{\partial y_1(n)}{\partial f_c} \tag{11.55}$$

其中,

$$\frac{\partial y_1(n)}{\partial f_c} = \frac{\partial a_{\frac{B}{C}}}{\partial f_c} x_h(n) + a_{\frac{B}{C}} \frac{\partial x_h(n)}{\partial f_c} + \frac{\partial x_h(n-1)}{\partial f_c} \tag{11.56}$$

$$\frac{\partial a_B}{\partial f_c} = \frac{2\pi \sec\left(2\pi\frac{f_c}{f_S}\right)\left[\sec\left(2\pi\frac{f_c}{f_S}\right) - \tan\left(2\pi\frac{f_c}{f_S}\right)\right]}{f_S} \tag{11.57}$$

$$\frac{\partial a_C}{\partial f_c} = \frac{2\pi V_0 \sec\left(\pi\frac{f_c}{f_S}\right)^2}{f_S\left[\tan\left(\pi\frac{f_c}{f_S}\right) + V_0\right]^2} \quad \text{(LFS)} \tag{11.58}$$

$$\frac{\partial a_C}{\partial f_c} = \frac{2\pi V_0 \sec\left(\pi\frac{f_c}{f_S}\right)^2}{f_S\left[V_0 \tan\left(\pi\frac{f_c}{f_S}\right) + 1\right]^2} \quad \text{(HFS)} \tag{11.59}$$

$$\frac{\partial x_h(n)}{\partial f_c} = -\frac{\partial a_{\frac{B}{C}}}{\partial f_c} x_h(n-1) - a_{\frac{B}{C}} \frac{\partial x_h(n-1)}{\partial f_c} \tag{11.60}$$

由式(11.60)，初值为$\left.\frac{\partial x_h(k)}{\partial f_c}\right|_{k=0} = 0$ 时，$\frac{\partial x_h(n-1)}{\partial f_c}$ 由导数链式法则和 IBPTT 计算得到。

2. 峰值滤波器

对于峰值滤波器，根据滤波器输入、增益、中心频率和带宽计算滤波器输出的局部导数。参照式(11.41)，二阶峰值滤波器输出 $y(n)$ 对其输入 $x(n)$ 的导数为

$$\frac{\partial y(n)}{\partial x(n)} = \frac{H_0}{2}\left[1 + a_{\frac{B}{C}}\right] + 1 \tag{11.61}$$

与搁置滤波器同理，峰值滤波器输出关于滤波器增益 G 的导数，在上升情况下为

$$\frac{\partial y(n)}{\partial G} = \frac{[x(n) - y_2(n)]}{40} 10^{\frac{G}{20}} \ln(10) \tag{11.62}$$

对于截止情况，同样以类似的方式推导峰值滤波器输出关于滤波器增益 G 的导数。由式(11.41)，求导可得

$$\frac{\partial y(n)}{\partial G} = \frac{[x(n) - y_2(n)]}{40} 10^{\frac{G}{20}} \ln(10) - \frac{H_0}{2} \frac{\partial y_2(n)}{\partial G} \tag{11.63}$$

根据式(11.42)可将式(11.63)中的表达式$\frac{\partial y_2(n)}{\partial G}$扩展为

$$\frac{\partial y_2(n)}{\partial G} = -\frac{\partial a_C}{\partial G} x_h(n) - a_C \frac{\partial x_h(n)}{\partial G} - \cdots$$
$$d\frac{\partial a_C}{\partial G} x_h(n-1) + \frac{\partial x_h(n-2)}{\partial G} + \cdots$$
$$d(1 - a_C)\frac{\partial x_h(n-1)}{\partial G} \tag{11.64}$$

且有

$$\frac{\partial a_C}{\partial G} = \frac{-\ln(10)V_0 \tan\left(\pi \dfrac{f_b}{f_S}\right)}{10\left[\tan\left(\pi \dfrac{f_b}{f_S}\right) + V_0\right]^2} \tag{11.65}$$

$$\frac{\partial x_h(n)}{\partial G} = d\,\frac{\partial a_C}{\partial G}x_h(n-1) + \frac{\partial a_C}{\partial G}x_h(n-2) + \cdots$$
$$a_C\,\frac{\partial x_h(n-2)}{\partial G} - d(1-a_C)\frac{\partial x_h(n-1)}{\partial G} \tag{11.66}$$

由式(11.66)，利用导数链式法和 IBPTT 法，在初值为 $\left.\dfrac{\partial x_h(k)}{\partial G}\right|_{k=0}=0$ 和 $\left.\dfrac{\partial x_h(k)}{\partial G}\right|_{k=-1}=0$ 时，计算表达式 $\dfrac{\partial x_h(n-1)}{\partial G}$ 和 $\dfrac{\partial x_h(n-2)}{\partial G}$。

峰值滤波器输出对截止频率 f_c 求导，得到与式(11.55)类似的表达式如式(11.67)所示

$$\frac{\partial y(n)}{\partial f_c} = -\frac{H_0}{2}\frac{\partial y_2(n)}{\partial f_c} \tag{11.67}$$

其中，

$$\frac{\partial y_2(n)}{\partial f_c} = -a_{\frac{B}{C}}\frac{\partial x_h(n)}{\partial f_c} + \frac{\partial d}{\partial f_c}(1-a_{B/C})x_h(n-1) + \cdots$$
$$d\left(1-a_{\frac{B}{C}}\right)\frac{\partial x_h(n-1)}{\partial f_c} + \frac{\partial x_h(n-2)}{\partial f_c} \tag{11.68}$$

且有

$$\frac{\partial d}{\partial f_c} = \frac{2\pi\sin\left(2\pi \dfrac{f_c}{f_S}\right)}{f_S} \tag{11.69}$$

$$\frac{\partial x_h(n)}{\partial f_c} = -\frac{\partial d}{\partial f_c}\left(1-a_{\frac{B}{C}}\right)x_h(n-1) - \cdots$$
$$d\left(1-a_{\frac{B}{C}}\right)\frac{\partial x_h(n-1)}{\partial f_c} + a_{\frac{B}{C}}\frac{\partial x_h(n-2)}{\partial f_c} \tag{11.70}$$

由式(11.70)，利用导数的链式法则和 IBPTT，在初值为 $\left.\dfrac{\partial x_h(k)}{\partial f_c}\right|_{k=0}=0$ 和 $\left.\dfrac{\partial x_h(k)}{\partial f_c}\right|_{k=-1}=0$ 时，计算表达式 $\dfrac{\partial x_h(n-1)}{\partial f_c}$ 和 $\dfrac{\partial x_h(n-2)}{\partial f_c}$。

最后，计算峰值滤波器输出关于带宽 f_b 的导数，如式(11.71)所示

$$\frac{\partial y(n)}{\partial f_b} = -\frac{H_0}{2}\frac{\partial y_2(n)}{\partial f_b} \tag{11.71}$$

由上述公式，计算得到 $\dfrac{\partial y_2(n)}{\partial f_b}$ 为

$$\frac{\partial y_2(n)}{\partial f_b} = -\frac{\partial a_{\frac{B}{C}}}{\partial f_b}x_h(n) - a_{\frac{B}{C}}\frac{\partial x_h(n)}{\partial f_b} - \cdots$$

$$d\ \frac{\partial a_{\frac{B}{C}}}{\partial f_b}x_h(n-1)+\frac{\partial x_h(n-2)}{\partial f_b}+\cdots$$

$$d(1-a_{\frac{B}{C}})\frac{\partial x_h(n-1)}{\partial f_b} \tag{11.72}$$

其中，

$$\frac{\partial a_B}{\partial f_b}=\frac{2\pi\sec\left(2\pi\frac{f_b}{f_S}\right)\left[\sec\left(2\pi\frac{f_b}{f_S}\right)-\tan\left(2\pi\frac{f_b}{f_S}\right)\right]}{f_S} \tag{11.73}$$

$$\frac{\partial a_C}{\partial f_b}=\frac{2\pi V_0\sec\left(\pi\frac{f_b}{f_S}\right)^2}{f_S\left[\tan\left(\pi\frac{f_b}{f_S}\right)+V_0\right]^2} \tag{11.74}$$

$$\frac{\partial x_h(n)}{\partial f_b}=d\ \frac{\partial a_{\frac{B}{C}}}{\partial f_b}x_h(n-1)-d(1-a_{\frac{B}{C}})\frac{\partial x_h(n-1)}{\partial f_b}+\cdots$$

$$\frac{\partial a_{\frac{B}{C}}}{\partial f_b}x_h(n-2)+a_{\frac{B}{C}}\frac{\partial x_h(n-2)}{\partial f_b} \tag{11.75}$$

由式(11.75)，利用导数的链式法则和 IBPTT，在初值为 $\left.\frac{\partial x_h(k)}{\partial f_b}\right|_{k=0}=0$ 和 $\left.\frac{\partial x_h(k)}{\partial f_b}\right|_{k=-1}=0$ 时，计算表达式 $\frac{\partial x_h(n-1)}{\partial f_b}$ 和 $\frac{\partial x_h(n-2)}{\partial f_b}$。

3. 级联结构

借助上述公式，可以推导出更新参数所用到的梯度。以代价函数的导数为例，方差函数如式(11.76)所示

$$C(n)=\left[y_d(n)-y(n)\right]^2 \tag{11.76}$$

如图 11.9 所示，级联滤波器中的第 $\{M-1\}$ 个峰值滤波器 G_{M-1} 的增益为

$$\frac{\partial C(n)}{\partial G_{M-1}}=\frac{\partial C(n)}{\partial y(n)}\frac{\partial y(n)}{\partial x_{M-1}(n)}\frac{\partial x_{M-1}(n)}{\partial G_{M-1}} \tag{11.77}$$

根据式(11.44)。假设是上升情况，由式(11.76)的代价函数对 $y(n)$ 求导可得

$$\frac{\partial C(n)}{\partial y(n)}=-2\left[y_d(n)-y(n)\right] \tag{11.78}$$

再由式(11.61)和式(11.62)推导出参数更新所需的梯度为

$$\frac{\partial C(n)}{\partial G_{M-1}}=e(n)\left(\frac{H_0}{2}\left[1+a_{B_{M-1}}\right]+1\right)\left(K\left[x_{M-2}(n)-y_{1_{M-1}}(n)\right]\right) \tag{11.79}$$

其中，

$$e(n)=\frac{\partial C(n)}{\partial y(n)} \tag{11.80}$$

$$K=\frac{10^{\frac{G_{M-1}}{20}}\ln(10)}{40}=\frac{V_{0_{M-1}}\ln(10)}{40} \tag{11.81}$$

接着利用上述表达式对增益 G_{M-1} 更新,为了获得更快的收敛速度建议采用自适应动量更新。

4. 头相关传递函数建模

HRTF 是外部声源与人耳之间的方向相关传递函数。HRTF 的傅里叶逆变换为头相关脉冲响应(HRIR)。在耳机的空间音频中,单声道信号通过相应的 HRIR 进行滤波,从而产生一个定位在某个方向的虚拟声音。为了实现良好的三维空间分辨率,必须为多个方向保存 HRIR,这就需要存储大量的数据。因此,参数化 IIR 滤波器可以保存较少的参数对 HRTF 幅度建模。

初始化级联滤波器结构时,需要确定所需峰值滤波器大致的数量。然后对初始参数值进行分配,如图 11.10 所示。首先,对幅度响应进行平滑处理,并减去幅度响应的均值。基于显著性和彼此的接近性,选择有限数量的峰值和陷波。峰值滤波器的初始中心频率根据峰值或陷波的位置确定,而搁置滤波器的初始截止频率根据幅度响应的斜率确定。滤波器的增益由峰值或陷波位置处传递函数的幅值初始化。为了减小级联带来的求和效应,每个峰值滤波器的增益由幅值分数因子进行缩放。正半部分陷波的增益和负半部分峰值的增益分别转换为较小的负值和正值。最后,根据峰值周围幅度响应的平均局部梯度来初始化峰值滤波器的带宽。在综合考虑以上步骤的基础上可以减少或增加滤波器的个数。这种初始化的一个主要缺点是产生的滤波器数量通常会超过最优值。此外,在平坦区域峰值选取方法存在不足。直接初始化方法简单,并且同步更新滤波器减少了运行时间。

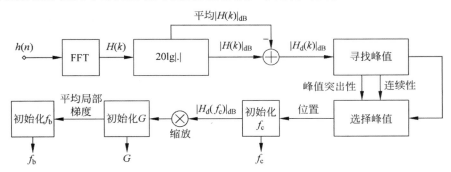

图 11.10 HRTF 建模初始化方法框图

为了匹配级联结构,将估计和期望的幅度响应之间的对数谱距离作为目标函数,如式(11.82)所示

$$C(k) = (\mid Y_d(k) \mid_{dB} - \mid Y(k) \mid_{dB})^2 \tag{11.82}$$

式中,$Y_d(k)$ 和 $Y(k)$ 分别表示期望输出信号和估计输出信号的幅度响应,单位为 dB,k 表示频率点。傅里叶变换在时域和频域之间的导数可以借助 Wirtinger 微积分进行。

从 CIPIC 数据库中选择一个 HRIR 子集来评估 HRTF 幅度近似逼近的效果。将 HRIR 转换为 HRTF,并将幅度响应作为滤波器级联的期望信号。在进行离散傅里叶变换之前,为了获得更好的频率分辨率,用 0 填充 HRIR,使其长度为 1024。之后,执行上述初始化。由于不同受试者和不同方向之间的 HRTF 不同,每个传递函数需要唯一的初始化,这会导致不同数量的峰值滤波器和初始参数值。级联结构初始化后,利用 adam 方法对滤波器进行 100 轮的训练和更新。在大多数 HRTF 的情况下,较少的训练次数逼近效果就足够良好了。更新方法中的学习率设为 $\eta = 10^{-1}$。此外,当某一轮的误差高于前一轮的误差时,学习率衰减因子为 0.99。在少数例外情况下,上述超参数可能会发生变化,此时收敛值是不同的。

在图 11.11 中,绘制了 'Subject_008' 的右耳在方位角 $\varphi = 20°$ 和仰角 $\theta = 0°$ 时,期望 HRTF 的幅值响应、初始 HRTF 估计值和最终近似值。可以看出,该算法能够以 17 个峰值和 2 个搁置滤波器重现期望的幅度响应。图 11.11(a) 为整个滤波器级联；图 11.11(b) 为单个滤波器阶段下 'Subject-008' 右耳在方位角 $\varphi = 20°$ 和仰角 $\theta = 0°$ 时，期望 HRTF 的幅值响应、初始 HRTF 估计值和最终近似值。

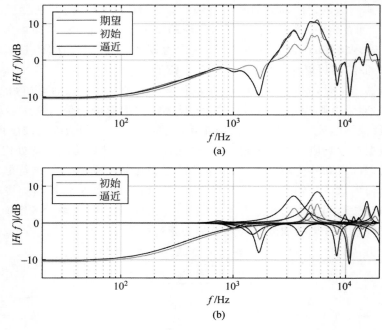

图 11.11　幅度响应

11.4.2　房间仿真

在下面的应用中，采用 7.3.3 节介绍的稀疏 FDN 来模拟所需的 RIR。本节给出的推导包括：一是与本书所提出的具有级联全通滤波器的 FDN 相关的推导；二是在每个具有稀疏对角反馈矩阵的 K 个分支中的延迟线推导。图 11.12 为 FDN 的流程图。相应的差分方程为

$$y_k(n) = s_k(n - M_k) - m \cdot s_k(n) \tag{11.83}$$

$$s_k(n) = x_k(n) + m \cdot s_k(n - M_k) \tag{11.84}$$

$$x_k(n) = x(n) + y_{k-1}(n - D_{k-1}), \quad 1 < k \leqslant K \tag{11.85}$$

$$x_1(n) = x(n) + g \cdot y_K(n - D_K) \tag{11.86}$$

$$y(n) = \sum_{k=1}^{K} a_k \cdot y_k(n - D_k) \tag{11.87}$$

在式(11.86)和式(11.87)中，$y(n)$ 表示整个网络的输出，a_k 表示混合向量的第 k 个系数，$y_k(n)$ 表示第 k 个施罗德全通的输出，M_k 和 D_k 分别表示第 k 个分支的全通和后续延迟线内的相关延迟，$s_k(n)$ 表示第 k 个施罗德全通的状态，$x_k(n)$ 表示第 k 个施罗德全通的输入，$x(n)$ 表示整个网络的输入信号，g、a_k 为控制参数。将 FDN 的输出送入一个给定的损失函数，如式(11.88)所示

$$E = \sum_{n=1}^{N} [d(n) - y(n)]^2 \tag{11.88}$$

式中，d 表示作为真值或标签的期望信号。为了自适应 g，需要根据导数和反向传播的链式法则计算 $\frac{\partial E}{\partial g}$，如式(11.89)~式(11.92)所示

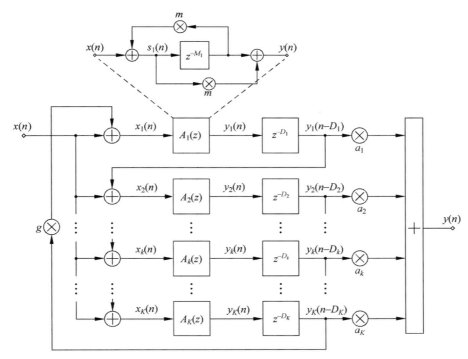

图 11.12　反馈延迟网络

$$\frac{\partial E}{\partial g} = \sum_{n=1}^{N} \frac{\partial E}{\partial y(n)} \cdot \frac{\partial y(n)}{\partial g} \tag{11.89}$$

$$= \sum_{n=1}^{N} \sum_{k=1}^{K} e(n) \cdot a_k \cdot \frac{\partial y_k(n-D_k)}{\partial g} \tag{11.90}$$

$$= \sum_{n=1}^{N} \sum_{k=1}^{K} e(n) \cdot a_{k*} \cdot \frac{\partial y_k(n-D_k)}{\partial s_k(n-D_k)} \cdot \frac{\partial s_k(n-D_k)}{\partial x_k(n-D_k)} \cdot \frac{\partial x_k(n-D_k)}{\partial g} \tag{11.91}$$

$$= -\sum_{n=1}^{N} \sum_{k=1}^{K} e(n) \cdot a_k \cdot m \cdot \frac{\partial x_k(n-D_k)}{\partial g} \tag{11.92}$$

式(11.89)中的代换关系如式(11.93)和式(11.94)所示

$$\frac{\partial E}{\partial y(n)} = -2[d(n) - y(n)] = e(n) \tag{11.93}$$

$$\frac{\partial y(n)}{\partial g} = \sum_{k=1}^{K} a_k \cdot \frac{\partial y_k(n-D_k)}{\partial g} \tag{11.94}$$

由式(11.91)可得

$$\frac{\partial y_k(n-D_k)}{\partial s_k(n-D_k)} = \frac{\partial s_k(n-D_k-M_k)}{\partial s_k(n-D_k)} - m \cdot \frac{\partial s_k(n-D_k)}{\partial s_k(n-D_k)} = -m \tag{11.95}$$

$$\frac{\partial s_k(n-D_k)}{\partial x_k(n-D_k)} = \frac{\partial x_k(n-D_k)}{\partial x_k(n-D_k)} + m \cdot \frac{\partial s_k(n-D_k-M_k)}{\partial x_k(n-D_k)} = 1 \tag{11.96}$$

由于 $x_1(\cdot)$ 是 g 的函数,由式(11.92)进一步推导出 $\dfrac{\partial x_k(n-D)}{\partial g}$ 的 $\dfrac{\partial x_1(\cdot)}{\partial g}$ 形式表达式。由式(11.85),该

导数的表示形式为

$$\frac{\partial x_k(n-D_k)}{\partial g} = \frac{\partial y_{k-1}(n-D_k-D_{k-1})}{\partial g} \tag{11.97}$$

$$= -m \cdot \frac{\partial x_{k-1}(n-D_k-D_{k-1})}{\partial g} \tag{11.98}$$

$$= -m \cdot \frac{\partial y_{k-2}(n-D_k-D_{k-1}-D_{k-2})}{\partial g} \tag{11.99}$$

$$= (-m)^2 \cdot \frac{\partial x_{k-2}(n-D_k-D_{k-1}-D_{k-2})}{\partial g} \tag{11.100}$$

式(11.100)中的表达式可以继续推导，并以更一般的形式给出，如式(11.101)所示

$$\frac{\partial x_k(n-D_k)}{\partial g} = (-m)^p \cdot \frac{\partial x_{k-p}(n-D_k-\cdots-D_{k-p})}{\partial g} \tag{11.101}$$

当 $p=k-1$ 时，上述方程中的表达式可以表示为对 g 可微的 x_1 的偏导函数，如式(11.102)和式(11.103)所示

$$\frac{\partial x_k(n-D_k)}{\partial g} = (-m)^{k-1} \cdot \frac{\partial x_1(n-D_k-\cdots-D_1)}{\partial g} \tag{11.102}$$

$$= (-m)^{k-1} \cdot \left(y_K\left(n-\sum_{i=1}^{k}D_i-D_K\right) - \cdots g \cdot \frac{\partial y_K\left(n-\sum_{i=1}^{k}D_i-D_K\right)}{\partial g} \right) \tag{11.103}$$

由于 $m=0.5$ 通常是很小的分数，因此较大的 K 可以忽略。结合式(11.92)和式(11.103)可导出近似表达式(11.104)和式(11.105)：

$$\frac{\partial E}{\partial g} = -\sum_{n=1}^{N}\sum_{k=1}^{K} e(n) \cdot a_k \cdot m \cdot \frac{\partial x_k(n-D_k)}{\partial g} \tag{11.104}$$

$$= \sum_{n=1}^{N}\sum_{k=1}^{K} e(n) \cdot a_k \cdot (-m)^k \cdot y_K\left(n-\sum_{i=1}^{k}D_i-D_K\right) \tag{11.105}$$

除了控制 g，还可以对混合向量的参数 a_k 进行自适应，这里推导 $\frac{\partial E}{\partial a_k}$ 的表达式，如式(11.106)和式(11.107)所示

$$\frac{\partial E}{\partial a_k} = \sum_{n=1}^{N} \frac{\partial E}{\partial y(n)} \cdot \frac{\partial y(n)}{\partial a_k} \tag{11.106}$$

$$= \sum_{n=1}^{N} e(n) \cdot y_k(n-D_k) \tag{11.107}$$

最后，用梯度下降更新各参数，如式(11.108)和式(11.109)所示

$$g = g - \eta_g \cdot \frac{\partial E}{\partial g} \tag{11.108}$$

$$a_k = a_k - \eta_a \cdot \frac{\partial E}{\partial a_k} \tag{11.109}$$

式中，η_g 和 η_a 是各自的学习率，η_a 通常为比 η_g 小的分数。

更新的迭代次数是有限的，当满足最小误差阈值时也可以停止更新。定义离散情形下脉冲响应 $h(n)$

的标准化能量衰减曲线 EDC 为式(11.110):

$$\text{EDC}(n) = 10 \cdot \lg \left(\frac{\sum\limits_{k=n}^{N} h(k)^2}{\sum\limits_{k=1}^{N} h(k)^2} \right) \tag{11.110}$$

　　EDC 用于估计混响时间,如 T_{60},较长的 RIR 会在接近终点时迅速下降,然后几乎线性衰减。因此,在没有期望 RIR 的情况下,可以在线性的假设下,基于期望的混响时间构造一个标准化的 EDC,将此近似 EDC 看作真实值。此时,由于输入 $x(n)$ 是一个脉冲,因此估计的输出 $y(n)$ 是一个脉冲响应。然后计算 $y(n)$ 的 EDC,并将偏离近似真实值的部分作为误差驱动 FDN 参数自适应。对混合系数 a_k 随机初始化和缩放,参数 g 的初始值选取为 0.3。

　　图 11.13 给出了一个简单的基于期望 RIR 的仿真实例。第一幅图为经过 20 次迭代后的最终估计脉冲响应、期望脉冲响应或真实脉冲响应以及初始脉冲响应的归一化延迟曲线。第二幅图为最终的 RIR,它具有宽带的特性,EDC 表示 T_{60} 混响时间约为 0.67s,脉冲响应的密度取决于网络中的支路数。此例中,根据样本数量,全通滤波器内各延迟为纯素数,满足 $M_1 > 200$ 且 $M_1 < M_k < 1.5 \cdot M_1$。如果 M_k 的值很大,则选择 M_1 和 M_k 之间的一个素数子集,以减少分支数,加速收敛。但是,减少分支数量会导致脉冲响应密度的降低。全通滤波器后的延迟选为 $D_k \leqslant \dfrac{M_k}{10}$。

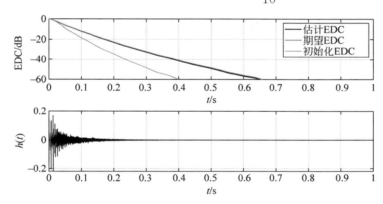

图 11.13　FDN 按能量衰减曲线(EDCs)和最终估计 RIR 对房间模拟的结果

　　图 11.14 为一个基于期望 T_{60} 的仿真实例。在 $T_{60} = 1.5$s 时,通过线性插值创建基本真实值,设

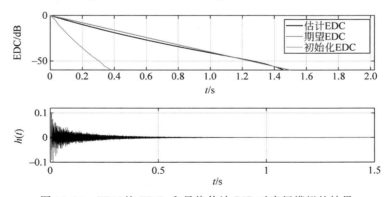

图 11.14　FDN 按 EDCs 和最终估计 RIR 对房间模拟的结果

EDC 的近似值为真实值。值得注意的是，这种对基本真实值的近似并不完全是正确的，在接近尾端处它与真实 EDC 是不同的。通过迭代，估计的脉冲响应 EDC 逐渐接近近似真实，并且可以持续改进。图 11.14 中还显示了 10 次迭代后对应的最终脉冲响应。通过增加一个额外的系数混合向量可以将此方法推广到立体声。对每个混合向量伪随机初始化可以实现对各个脉冲响应的解相关，或者在自适应过程中解相关，这样可以避免在渲染音频时出现狭窄的声场。

11.4.3 音频去噪

去噪是音频信号处理中最广泛的应用之一。谱减法是其中一个最早的去噪方法，该方法速度快，适用于去除平稳噪声。另一种常用的去噪方法是基于最小均方误差的维纳滤波，此方法需要估计先验信噪比。基于自适应滤波、小波、自适应时频块阈值和统计建模的方法也被用于音频恢复。此外，在商业去噪应用方面，Dolby 公司采用了基于压扩的去噪方法，Philips 公司推出了动态噪声限制器。近年来，深度学习方法已经成功应用于音频去噪和深度神经网络架构中，如 CNN、WaveNet 和循环神经网络（RNN）都取得了较好的结果。本节介绍一种卷积神经网络模型，此网络是加性高斯噪声离线音频去噪方法的应用。

1. 去噪模型

图 11.15 是本节所提出的去噪模型。在训练阶段，首先在采样率为 48kHz 的纯净音频信号 $x(n)$ 中加入高斯噪声 $r(n)$。令每个音频文件的整体信噪比为 5dB。对含噪音频进行短时傅里叶变换（STFT），使用 1024 个样本的汉明窗，75% 重叠，频率分辨率为 46.875Hz。变换后计算其幅度响应，并将系数归一化到 0～1。设定帧长，将第 m 帧为中心的幅值响应的连续系数向量 $|\boldsymbol{X}_N(m,k)|$ 沿深度拼接以产生 CNN 的顺序输入。该模型预测去噪后的幅度响应系数向量，记为 $|\boldsymbol{Y}(m,k)|$，设纯净音频对应的幅度响应 $|\boldsymbol{X}(m,k)|$ 为真实值。通过二次损失函数对 CNN 进行多轮训练。在测试阶段，对测试音频进行上述数据预处理，并使用训练好的模型估计去噪后的幅度响应。然后将带噪音频的相位响应与该幅度响应相结合，使用逆 STFT 方法重构去噪后的音频信号。

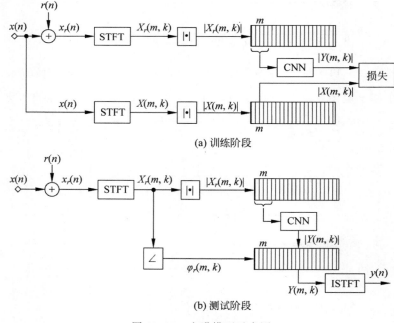

(a) 训练阶段

(b) 测试阶段

图 11.15　去噪模型示意图

2. 网络结构

CNN 具有前馈结构,包含初始模块和注意力模块,如图 11.16 所示。其中 C0、C1、C2 分别表示滤波器大小为 $3×1×d_{in}×32$、$3×1×d_{in}×16$、$3×1×d_{in}×16$,伸缩因子为 0、1、2 的卷积层,C 表示滤波器大小为 $3×1×64×1$ 的卷积层,R 表示 ReLU 激活,CC 表示级联,BN 表示批归一化,GAP 表示全局平均池化,NN 表示神经网络。输入结构包含 5 个连续的向量且每个向量包含 513 个系数,向量以第 m 帧索引为中心,被发送到包含三个并行卷积层的初始模块。层中的滤波器组都具有 $3×1$ 的空间维度,膨胀因子不同,分别取值 0、1 和 2,它们分别产生深度为 32、16 和 16 的输出特征图。滤波器的空洞卷积是指在滤波器系数之间插入零点。这种方法可以增大感受野,而训练参数的数量却没有增加。多个膨胀因子有助于聚合多分辨率特征,从而提高网络性能。根据膨胀因子和滤波器大小调整填充,使输出的特征图具有相同的空间维度。将并行卷积层生成的特征沿深度拼接,生成 64 个特征图的输出,并通过 ReLU 层进行矫正。这些特征图被输入到一个残差初始-注意力块,该块在每个卷积层后包含一个额外的批量归一化操作,初始模块之后是一个注意力模块。虽然该机制主要在自然语言处理中用于 RNN 或 LSTM,但实际中注意力模块已经成为计算机视觉和音频处理中的一个重要模块。

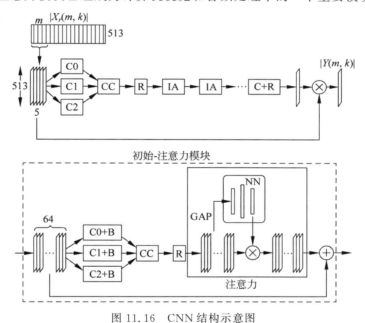

图 11.16　CNN 结构示意图

在当前的 CNN 中,使用了简单的自注意力机制。在本模块开始时,对三维输入的每个特征图进行全局平均池化,如式(11.111)所示

$$x_j = \sum_{i=1}^{H} X_{ij} \tag{11.111}$$

式中,X_{ij} 表示第 j 特征图中的第 i 个元素,x_j 表示对应的标量输出,H 表示特征图的高度,其宽度为 1。对张量的每个特征图进行池化,得到一个输出向量,该输出向量由一个具有 1 个隐含层和 ReLU 激活函数的简单神经网络处理。在神经网络的输出端,使用了一个 Sigmoid 函数将数值限制在 0～1,由式(11.4)给出,也可以使用 softmax 函数作为替代得到归一化的输出向量。最后,独立调整该向量的每个系数,再输入三维结构的每个特征图。

在最后一个卷积层与估计频谱屏蔽的 ReLU 层之前,级联一组初始-注意力模块,为了抑制噪声,将

屏蔽值乘以第 m 帧对应的输入系数向量。得到的结果送入损失层，在损失层中计算其与真值系数向量的误差。

3. 模型评价

为了训练模型，使用损失组合。第一个损失是幅值系数之间的均方误差，如式（11.112）所示

$$L_{\text{mse}}(m) = \frac{1}{K} \sum_k (|\boldsymbol{X}(m,k)| - |\boldsymbol{Y}(m,k)|)^2 \tag{11.112}$$

式中，$|\boldsymbol{X}(m,k)|$ 和 $|\boldsymbol{Y}(m,k)|$ 分别表示期望和估计输出信号的幅度响应向量，单位为 dB，k 表示频率区间索引，m 表示帧索引，K 表示区间数量。第二个损失函数是变换后幅度响应系数的绝对值所对应的估计值与真值之间的绝对误差。这个损失函数如式（11.113）所示

$$L_{\text{dft}}(m) = \frac{1}{K} \sum_k \| \text{DFT}(|\boldsymbol{X}(m,k)|) | - | \text{DFT}(|\boldsymbol{Y}(m,k)|) \| \tag{11.113}$$

式中，$|\cdot|$ 表示绝对值。该损失函数表示了改进的噪声抑制能力，特别是在清音或静音区域能减少杂音。

为了训练去噪模型，构建一个数据集，该数据集采样率为 48kHz，包含高保真语音和音乐的音频文件。短语音文件采集自 PTDB-TUG 数据集，较长时长的音乐文件采集自多个古典音乐数据集，包括 Bach10 和 Mirex-Su 数据集。两个网络分别用语音和音乐文件进行训练。为了训练第一个网络，选择 200 个语音文件，从剩余的语音文件中选择一些样本进行测试。第二个网络使用 20 个音乐文件进行训练，剩余的音乐文件用于测试。在该实验中，一个包含 8 个初始-注意力模块的 CNN 模型用于语音去噪，一个包含 12 个初始-注意力模块的模型用于音乐信号去噪。模型采用自适应动量更新训练 70 次。模型的性能可以通过不同的客观指标进行评价。信噪比的提高是评价去噪性能的一个指标，音频质量的感知评价（PEAQ）和语音质量（PESQ）是评价音频和语音质量的重要方法。PEAQ 方法将音频评分定在 $-4 \sim 0$，能提供一个客观差异等级（ODG）。ODG 得分为 0 表示与参考相比存在难以察觉的差异，分数为 -4 表示有严重杂音的音频。类似地，PESQ 提供的平均意见评分（MOS），分值从 1（表示语音质量差）到 5（表示语音质量好）。测试数据集包含 54 个音频文件，其中前 50 个文件包含短语音，其余文件包含持续时间较长的音乐。表 11.1 为 CNN 在语音和音乐信号中的性能。CNN 去噪语音信号的平均信噪比提高了 13.8dB。噪声抑制后语音的平均 ODG 得分提高了 0.62。为了进行宽带 PESQ 评估，将语音信号重采样到 16kHz。去噪后信号的平均 MOS 提高了近 1，CNN 去噪音乐信号的平均信噪比提高了约 11dB。然而，经过噪声抑制后的音乐信号的平均 ODG 得分并没有表现出类似于语音的提升。这表明，与语音相比，音乐相对更难去噪，因为它的停顿次数较少，并且存在更多的高频内容，这些内容会随着噪声而被抑制，从而影响感知质量。图 11.17 为对含噪的女性语音信号去噪的例子。去噪后语音的信噪比为 20.9dB，其 ODG 分数为 -2.91，而含噪语音的分数为 -3.91，MOS 分数由 1.28 提高到 2.44。图 11.18 为在被噪声污染的 Mirex-Su 数据集中对一首乐曲去噪的例子。信噪比的整体提升约为 10.8dB，去噪后信号的 ODG 分数为 -3.45，含噪信号的 ODG 分数为 -3.9。图 11.19 给出了含噪、去噪和原始信号对应的频谱表示。

表 11.1　去噪 CNN 对带噪语音和音乐的平均性能

音　频	SNR/dB	ODG	MOS
带噪语音	5	-3.91	1.48
去噪语音	18.8	-3.29	2.49
带噪音乐	5	-3.91	—
去噪音乐	16.3	-3.64	—

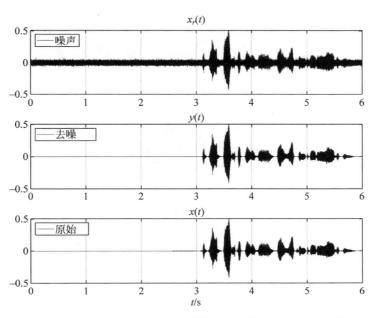

图 11.17 PTDB-TUG 语音数据集音频文件的噪声抑制实例

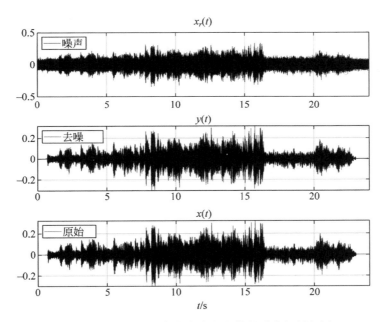

图 11.18 Mirex-Su 数据集音频文件的噪声抑制实例

　　本章所描述的应用是众多音频处理应用中的一部分,可以归为监督回归问题。与深度学习类似的应用包括超分辨率方面的音频增强、有监督的音频源分离、神经源建模等。有监督的音频分类问题将音频信号或音频信号中的固有特征分为不同的类别,而这些类别则需要被进一步处理。目前分类问题也被广泛研究,其中一些著名的应用包括基音检测、音乐流派分类、说话人识别等。

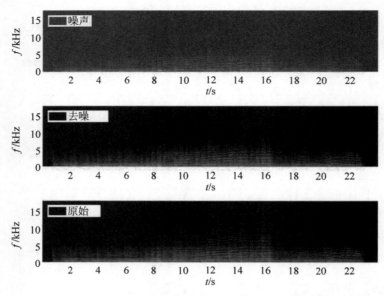

图 11.19　Mirex-Su 数据集的噪声、去噪和原始音频文件的频谱图实例

11.5　习题

1. 编写一个简单的前馈神经网络的程序，其输入层的维度为 1，输出层的维度为 1，隐含层的维度为 5，并包含激活函数和损失函数。

（a）用随机梯度下降法训练网络 50 次，并拟合函数 $y = \max(\sin(x), -0.2)$，$-1 \leqslant x \leqslant 1$，监测误差及测试网络。

（b）训练更多次数。

（c）用多个隐含层进行训练。

2. 用卷积层取代全连接层，对上一题进行网络训练。

3. 使用你选择的框架中的深度学习工具箱（MATLAB、PyTorch、TensorFlow）执行上述练习和本章的例子。